確率と統計

― 基礎と応用 ―

木村俊一
古澄英男　[著]
鈴川晶夫

朝倉書店

まえがき

　およそ「科学」の名に値する学問分野における確率論と統計学の重要性は，今さら論を待つまでもないであろう．最近の情報技術の進展と情報機器の高速化・低廉化は，データの収集，記録，分析をより容易なものにすると同時に，確率・統計の考え方や知識を現代社会における常識と位置付ける大きな原動力となっている．しかし，すでに数多くの確率・統計の入門書が出版されている中で，「確率と統計」の入門書である本書をさらに上梓する理由をまず読者に示す必要がある．

　著者の一人である木村は，確率・統計の入門書における構成の画一さにかねてから疑問をもっていた．どの入門書も，まず「データの整理」から始まり，次に確率変数，確率分布，極限定理などを含む「確率」，そして標本分布，推定，検定などを含む「統計」で終わるという構成をもち，しかもその中で確率論の扱いがきわめて不十分であったからである．こうした構成の画一さは，主として高校の学習指導要領に起因する．そこでは，統計的な見方・考え方の能力を伸ばすことが目標とされ，まさに上記の順番で履修項目が列記されてきた．しかし，確率・統計の位置付けは高校教育と大学教育とでは自ずと異なる．統計学にとって確率論は必須の基礎であるが，確率論からすれば統計学は応用の一つでしかない．信頼性工学，通信トラヒック理論，在庫理論，金融工学，保険数理などの広範な応用分野の基礎である確率論を，統計学の基礎という狭い枠組みの中で扱う必然性はない．

　これまでの入門書における構成上の最大の問題点は，「データの整理」を最初に学ぶ点にある．例えば，統計量の一つである標本平均は本来確率変数であり，大数の強法則によって母平均に概収束することが保証されている．このことが標本平均の実現値をデータの重心を示す代表値として採用する理論的根拠に他ならない．こうした理論を後回しにして，様々な代表値やデータの整理法をいくら説明しても，それは単なるノウハウの紹介に過ぎない．それどころか

$$\text{「平均値」}=\text{「データの総和をデータ数で割る」}$$

という先入観が，確率論に基づく期待値の構造的理解を妨げる結果をもたらす

ことになる．また，「確率」の部分においても，高校教育の中で過度に重点を置かれている標本点の数え上げをそのまま継承している入門書も未だにある．応用上，有限個の等確率な標本点を含む確率空間が一般的であるはずもなく，むしろ

$$\text{「確率」}=\text{「場合の数」}$$

といった短絡的な考え方につながる恐れすらある．さらに，確率論と統計学との間の用語の不統一 (例えば「確率変数と統計量」，「n 次元と n 変量」など) とそれに対する適切な説明の欠如が一層の混乱の原因となっている．木村の経験では，従来の構成に従った場合，初年次共通科目『統計学』履修者の 5～10％は，こうした先入観から脱することができないでいた．このような先入観を排除すること，そして確率論をより広範な応用分野の基礎として位置付けることが，本書を上梓する最大の理由である．

誤解を恐れずに端的に言うならば，確率論の目的は偶然現象の確率的構造を仮定することによって，偶然現象を「内側」から定量的・定性的に分析することにある．他方，統計学の目的は偶然現象を観測することで得られたデータを元にして，偶然現象の確率的構造を「外側」から定量的・定性的に分析することである．どちらかと言えば，統計学の主たる興味は定量的分析にあると言ってよいだろう．データを基本とするため，利用できるデータ個数の有限性，観測時間間隔の離散性といった制約が統計学には課せられることになる．こうした両者の違いが，これまでの統計学の教科書の中できちんと説明されてきたのかどうかははなはだ疑問である．

本書の対象と構成

本書は，北海道大学初年次共通科目『統計学』を担当している著者達の講義ノートをもとに書かれている．このため本書では，この科目の履修対象者であるすべての理系学部 1 年生を対象読者として想定している．予備知識として，微分積分学と線形代数学をすでに履修しているか，統計学と併せて履修することが必要である．もちろん，これらの予備知識を有する文系学部学生・院生，社会人も本書の対象読者となる．数値例を確認しながら読み進むことをお勧めするが，このためには，表計算ソフトウェアもしくは数学ソフトウェアの利用経験があることが望ましい．しかし，本書の理解に不可欠というものではない．

本書は，第 I 部「確率」と第 II 部「統計」の 2 部構成となっている．第 I 部 (第

1, 2, 3, 4 章) は木村が，第 II 部は古澄 (第 5, 6, 9 章 (第 1 節)) と鈴川 (第 7, 8, 9 章 (第 2–4 節)) が担当し，用語や表現などの全体の調整は木村が担当した．各部では，確率と統計のコアとなる基礎理論を述べた後で，各部最後の章 (第 4, 9 章) をそれぞれの応用の紹介に充てている．冒頭に述べたように，第 I 部「確率」は第 II 部「統計」の基礎であると同時に他の応用分野の基礎として位置付けられる．測度論に拠らない入門書として，可能な限り一般的な扱いを心掛けている．特に，コンパクトで汎用性の高い記述のために，指標関数と標準化確率変数を定義や定理の証明において多用している点が本書の特徴である．また，統計的な推測と関わる内容 (推定，回帰) については，確率論の立場から厳密な意味付けを行っている．第 II 部「統計」では，第 I 部「確率」で展開された基礎理論がどのように反映されているのかを随所で強調している．用語については，それぞれの学問分野の歴史的背景や標準的な使い方を尊重した上で，対応関係が明確なものについては補足を加えた．このような扱いは類書には見られないものであり，確率論と統計学の共通点と相違点に関する理解に役立てればと願っている．さらに，巻末には付表と本文中のすべての問題の解答を付している．

本書をまとめるにあたって，筆者達が勤務する北海道大学大学院経済学研究科の同僚をはじめとして数多くの方々からご助力を頂いた．とりわけ，同研究科教授・園 信太郎博士からは，第 I 部の原稿に貴重なコメントを頂いた．ここに記して感謝したい．また，著者達の講義の履修学生の諸君にも感謝したい．彼らは著者達にとって真に最良の教師であり，本書の内容の改善に大いに貢献してくれた．最後に，朝倉書店編集部には本書の企画段階から刊行に至るまでの長い期間，辛抱強くお付き合い頂いた．ここに厚く御礼申し上げる．

2003 年 8 月

著者を代表して　木 村 俊 一

目　次

第I部　確　率

1. 確率の基礎概念 2
   1.1 確率とは 2
   1.2 確率空間 4
   1.3 条件付き確率と独立性 8

2. 確率変数とその分布 13
   2.1 確率変数とは 13
   2.2 離散型確率変数 16
   2.3 連続型確率変数 21
   2.4 多次元の確率変数 26
   2.5 期　待　値 29
   2.6 積率母関数 39
   2.7 分散と共分散 42

3. 正規分布と極限定理 50
   3.1 1次元正規分布 50
   3.2 多次元正規分布 54
   3.3 正規分布と関連する確率分布 56
   3.4 確率変数列の収束概念 62
   3.5 大数の法則と中心極限定理 63

4. 応　用 70
   4.1 信頼性工学への応用 70
   4.2 金融工学への応用 74

第 II 部 統　　計

5. データの整理 ……………………………………………… 80
  5.1 記述統計とは ………………………………………… 80
  5.2 度数分布表とヒストグラム ………………………… 81
  5.3 データの中心を示す代表値 ………………………… 84
  5.4 データのばらつきを示す代表値 …………………… 87
  5.5 その他の代表値 ……………………………………… 91
  5.6 平均と分散の計算 …………………………………… 91
  5.7 標準化変量 …………………………………………… 94
  5.8 共分散と相関係数 …………………………………… 95

6. 標本分布 …………………………………………………… 100
  6.1 統計的推測とは ……………………………………… 100
  6.2 母集団 ………………………………………………… 101
  6.3 標本と標本抽出 ……………………………………… 102
  6.4 標本分布 ……………………………………………… 104
  6.5 正規母集団における標本分布 ……………………… 106
  6.6 補論 …………………………………………………… 109

7. 統計的推定 ………………………………………………… 110
  7.1 統計的推定とは ……………………………………… 110
  7.2 推定量とその性質 …………………………………… 111
  7.3 有効推定量 …………………………………………… 114
  7.4 一致推定量 …………………………………………… 118
  7.5 最尤法 ………………………………………………… 119
  7.6 区間推定 ……………………………………………… 124
  7.7 正規母集団における区間推定 ……………………… 127
  7.8 母比率の区間推定 …………………………………… 131
  7.9 最尤推定量に基づく近似信頼区間 ………………… 133

8. 統計的検定 ································· 137
   - 8.1 統計的検定とは ····························· 137
   - 8.2 統計的検定問題 ····························· 138
   - 8.3 正規母集団における検定 ······················ 142
   - 8.4 2つの正規母集団における検定 ················· 149
   - 8.5 母比率の検定 ······························· 153
   - 8.6 相関係数の検定 ····························· 156
   - 8.7 検定と区間推定 ····························· 161
   - 8.8 尤度比検定 ································· 164

9. 応　　　用 ···································· 167
   - 9.1 回帰分析への応用 ···························· 167
   - 9.2 多項分布と χ^2 適合度検定 ················ 178
   - 9.3 分布型の検定 ······························· 181
   - 9.4 分割表の検定 ······························· 184

A. 付　　　表 ······································ 187
B. 問 の 解 答 ····································· 192
参 考 文 献 ······································· 206
索　　　引 ·· 209

第I部

確　率

1

確率の基礎概念

1.1 確率とは

　私達の住む社会や自然の中には様々な不確実性が存在する．私達は日常生活の中で，明日の気温はどうなるか？　台風の今後の進路は？　円・ドルの為替レートはどう動くのか？　今回の選挙の投票率は？　などの事前にその結果が不確定な現象に常に遭遇している．こうした偶然現象の不確実性の程度を測る尺度が「確率」である．では，数学的には確率をいかに定義したらよいのであろうか．この問いに対する答えを歴史的に古い順に見ていこう．

定義 1.1（確率の組合せ的定義）　ある偶然現象の起こりうる結果が有限個で全部で n 個あり，どの結果の生起も同程度に確かであると仮定する．このとき，任意の1個の結果が起こる確率を $1/n$ で定義する．個々の結果の組合せを**事象** (event) とよび，ある事象 A が k 個の異なる結果の集まりのときに，事象 A の起こる確率を比

$$P(A) = \frac{k}{n} \tag{1.1}$$

で定義する．

【例 1.1】　1個のサイコロを投げる試行においては，1から6の目が出る6個の結果があり，それぞれの目が出る確からしさは等しく1/6である．偶数の目が出る事象は，6個の結果の中の3個を含んでいるから，その確率は $3/6 = 1/2$ である．■

【例 1.2】　ある工場で製造された部品100個の中には，良品75個と不良品25個が含まれている．この中から無作為に抽出した10個の部品がすべて良品である事象の確率は，100個から10個を選ぶ組合せ全体の中で，良品75個から10個を選ぶ組合せの比に等しいので

$$\frac{\binom{75}{10}}{\binom{100}{10}} = \frac{75! \cdot 90!}{65! \cdot 100!} \approx 0.04789$$

で与えられる．ただし，$\binom{M}{m}$ は**二項係数** (binomial coefficient) とよばれ，M 個の要素から m 個の要素を選ぶ組合せの総数を表し

$$\binom{M}{m} = {}_M C_m = \frac{M!}{m!(M-m)!}, \quad 0 \leq m \leq M$$

で定義される． ■

定義 1.2（確率の統計的定義） ある偶然現象が繰り返し実験あるいは観測できるとき，同じ条件で n 回の実験・観測を行い，事象 A が $f_n(A)$ 回観測されたとする．このとき，$f_n(A)/n$ を事象 A の**相対頻度** (relative frequency) とよび，n が大きくなるにつれて相対頻度が，ある定数

$$P(A) = \lim_{n \to \infty} \frac{f_n(A)}{n} \tag{1.2}$$

に収束するとき，事象 A の起こる確率をこの定数 $P(A)$ で定義する．

【例 1.3】 集合 $\{1, 2, 3, 4, 5, 6\}$ のどの要素も等しい確からしさ $1/6$ で生起する**擬似乱数** (pseudo-random numbers) をコンピュータ上で発生させ，サイコロを n 回 ($1 \leq n \leq 10000$) 投げるシミュレーション (simulation) を行った．図 1.1 は，偶数の目が出る事象の相対頻度 (縦軸) が，試行回数 n (横軸) が大きくなるにつれてある定数 ($= 0.5$) に収束する様子を 10 本のサンプルパスで示している． ■

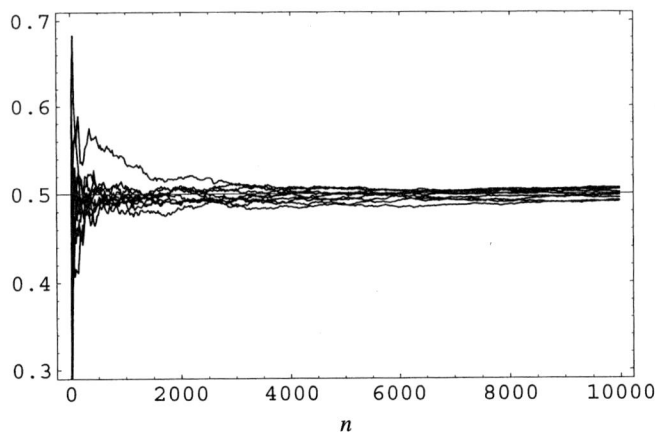

図 1.1 サイコロの偶数の目が出る事象の相対頻度

確率に対する組合せ的定義と統計的定義は直観的でわかりやすいが，数学的にはどちらも重大な欠陥をもっている．すなわち，組合せ的定義は，有限個の結果の確からしさに関する一様性に強く依存しており，可能な結果が可算無限個あるいは連続量である場合や，結果の確からしさが一様でない場合には，確率を定義できない．また，統計的定義では，個々の結果の一様性は仮定しないものの，確率が実験回数や個別の実験結果に依存して，その一意性を保証できない．したがって，こうした個別の偶然現象に依存しない確率を定義する新たな枠組みが必要となる．

1.2 確率空間

σ-集合体

偶然現象の起こりうる個々の結果を**標本点** (sample point) という．また，すべての標本点の集まりを**標本空間** (sample space) とよび，記号 Ω で表す．確率に対する組合せ的定義の欠陥を除くために，まず確率を測る対象である事象をその満たすべき条件を用いてあらためて定義する．

定義 1.3 標本空間 Ω の部分集合の集まり $\mathcal{F}$ が，次の3条件

① $\Omega \in \mathcal{F}$

② $A \in \mathcal{F}$ ならば $A^c \in \mathcal{F}$

③ $A_i \in \mathcal{F}$ $(i = 1, 2, \cdots)$ ならば $\bigcup_{i=1}^{\infty} A_i \in \mathcal{F}$

を満たすとき，$\mathcal{F}$ を Ω 上の σ-**集合体** (σ-field) といい，$\mathcal{F}$ の要素を**事象** (event) という．ただし，$A^c \equiv \Omega \setminus A = \{\omega \in \Omega : \omega \notin A\}$ を表す．

基本的な σ-集合体の例としては，以下のものがある．
- $\mathcal{F}_1 = \{\emptyset, \Omega\}$
- $\mathcal{F}_2 = \{\emptyset, \Omega, A, A^c\}, \quad A \subset \Omega \quad (A \neq \emptyset, A \neq \Omega)$
- $\mathcal{F}_3 = \{A : A \subset \Omega\} \equiv 2^{\Omega}$

$\mathcal{F}_1$ は Ω 上の最小で自明な σ-集合体であり，特に Ω を**全事象** (universal event)，$\emptyset$ を**空事象** (empty event) とよぶ．また，$\mathcal{F}_3$ は Ω の部分集合の全体を表し，Ω の**ベキ集合** (power set) とよばれる．Ω の標本数を有限で n とすると，Ω の部分集合には，各標本点が含まれているかいないかの2通りの場合がある．したがって，

2^Ω に含まれる事象の個数は全部で 2^n 個ある．この考え方は，標本点の総数が可算個の場合にも自然に拡張できる．明らかに，2^Ω は Ω のすべての部分集合を含む最大の σ-集合体である．

【例 1.4】 1 個のサイコロを投げる試行において，「i の目が出る」標本点を ω_i ($i = 1, \cdots, 6$) で表すとき，標本空間は $\Omega = \{\omega_1, \cdots, \omega_6\}$ となり，$\mathcal{F} = 2^\Omega$ は $2^6 = 64$ 個の事象を含む． ∎

【例 1.5】 1 枚のコインを繰り返し投げる試行において，「i 回目に初めて表が出る」標本点を ν_i ($i = 1, 2, \cdots$) で表すとき，標本空間は $\Omega = \{\nu_1, \nu_2, \cdots\}$ となり，Ω は可算無限個の要素を含んでいる． ∎

標本空間 Ω が $\mathbb{R} = (-\infty, \infty)$ のような連続集合である場合には，数学的な扱いがやや複雑になる．例えば，$\Omega = \mathbb{R}$ 上の σ-集合体としては，$\mathbb{R}$ 上のすべての半開区間の集まり $\{(a, b] : -\infty < a < b < \infty\}$ を含む最小の σ-集合体 ($\mathcal{B}(\mathbb{R})$ で表す) を用いる．

【例 1.6】 ある製品の連続使用耐久時間を測定する**寿命試験** (life test) において，「試験開始から t 時間後に故障する」標本点を ω_t で表すとき，標本空間は $\Omega = \{\omega_t : t \in \mathbb{R}_+\}$ となり，σ-集合体は $\mathcal{F} = \mathcal{B}(\mathbb{R}_+)$ で与えられる．ただし，$\mathbb{R}_+ = [0, \infty)$ である． ∎

事象は標本点の集合であり，集合の和，積，差などに関して $\mathcal{F}$ が閉じていることを示すことができる．

命題 1.1

1) $\emptyset \in \mathcal{F}$
2) $A, B \in \mathcal{F}$ ならば $A \cup B \in \mathcal{F}, A \cap B \in \mathcal{F}, A \setminus B \in \mathcal{F}$
3) $A_i \in \mathcal{F}$ ($i = 1, 2, \cdots$) ならば $\bigcap_{i=1}^\infty A_i \in \mathcal{F}$

証明

1) $\emptyset = \Omega^c \in \mathcal{F}$
2) $A_1 = A, A_2 = B, A_i = \emptyset$ ($i \geq 3$) とおくと $A \cup B = \bigcup_{i=1}^\infty A_i \in \mathcal{F}$, $A \cap B = (A^c \cup B^c)^c \in \mathcal{F}$, $A \setminus B = A \cap B^c \in \mathcal{F}$
3) $\bigcap_{i=1}^\infty A_i = \left(\bigcup_{i=1}^\infty A_i^c\right)^c \in \mathcal{F}$ ∎

事象 $A, B \in \mathcal{F}$ に対し，命題 1.1 の 2) に現れる $A \cup B, A \cap B, A \setminus B$ を，それぞれ，事象 A, B の**和** (union)，**積** (intersection)，**差** (difference) とよび，A^c を事

象 A の**余事象** (complementary event) とよぶ．また，$A \cap B = \emptyset$ のとき，A と B は互いに**排反**(exclusive) であるという．さらに，標本空間とその上の σ-集合体の組 $(\Omega, \mathcal{F})$ を**可測空間** (measurable space) とよぶ．

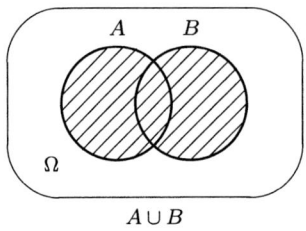
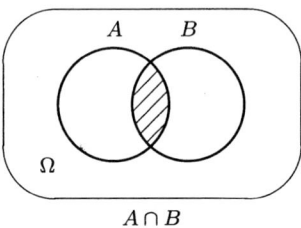

図 1.2　事象の和と積

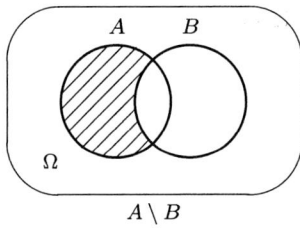
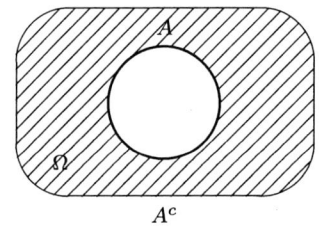

図 1.3　事象の差と余事象

確率測度

$\mathcal{F}$ の要素に区間 $[0, 1]$ の数を対応させ，事象が起こる確率を定義することは自然な考え方である．コルモゴロフ (Kolmogorov) は，確率そのものを定義する代わりに，確率が満たすべき数学的条件を公理の形で与え，古典的定義とも整合する枠組みを作り上げた．

定義 1.4（確率の公理論的定義）　可測空間 $(\Omega, \mathcal{F})$ に対し，$\mathcal{F}$ 上の実数値関数 P が，次の 3 条件

① 任意の事象 $A \in \mathcal{F}$ に対して，$P(A) \geq 0$
② $P(\Omega) = 1$
③ 互いに排反な事象列 $\{A_i \in \mathcal{F}\}_{i \geq 1}$ に対して，$P\left(\bigcup_{i=1}^{\infty} A_i\right) = \sum_{i=1}^{\infty} P(A_i)$

を満たすとき，P を可測空間 $(\Omega, \mathcal{F})$ 上の**確率測度** (probability measure) といい，$P(A)$ を事象 A の**確率** (probability) という．

定義 1.4 の条件①は確率が非負であること，条件②は必ず起こる事象の確率は 1 であることを表している．また，条件③は確率測度の **σ-加法性** (σ-additivity) とよばれている．これは「互いに排反な事象であれば，事象の和の確率は各事象の確率の和になる」ことを表している．$\Omega, \mathcal{F}, P$ の 3 つが 1 組になってはじめて確率が定義できるので，この 3 つ組 $(\Omega, \mathcal{F}, P)$ を**確率空間** (probability space) とよぶ．

命題 1.2 確率測度 P は次の性質をもつ．
1) $P(\emptyset) = 0$
2) $P(A^c) = 1 - P(A)$
3) $A, B \in \mathcal{F}$ に対して，$A \subset B$ ならば $P(A) \leq P(B)$
4) 任意の事象 $A, B \in \mathcal{F}$ に対して，$P(A \cup B) = P(A) + P(B) - P(A \cap B)$

証明
1) 定義 1.4 の条件③において，$A_1 = \Omega, A_i = \emptyset \ (i \geq 2)$ とおけば，$\Omega = \bigcup_{i=1}^{\infty} A_i$ より $P(\Omega) = P(\Omega) + \sum_{i=2}^{\infty} P(\emptyset)$ を得る．これより，$\sum_{i=2}^{\infty} P(\emptyset) = 0$ となるが，確率の非負性より $P(\emptyset) = 0$ を得る．
2) 同様に，条件③において，$A_1 = A, A_2 = A^c, A_i = \emptyset \ (i \geq 3)$ とおけば，$\Omega = \bigcup_{i=1}^{\infty} A_i$，条件②および $P(\emptyset) = 0$ より，$1 = P(\Omega) = P(A) + P(A^c)$ を得る．
3) $A \subset B$ ならば，$B = A \cup (B \setminus A)$ であり，また A と $B \setminus A$ は互いに排反である．したがって，P の加法性から $P(B) = P(A) + P(B \setminus A) \geq P(A)$ を得る．
4) $A \cup B$ は互いに排反な 3 つの事象によって，
$$A \cup B = (A \setminus B) \cup (A \cap B) \cup (B \setminus A)$$
と分割できる．P の加法性を用いると
$$P(A \cup B) = P(A \setminus B) + P(A \cap B) + P(B \setminus A)$$
が成り立つ．同様にして，$P(A) = P(A \setminus B) + P(A \cap B)$ および $P(B) = P(B \setminus A) + P(A \cap B)$ が得られる．これらから与式が導かれる．∎

1.3 条件付き確率と独立性

条件付き確率

2つの事象 A, B に対し，B が起こる場合に A が起こる確率を考える．古典的な統計的定義によって確率を考えると，事象 A, B を観測する実験を n 回繰り返したときに，B の観測回数は $f_n(B)$ 回，B と A の両方を観測する回数は $f_n(A \cap B)$ 回であるから，B が起こるという条件の下で A が起こる相対頻度は，$f_n(A \cap B)/f_n(B)$ 回で表されるはずである．ところで

$$\frac{f_n(A \cap B)}{f_n(B)} = \frac{f_n(A \cap B)/n}{f_n(B)/n} \tag{1.3}$$

であるから，n が大きくなるにつれて，この相対頻度は (統計的定義による) 確率 $P(A \cap B)/P(B)$ に収束すると考えられる．実際，公理に基づく確率論においても以上の考察と整合する定義を用いる．

ある確率空間 $(\Omega, \mathcal{F}, P)$ において，$A, B \in \mathcal{F}$ とする．

定義 1.5 $P(B) > 0$ のとき

$$P(A \mid B) = \frac{P(A \cap B)}{P(B)} \tag{1.4}$$

を事象 B が起こるという条件の下で事象 A が起こる**条件付き確率** (conditional probability) という．

条件付き確率 $P(A \mid B)$ は次のように解釈できる．事象 B が起こったとしよう．この情報は確率測度を潜在的に変化させる．すなわち，新しい確率測度 P_B の下では

$$P_B(B^c) = 0 \quad \text{かつ} \quad P_B(B) = 1$$

となる．このことは，事象 B 自体が新しい標本空間 Ω_B になっていることに他ならない．また同時に，σ-集合体も $\mathcal{F}_B = \{C \cap B : C \in \mathcal{F}\}$ へと変化している．したがって，可測空間 $(\Omega_B, \mathcal{F}_B)$ 上の新しい確率測度 P_B に基づく事象 A の起こる確率 $P_B(A)$ は，古い確率 $P(A \cap B)$ を $P(B)$ によって正規化することで得られる．結局，事象 B が起こることで，確率空間は $(\Omega, \mathcal{F}, P)$ から $(\Omega_B, \mathcal{F}_B, P_B)$

に縮小し，事象 A が起こる元の確率 $P(A)$ は $P_B(A) = P(A\,|\,B)$ に置き換えなければならないのである．

【例 1.7】 n 本 $(n \geq 2)$ のくじの中に $r\,(\in \{1, \cdots, n\})$ 本の当たりくじが含まれている．2 回連続してくじをひくときに，$A = \{\,2\,$本目当たり$\,\}$，$B = \{\,1\,$本目当たり$\,\}$ と事象を定義すると，1 本目の当たりはずれに応じて 2 本目に当たる確率は，それぞれ

$$P(A\,|\,B) = \frac{r-1}{n-1}, \quad P(A\,|\,B^c) = \frac{r}{n-1}$$

で与えられる．

定理 1.3（全確率の公式 (law of total probability)**）** Ω を互いに排反な有限個または可算無限個の事象 $B_1, B_2, \cdots$ に分割する．すなわち，$B_i \cap B_j = \emptyset\,(i \neq j)$ および $\bigcup_{i=1}^{\infty} B_i = \Omega$ を仮定する．このとき，任意の事象 A に対して

$$P(A) = \sum_{i=1}^{\infty} P(A\,|\,B_i) P(B_i) \tag{1.5}$$

が成り立つ．

証明 $\{B_i\}_{i \geq 1}$ が Ω の分割であることから

$$A = A \cap \Omega = A \cap \left(\bigcup_{i=1}^{\infty} B_i \right) = \bigcup_{i=1}^{\infty} (A \cap B_i)$$

を得る．$\{B_i\}_{i \geq 1}$ は排反列なので $\{A \cap B_i\}_{i \geq 1}$ もまた排反列となる．したがって，P の σ-加法性を用いて

$$P(A) = P\left(\bigcup_{i=1}^{\infty} (A \cap B_i) \right) = \sum_{i=1}^{\infty} P(A \cap B_i) = \sum_{i=1}^{\infty} P(A\,|\,B_i) P(B_i)$$

が導かれる．

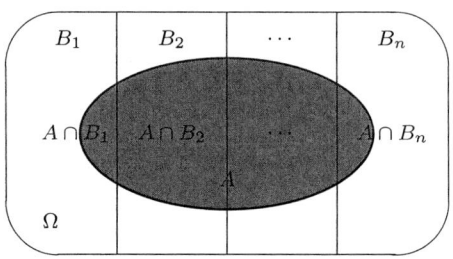

図 1.4　全確率の公式の概念図

【例 1.8】（例 1.7 の続き） 式 (1.5) において，$B_1 = B, B_2 = B^c, B_i = \emptyset \ (i \geq 3)$ とおくと

$$P(A) = P(A \mid B)P(B) + P(A \mid B^c)P(B^c)$$
$$= \frac{r-1}{n-1}\frac{r}{n} + \frac{r}{n-1}\left(1 - \frac{r}{n}\right) = \frac{r}{n} = P(B)$$

を得る．すなわち，当たりくじをひく確率は 1 本目も 2 本目も同じである． ∎

定理 1.4（ベイズの公式 (Bayes' rule)） Ω を互いに排反な有限個または可算無限個の事象 $B_1, B_2, \cdots$ に分割する．このとき，$P(A) > 0$ となる事象に対して

$$P(B_i \mid A) = \frac{P(A \mid B_i)P(B_i)}{\sum_{j=1}^{\infty} P(A \mid B_j)P(B_j)} \tag{1.6}$$

が成り立つ．

証明 条件付き確率の定義と全確率の公式を用いて

$$P(B_i \mid A) = \frac{P(A \cap B_i)}{P(A)} = \frac{P(A \mid B_i)P(B_i)}{\sum_{j=1}^{\infty} P(A \mid B_j)P(B_j)}$$

を得る． ∎

ベイズの公式は次のように解釈できる．A という事象が $B_1, B_2, \cdots$ という「原因」のいずれか 1 つによって引き起こされ，しかもこれらの原因は互いに排反であるとする．また，原因の生起頻度 $P(B_i)$ はすべての i に対して既知であり，原因 B_i によって事象 A が生じる確率 $P(A \mid B_i)$ についても既知であると仮定する．ベイズの公式は，事象 A が起きた原因が B_i である確率 $P(B_i \mid A)$ を，これらの事前確率を用いて計算できることを示している．

【例 1.9】 AIDS 予防のための血液検査では，被験者がヒト免疫ウィルス (HIV) に感染している場合は 99％の精度で HIV 陽性を判定可能であるが，一方，感染していない場合でも 5％の確率で HIV 陽性の誤った判定が下されることがあるものとする．ある被験者が血液検査で HIV 陽性と判定されたとしよう．被験者と同年代の 10000 人に 1 人が HIV に感染していることがわかっているときに，この被験者が本当に HIV に感染している確率をベイズの公式を応用して求めてみよう．$B_1 = \{$被験者は HIV に感染している$\}, B_2 = B_1^c = \{$被験者は HIV に感染していない$\}, A = \{$被験者の検査結果は陽性である$\}$ と定義すると，問題は $P(B_1 \mid A)$ を求めることに相当する．血液検査の判定精度は $P(A \mid B_1) = 0.99$ と $P(A \mid B_2) = 0.05$ を意味し，HIV 感染率からは $P(B_1) = 1/10000, P(B_2) = 9999/10000$ が得られる．したがって，ベイズの公式 (1.6) より

$$P(B_1\,|\,A) = \frac{0.99\,\frac{1}{10000}}{0.99\,\frac{1}{10000} + 0.05\,\frac{9999}{10000}} \approx 0.001976$$

を得る. ∎

◆問 1.1　例 1.9 において, $P(A\,|\,B_2) = 0.01$ のときの $P(B_1\,|\,A)$ を求めよ.

独 立 性

例 1.7 および 1.8 からも明らかなように, 一般には $P(A)$ と $P(A\,|\,B)$ は等しくない. $P(A\,|\,B) = P(A)$ が成り立つ, あるいはこれと等価な表現として $P(A \cap B) = P(A)P(B)$ が成り立つときを考えよう.

定義 1.6 (事象の独立性)　事象 A, B に対して

$$P(A \cap B) = P(A)P(B) \tag{1.7}$$

が成り立つとき, 事象 A と B は**独立** (independent) であるという.

◆問 1.2　1 枚のコインを 2 回投げる試行において, 事象 $A = \{\,2 \text{ 回目が表}\,\}$, $B = \{\,2 \text{ 回のうちいずれか 1 回が表}\,\}$ は独立であることを示せ.

A, B を事象とすると, A と B が独立であれば

$$\begin{aligned}P(A \cap B^c) &= P(A) - P(A \cap B) \\ &= P(A)(1 - P(B)) = P(A)P(B^c)\end{aligned}$$

より, 事象 A と B^c も独立となる. $P(B^c) > 0$ を仮定すると, $P(A\,|\,B^c) = P(A)$ が成り立つ. 事象 A と B の役割を入れ替えても同様であるから, 結局, 事象 A と B が独立であるとは, A または B の起こる確率がもう一方の事象の生起に影響されないことであると解釈できる.

3 つ以上の事象の独立性については次のように定義される.

定義 1.7　n 個の事象 $A_1, A_2, \cdots, A_n$ から選んだ任意の k 個の事象の組 $A_{i1}, A_{i2}, \cdots, A_{ik}$ に対して

$$P(A_{i1} \cap A_{i2} \cap \cdots \cap A_{ik}) = \prod_{j=1}^{k} P(A_{ij}), \quad k = 2, \cdots, n \tag{1.8}$$

が成り立つとき, 事象 $A_1, A_2, \cdots, A_n$ は互いに独立であるという.

【例 1.10】 1個のサイコロを2回投げる試行において，3つの事象 $A = \{\,1\,$回目に奇数の目が出る $\}$，$B = \{\,2\,$回目に偶数の目が出る $\}$，$C = \{\,2\,$つの目の和が7である $\}$ を考える．明らかに，$P(A) = P(B) = \frac{1}{2}$，$P(C) = \frac{1}{6}$ である．このとき，容易に確かめられるように

$$P(A \cap B) = \frac{1}{4} = P(A)P(B)$$
$$P(B \cap C) = \frac{1}{12} = P(B)P(C)$$
$$P(C \cap A) = \frac{1}{12} = P(C)P(A)$$

ではあるが

$$P(A \cap B \cap C) = \frac{1}{12} \neq P(A)P(B)P(C) = \frac{1}{24}$$

となるため，事象 A, B, C は独立ではない． ■

◆**問 1.3** 事象 A, B, C が独立であれば，事象 $A \cup B$ と C も独立となることを示せ．

2

確率変数とその分布

2.1 確率変数とは

　偶然現象の観測結果の多くは，平均株価指数，最高気温あるいは地震のマグニチュードなどのように，何らかの「数値」で表現されることが多い．数値で表されていない場合でも，適当な数値に置き換えることは可能である．例えば，1 枚のコインを投げる試行において，「表が出る」標本点を H，「裏が出る」標本点を T とするとき，表が出る事象 $A = \{H\}$ を考える．明らかに，$\Omega = \{H, T\}$，$\mathcal{F} = 2^\Omega = \{\emptyset, H, T, \Omega\}$ である．ここでは，事象 A を数値化する最も単純でかつ有用な方法として

$$\mathbf{1}_A(\omega) = \begin{cases} 1, & \omega \in A \\ 0, & \omega \notin A \end{cases} \tag{2.1}$$

という関数 $\mathbf{1}_A : \Omega \to \mathbb{R}$ を導入する．$\mathbf{1}_A$ は事象 A の**指標関数** (indicator function) とよばれ，この例に限らず任意の可測空間 $(\Omega, \mathcal{F})$ の $\omega \in \Omega, A \in \mathcal{F}$ に対し定義できる．この例の場合，表が出る場合に 1，そうでない (裏が出る) 場合に 0 の値を返す関数になっている．このことは逆に，指標関数の値によって事象 A を定めることができることを意味する．すなわち

$$A = \{\omega \in \Omega : \mathbf{1}_A(\omega) = 1\} = \{H\}$$

が成り立つ．この指標関数のように，(i) Ω 上の実数値関数であって，(ii) その関数値から逆に Ω 上の部分集合を定義できて，しかも (iii) その部分集合が事象として確率がきちんと測れる関数を確率変数という．

定義 2.1　確率空間 $(\Omega, \mathcal{F}, P)$ において，関数 $X : \Omega \to \mathbb{R}$ が，任意の $x \in \mathbb{R}$ に対して

$$\{\omega : X(\omega) \leq x\} \in \mathcal{F}$$

を満たすとき，X を**確率変数** (random variable) という．

【例 2.1】 指標関数 $\mathbf{1}_A(\omega)$ ($\omega \in \Omega, A \in \mathcal{F}$) に対しては

$$\{\omega : \mathbf{1}_A(\omega) \leq x\} = \begin{cases} \emptyset, & x < 0 \\ A^c, & 0 \leq x < 1 \\ \Omega, & x \geq 1 \end{cases}$$

となり，$\emptyset, A^c, \Omega \in \mathcal{F}$ を満たすので，$\mathbf{1}_A(\omega)$ は確率変数である． ∎

【例 2.2】 コインを 2 回投げる試行において，表の出る回数を X で表す．この試行の標本空間は，各回の標本点 (H, T) を対にすることで

$$\Omega = \{HH, HT, TH, TT\}$$

と表すことができる．$\mathcal{F} = 2^\Omega$ と定めると

$$\{\omega : X(\omega) \leq x\} = \begin{cases} \emptyset, & x < 0 \\ \{TT\}, & 0 \leq x < 1 \\ \{HT, TH, TT\}, & 1 \leq x < 2 \\ \Omega, & x \geq 2 \end{cases} \tag{2.2}$$

となり，$\emptyset, \{TT\}, \{HT, TH, TT\}, \Omega \in \mathcal{F}$ を満たすので，X は確率変数である． ∎

X, Y が確率変数であれば，$X + Y, X - Y, XY, X/Y$ ($Y \neq 0$ のとき) などの X, Y に四則演算を施したもの，あるいは $\max\{X, Y\}, \min\{X, Y\}$ などの関係演算子を施したもの，さらには X^2, e^X などの X の関数も確率変数となることが証明できる．しかし，確率変数列 $\{X_n\}_{n \geq 1}$ の極限などについては，その極限値が必ずしも有限とはならない場合があり，注意が必要である．

【例 2.3】 X と Y が確率変数のとき，$\max\{X, Y\}$ も確率変数となることを示そう．任意の実数 x に対して

$$\begin{aligned}\{\omega : \max\{X(\omega), Y(\omega)\} \leq x\} &= \{\omega : X(\omega) \leq x, Y(\omega) \leq x\} \\ &= \{\omega : X(\omega) \leq x\} \cap \{\omega : Y(\omega) \leq x\}\end{aligned}$$

を得る．X, Y は確率変数であるから $\{\omega : X(\omega) \leq x\}, \{\omega : Y(\omega) \leq x\} \in \mathcal{F}$ である．命題 1.1 の 2) より $\mathcal{F}$ は積に関して閉じているので，$\max\{X, Y\}$ もまた確率変数となる． ∎

◆問 2.1 X と Y が確率変数のとき，$\min\{X, Y\}$ も確率変数となることを示せ．

分布関数

$\{\omega : X(\omega) \leq x\} \in \mathcal{F}$ であるから,確率変数 X に対して,確率

$$P(\{\omega : X(\omega) \leq x\}), \quad x \in \mathbb{R}$$

を測ることは常に可能である.以後,$P(\{\omega : X(\omega) \leq x\})$ を単に $P\{X \leq x\}$ と書き,$\mathbb{R}$ 上の関数の意味で

$$F(x) = P\{X \leq x\}, \quad x \in \mathbb{R} \tag{2.3}$$

と表すことにする.この $F(x)$ を確率変数 X の**分布関数** (distribution function) あるいは**累積分布関数** (cumulative distribution function; cdf) という.

命題 2.1 分布関数 $F(x)$ は次の性質を満たす.
1) $\lim_{x \to -\infty} F(x) = 0$
2) $x < y$ ならば $F(x) \leq F(y)$ (単調非減少)
3) $\lim_{\varepsilon \to 0+} F(x+\varepsilon) = F(x)$ (右連続)
4) $\lim_{x \to \infty} F(x) = 1$

証明
1) $\lim_{x \to -\infty} F(x) = P\{X \leq -\infty\} = P(\emptyset) = 0$
2) $F(y) - F(x) = P\{x < X \leq y\} \geq 0$
3) $\lim_{\varepsilon \to 0+} F(x+\varepsilon) = F(x) + \lim_{\varepsilon \to 0+} P\{x < X \leq x+\varepsilon\} = F(x)$
4) $\lim_{x \to \infty} F(x) = P\{X \leq \infty\} = P(\Omega) = 1$

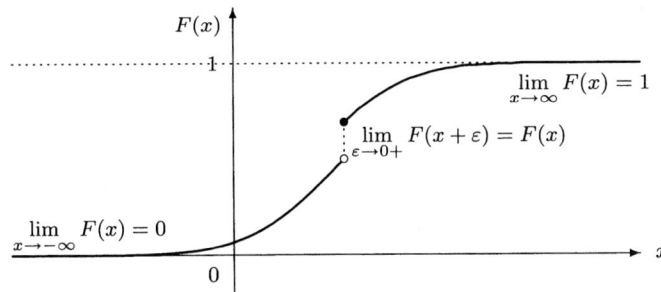

図 2.1 分布関数の満たすべき性質

【例 2.4】(パーセント点) X を分布関数 $F(x)$ ($x \in \mathbb{R}$) に従う確率変数とする.$\alpha \in (0,1)$ に対し

$$p_\alpha = \inf\{x : F(x) > \alpha\} \tag{2.4}$$

を $F(\cdot)$ の 100α パーセント点 (100α percentile) という. 特に, $\alpha = i/4$ ($i = 1, 2, 3$) に対するパーセント点を $Q_i \equiv p_{i/4}$ と表すとき, Q_1 を**第 1 四分位点** (first quartile), Q_2 を**中央値** (median), Q_3 を**第 3 四分位点** (third quartile) とよぶ. 中央値のまわりの確率分布の広がりを表す 1 つの代表値として, **四分位偏差** (quartile deviation) $(Q_3 - Q_1)/2$ が用いられる.

$F(x)$ が x の連続な単調増加関数の場合, 100α%点 p_α は

$$P\{X \leq p_\alpha\} = F(p_\alpha) = \alpha \tag{2.5}$$

を満たし, $F(\cdot)$ の逆関数 $F^{-1}(\cdot)$ を用いて, $p_\alpha = F^{-1}(\alpha)$ で与えられる. さらに

$$P\{X > z(\alpha)\} = 1 - F(z(\alpha)) = \alpha \tag{2.6}$$

を満たす $z(\alpha) = F^{-1}(1 - \alpha) = p_{1-\alpha}$ を $F(\cdot)$ の**上側 100α パーセント点** (upper 100α percentile) という. ∎

【例 2.5】 X を連続な分布関数 $F_X(x)$ ($x \in \mathbb{R}$) に従う確率変数とする. このとき, $Y = X^2$ もまた確率変数であり, その分布関数を $F_Y(y)$ で表すことにする. $Y \geq 0$ より, $y < 0$ に対しては $F_Y(y) = 0$ であり, $y \geq 0$ に対しては

$$\begin{aligned} F_Y(y) &= P\{Y \leq y\} = P\{X^2 \leq y\} = P\{-\sqrt{y} \leq X \leq \sqrt{y}\} \\ &= F_X(\sqrt{y}) - F_X(-\sqrt{y}) \end{aligned} \tag{2.7}$$

で与えられる. ∎

2.2 離散型確率変数

定義 2.2 分布関数 $F(x)$ が, ある可算集合 $\mathbb{K}$ と実数列 $\{x_i\}_{i \in \mathbb{K}}$ に対して

$$F(x) = \sum_{i \in \mathbb{K}} p(x_i) \mathbf{1}_{[x_i, \infty)}(x) = \sum_{x_i \leq x} p(x_i), \quad x \in \mathbb{R} \tag{2.8}$$

と表せる関数 $p(\cdot)$ が存在するとき, $p(\cdot)$ を X の**確率関数** (probability function) といい, X を**離散型確率変数** (discrete random variable) とよぶ.

明らかに, $F(x)$ は $x = x_i$ ($i \in \mathbb{K}$) で $p(x_i)$ ずつ増加する階段関数となる. 命題 2.1 で示した分布関数の性質 3) から

$$p(x_i) = F(x_i) - \lim_{\epsilon \to 0+} F(x_i - \epsilon) = P\{X = x_i\} \geq 0, \quad i \in \mathbb{K} \tag{2.9}$$

が成り立つ．また，命題 2.1 の性質 4) から

$$\sum_{i \in \mathbb{K}} p(x_i) = \lim_{x \to \infty} F(x) = 1 \tag{2.10}$$

が成り立つ．

【例 2.6】（例 2.2 の続き） 式 (2.2) より，$\mathbb{K} = \{0, 1, 2\}$, $x_i = i \in \{0, 1, 2\}$ であることがわかる．コインの表裏が等確率で出ると仮定すると，2 回のコイン投げで表の出る回数 X の分布関数は

$$F(x) = \begin{cases} 0, & x < 0 \\ \frac{1}{4}, & 0 \leq x < 1 \\ \frac{3}{4}, & 1 \leq x < 2 \\ 1, & x \geq 2 \end{cases}$$

となる．したがって，確率関数は

$$p(i) = P\{X = i\} = \begin{cases} \frac{1}{4}, & i = 0 \\ \frac{1}{2}, & i = 1 \\ \frac{1}{4}, & i = 2 \end{cases} \tag{2.11}$$

で与えられる．∎

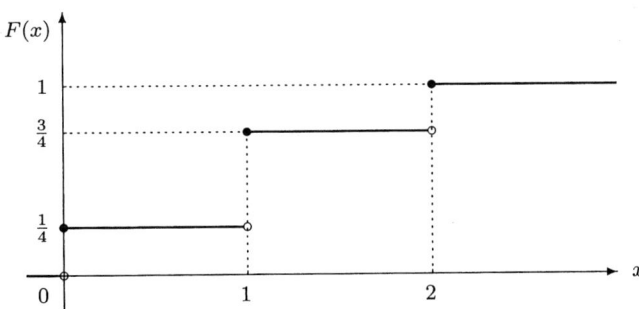

図 2.2　2 回のコイン投げで表の出る回数 X の分布関数

ベルヌーイ分布

$P(A) = p \ (0 < p < 1)$ を満たす事象 A に対する指標関数 $\mathbf{1}_A$ の分布関数は，例 2.1 より

$$F(x) = \begin{cases} 0, & x < 0 \\ 1-p, & 0 \leq x < 1 \\ 1, & x \geq 1 \end{cases} \tag{2.12}$$

となる．ここで，$\mathbb{K} = \{0,1\}$, $x_i = i \in \{0,1\}$ である．したがって，確率関数は

$$p(i) = P\{\mathbf{1}_A = i\} = \begin{cases} 1-p, & i=0 \\ p, & i=1 \end{cases} \tag{2.13}$$

で与えられる．式 (2.13) は**二点分布** (two-point distribution) の 1 つで，**ベルヌーイ分布** (Bernoulli distribution) とよばれる．また，ベルヌーイ分布を生成する試行を**ベルヌーイ試行** (Bernoulli trial) という．このとき，A はベルヌーイ試行において着目している事象を表す．

二項分布

ベルヌーイ試行を n 回独立に繰り返す試行列を考える．第 k 回目のベルヌーイ試行において着目している事象を A_k ($k = 1, \cdots, n$) で表すと，試行列が独立であるとは，事象 $A_1, \cdots, A_n$ が互いに独立であること (定義 1.7 参照) を意味する．このとき，確率変数

$$X = \sum_{k=1}^{n} \mathbf{1}_{A_k} \tag{2.14}$$

は，n 回の試行中に着目している事象が生起した総回数を表し，その取りうる値は $\{0, 1, \cdots, n\}$ である．$P(A_k) = p$ $(0 < p < 1)$ とおくと，$\{X = i\}$ に対する

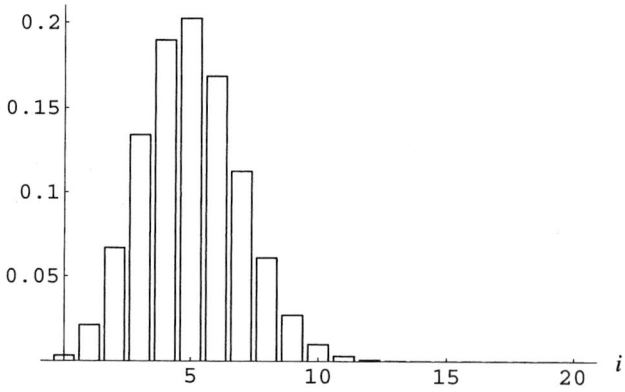

図 **2.3**　二項分布 $B(20, 0.25)$ の確率関数

1つの標本が実現する確率は，試行列の独立性より，$p^i(1-p)^{n-i}$ となる．事象 $\{X = i\}$ に対応する標本点の個数が $\binom{n}{i}$ 個であることを考慮すると，X の確率関数は

$$p(i) = P\{X = i\} = \binom{n}{i} p^i (1-p)^{n-i}, \quad i = 0, \cdots, n \qquad (2.15)$$

で与えられる．このとき X は**二項分布** (binomial distribution) $B(n, p)$ に従うといい，$X \sim B(n, p)$ と略記する．

幾何分布

ベルヌーイ試行列において，着目している事象が初めて生起するまでの試行回数 X を考える (例 1.5 参照)．X の取りうる値は $\mathbb{N} = \{1, 2, 3, \cdots\}$ となる．二項分布の場合と同様に $P(A_k) = p\,(0 < p < 1)$ とおくと，X の確率関数は

$$p(i) = P\{X = i\} = (1-p)^{i-1} p, \quad i = 1, 2, \cdots \qquad (2.16)$$

で与えられる．このとき，X はパラメータ p の**幾何分布**(geometric distribution) に従うといい，$X \sim Ge(p)$ と略記する．

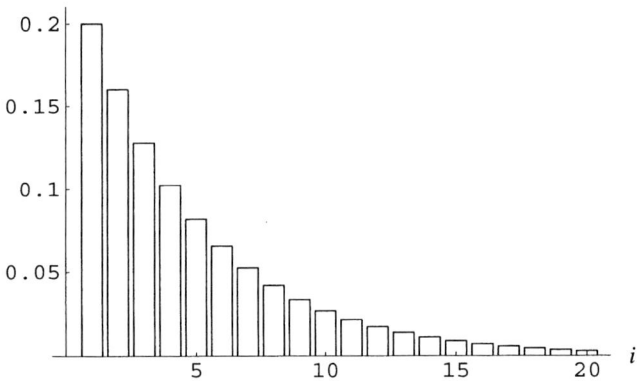

図 2.4 幾何分布 $Ge(0.2)$ の確率関数

ポアソン分布

二項分布 $B(n, p)$ において，2つのパラメータ n と p の間に $np = \lambda\,(> 0)$ という制約条件を課す．このとき，二項分布の確率関数は

$$p(i) = \binom{n}{i} p^i (1-p)^{n-i}$$
$$= \frac{n(n-1)\cdots(n-i+1)}{i!} \left(\frac{\lambda}{n}\right)^i \left(1-\frac{\lambda}{n}\right)^{n-i}$$
$$= \frac{\lambda^i}{i!} \left\{ \left(1-\frac{1}{n}\right)\cdots\left(1-\frac{i-1}{n}\right) \left(1-\frac{\lambda}{n}\right)^{-i} \right\} \left(1-\frac{\lambda}{n}\right)^n$$

と書けるので, $n \to \infty$ としたとき, $\lim_{n\to\infty} \left(1-\frac{\lambda}{n}\right)^n = e^{-\lambda}$ を用いて

$$\lim_{n\to\infty} p(i) = \frac{\lambda^i}{i!} e^{-\lambda} \tag{2.17}$$

を得る (確かめよ). 式 (2.17) は**ポアソンの少数の法則** (Poisson's law of small numbers) とよばれる. 一般に, 確率変数 X の確率関数がこの極限分布

$$p(i) = P\{X = i\} = \frac{\lambda^i}{i!} e^{-\lambda}, \quad i = 0, 1, \cdots \tag{2.18}$$

で与えられるとき, X はパラメータ λ の**ポアソン分布** (Poisson distribution) に従うといい, $X \sim Po(\lambda)$ と略記する.

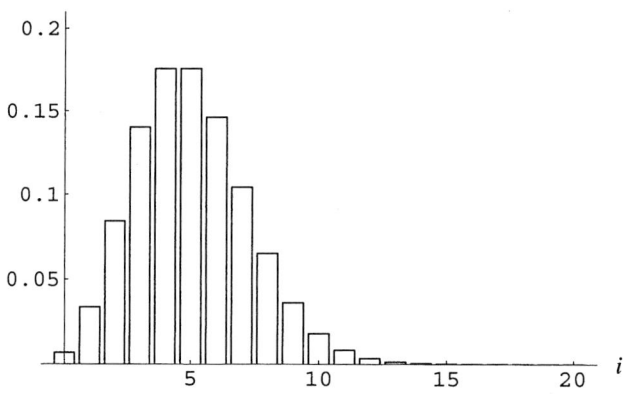

図 2.5 ポアソン分布 $Po(5)$ の確率関数

p が小さな値を取る二項分布は, 非常にまれにしか観測されない事象の生起回数を表しているから, ポアソン分布も同様の性質をもつと考えられる. 実際, 労働災害の発生, 電話交換機への接続要求などの偶然性の高い現象の生起回数分布が, 近似的にポアソン分布になることが知られている.

◆問 2.2 　二項分布，幾何分布，ポアソン分布の確率関数が，性質 (2.10) を満たすことを示せ．

2.3　連続型確率変数

定義 2.3 　分布関数 $F(x)$ に対して

$$F(x) = \int_{-\infty}^{x} f(y)dy, \quad x \in \mathbb{R} \tag{2.19}$$

を満たす関数 $f(x)$ が存在するとき，$f(x)$ を X の**確率密度関数** (probability density function; pdf) といい，X を**連続型確率変数** (continuous random variable) とよぶ．

式 (2.19) より，$F(x)$ は x の連続関数となり，$f(x)$ の連続点において

$$\frac{d}{dx}F(x) = f(x), \quad x \in \mathbb{R} \tag{2.20}$$

の関係が成り立つ．また，分布関数の性質 2), 4) から，$f(x)$ は

$$f(x) \geq 0, \quad x \in \mathbb{R}, \quad \int_{-\infty}^{\infty} f(x)dx = 1 \tag{2.21}$$

を満たす．さらに，$F(x)$ の定義から，$a, b \in \mathbb{R}$ に対して

$$F(b) - F(a) = P\{a < X \leq b\} = \int_{a}^{b} f(x)dx, \quad b > a \tag{2.22}$$

を得る．式 (2.22) において $a \to b$ の極限を取ると，$F(x)$ の連続性から

$$P\{X = b\} = 0, \quad b \in \mathbb{R}$$

が成り立つ．これは「連続型確率変数がある 1 点の値を取る確率は 0 である」ことを示している．

一 様 分 布

2 つの定数 $a, b \ (a < b)$ に対して，確率変数 X の確率密度関数が

$$f(x) = \begin{cases} \dfrac{1}{b-a}, & a \leq x \leq b \\ 0, & その他 \end{cases} \tag{2.23}$$

で与えられるとき，X は区間 $[a, b]$ 上の**一様分布** (uniform distribution) に従うといい，$X \sim U(a,b)$ と略記する．このとき，式 (2.19) より

$$F(x) = \begin{cases} 0, & x < a \\ \dfrac{x-a}{b-a}, & a \leq x \leq b \\ 1, & x > b \end{cases} \tag{2.24}$$

となる (確かめよ).

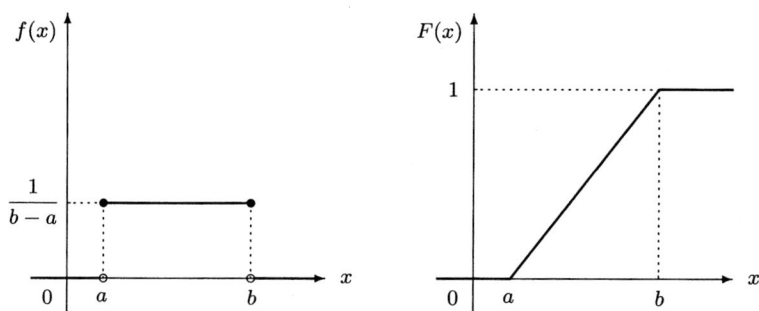

図 2.6　一様分布 $U(a,b)$ の確率密度関数と分布関数

ガンマ分布

定数 $\alpha, \lambda > 0$ に対して，確率変数 X の確率密度関数が

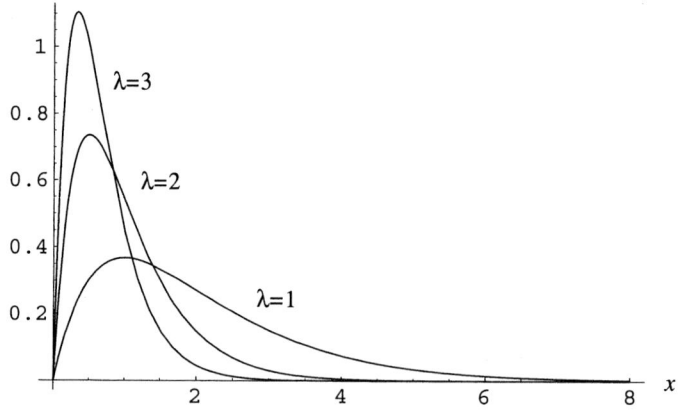

図 2.7　ガンマ分布 $G(2, \lambda)$ の確率密度関数

$$f(x) = \begin{cases} \dfrac{\lambda^\alpha}{\Gamma(\alpha)} x^{\alpha-1} e^{-\lambda x}, & x > 0 \\ 0, & x \leq 0 \end{cases} \quad (2.25)$$

で与えられるとき，X はパラメータ (α, λ) の**ガンマ分布** (Gamma distribution) に従うといい，$X \sim G(\alpha, \lambda)$ と略記する．ここで

$$\Gamma(\alpha) = \int_0^\infty x^{\alpha-1} e^{-x} dx, \quad \alpha > 0 \quad (2.26)$$

と定義され，**ガンマ関数** (Gamma function) とよばれる．

命題 2.2 ガンマ関数 $\Gamma(\alpha)$ は次の性質を満たす．

1) $\Gamma(\alpha) = (\alpha-1)\Gamma(\alpha-1), \quad \alpha > 1$
2) $\Gamma(1) = 1$
3) $\Gamma(\frac{1}{2}) = \sqrt{\pi}$

◆**問 2.3** 命題 2.2 を証明せよ．

$\alpha = n \in \mathbb{N}$ のとき，X は **n 次のアーラン分布** (n-stage Erlang distribution) に従うという．式 (2.25) と命題 2.2 より，n 次のアーラン分布の分布関数は

$$F(x) = \begin{cases} 1 - \displaystyle\sum_{i=0}^{n-1} \dfrac{(\lambda x)^i}{i!} e^{-\lambda x}, & x > 0 \\ 0, & x \leq 0 \end{cases} \quad (2.27)$$

で与えられる (確かめよ)．特に，$n = 1$ のとき，すなわち，$X \sim G(1, \lambda)$ のとき，X はパラメータ λ の**指数分布** (exponential distribution) に従うといい，$X \sim Exp(\lambda)$ と略記する．指数分布の確率密度関数と分布関数は，それぞれ

$$f(x) = \begin{cases} \lambda e^{-\lambda x}, & x > 0 \\ 0, & x \leq 0 \end{cases} \quad (2.28)$$

$$F(x) = \begin{cases} 1 - e^{-\lambda x}, & x > 0 \\ 0, & x \leq 0 \end{cases} \quad (2.29)$$

で与えられる．

さらに，$n \in \mathbb{N}$ に対し，$\alpha = n/2, \lambda = 1/2$ のとき，すなわち，$X \sim G(\frac{n}{2}, \frac{1}{2})$ のとき，X は**自由度 n の χ^2 (カイ二乗) 分布** (chi-square distribution with n degrees of freedom) に従うといい，$X \sim \chi_n^2$ と略記する．自由度 n の χ^2 分布の確率密度関数は

$$f(x) = \begin{cases} \dfrac{1}{2^{\frac{n}{2}}\Gamma(\frac{n}{2})} x^{\frac{n}{2}-1} e^{-\frac{x}{2}}, & x > 0 \\ 0, & x \leq 0 \end{cases} \quad (2.30)$$

で与えられる．χ^2 分布は，第 II 部で示すように，統計的推定および検定において非常に重要な役割を果たす．

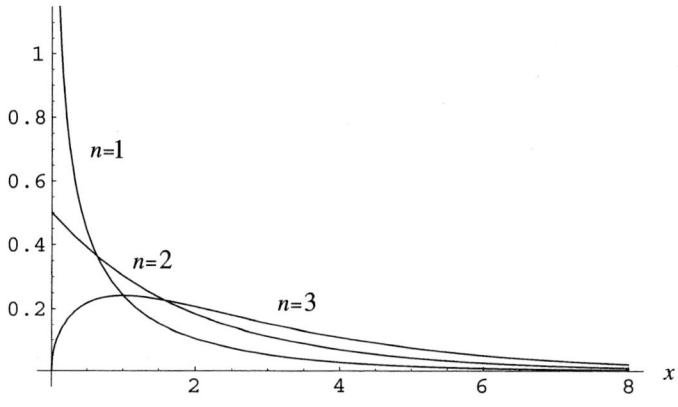

図 2.8　自由度 n の χ^2 分布の確率密度関数

ベータ分布

定数 $\alpha, \beta > 0$ に対して，確率変数 X の確率密度関数が

$$f(x) = \begin{cases} \dfrac{1}{\mathrm{B}(\alpha,\beta)} x^{\alpha-1}(1-x)^{\beta-1}, & 0 < x < 1 \\ 0, & その他 \end{cases} \quad (2.31)$$

で与えられるとき，X はパラメータ (α, β) のベータ分布 (Beta distribution) に従うといい，$X \sim Beta(\alpha, \beta)$ と略記する．ここで

$$\mathrm{B}(\alpha, \beta) = \int_0^1 x^{\alpha-1}(1-x)^{\beta-1} dx, \quad \alpha, \beta > 0 \quad (2.32)$$

と定義され，**ベータ関数** (Beta function) とよばれる（二項分布の記号 $B(n, p)$ とは，「B」のフォントを変えて区別していることに注意しよう）．ベータ関数はガンマ関数との間に

$$\mathrm{B}(\alpha,\beta) = \frac{\Gamma(\alpha)\Gamma(\beta)}{\Gamma(\alpha+\beta)}, \quad \alpha,\beta > 0 \tag{2.33}$$

の関係がある．式 (2.33) の右辺は α と β に関して対称であるから $\mathrm{B}(\alpha,\beta) = \mathrm{B}(\beta,\alpha)$ が成り立つ．

$\alpha = \beta$ のとき，確率密度関数 (2.31) は $x = 0.5$ に関して対称形の曲線を描き，特に，$\alpha = \beta = 1$ のとき，ベータ分布は $[0,1]$ 上の一様分布 $U(0,1)$ と一致する（確かめよ）．また，$\alpha < 1, \beta < 1$ のときは確率密度関数は区間 $[0,1]$ 上でU字型の形状をもち，逆に，$\alpha > 1, \beta > 1$ のときは単峰型の形状をもつ．

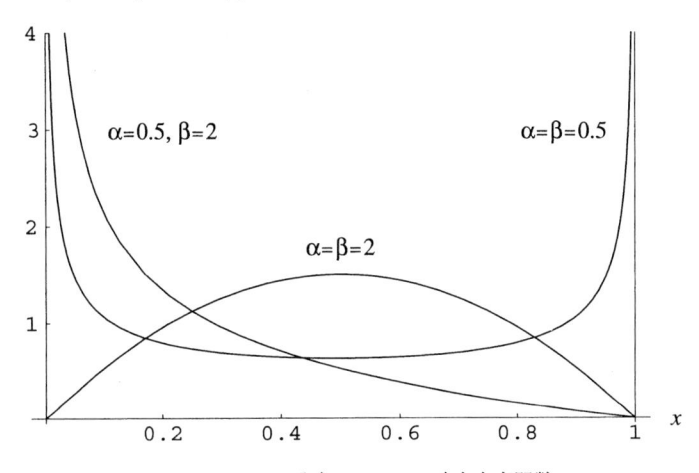

図 2.9 ベータ分布 $\mathrm{B}(\alpha,\beta)$ の確率密度関数

◆問 2.4 関係式 (2.33) を証明せよ．

定理 2.3 $n \geq 1, k = 1, \cdots, n, p \in (0,1)$ に対して，$X \sim Beta(k, n-k+1)$，$Y \sim B(n,p)$ とする．このとき，$P\{X \leq p\} = P\{Y \geq k\}$，すなわち

$$\frac{1}{\mathrm{B}(k, n-k+1)} \int_0^p x^{k-1}(1-x)^{n-k} dx = \sum_{i=k}^n \binom{n}{i} p^i (1-p)^{n-i} \tag{2.34}$$

が成り立つ．

◆問 2.5 定理 2.3 を証明せよ．

2.4 多次元の確率変数

定義 2.4 任意の実数 $x_1, \cdots, x_n$ に対して,n 個の確率変数 $X_1, \cdots, X_n$ の分布関数

$$F(x_1, \cdots, x_n) = P\{X_1 \leq x_1, \cdots, X_n \leq x_n\} \tag{2.35}$$

を**n 次元分布関数** (n-dimensional distribution function),または $\boldsymbol{X}^\top \equiv (X_1, \cdots, X_n)$ の**同時分布関数** (joint distribution function) とよぶ.

簡単のため,以下では $n = 2$ かつ連続型確率変数の場合に限定して述べるが,$n \geq 3$ または離散型確率変数の場合でも同様である.

(X, Y) の同時分布関数 $F(x, y)$ は,いずれか一方の変数を固定したとき,他方の変数に関して,命題 2.1 で与えられる 1 次元の分布関数の性質 1)~3) を満たす.また,命題 2.1 の性質 4) に関連した 2 つの極限

$$\begin{cases} \lim_{y \to \infty} F(x, y) \equiv F_X(x) \\ \lim_{x \to \infty} F(x, y) \equiv F_Y(y) \end{cases} \tag{2.36}$$

が存在し,それぞれ X, Y の**周辺分布関数** (marginal distribution function) とよぶ.

定義 2.5 (X, Y) の同時分布 $F(x, y)$ に対して

$$F(x, y) = \int_{-\infty}^{x} \int_{-\infty}^{y} f(u, v) du dv \tag{2.37}$$

を満たす関数 $f(x, y)$ が存在するとき,$f(x, y)$ を (X, Y) の**同時確率密度関数** (joint pdf) という.

$f(x, y)$ の連続点において

$$\frac{\partial^2}{\partial x \partial y} F(x, y) = f(x, y), \quad (x, y) \in \mathbb{R}^2 \tag{2.38}$$

の関係が成り立つ.また,1 次元の場合と同様にして

$$f(x, y) \geq 0, \quad (x, y) \in \mathbb{R}^2, \quad \int_{-\infty}^{\infty} \int_{-\infty}^{\infty} f(x, y) dx dy = 1 \tag{2.39}$$

を得る.さらに,$F(x, y)$ の定義から,$b > a$ および $d > c$ に対して

$$P\{a < X \leq b,\, c < Y \leq d\} = \int_a^b \int_c^d f(x,y)dxdy \tag{2.40}$$

を得る.これは,$\mathbb{R}^2$ 内の矩形 $(a, b] \times (c, d]$ 上の曲面 $f(x,y)$ が作る立体の体積が,確率 $P\{a < X \leq b,\, c < Y \leq d\}$ を表すことを意味している.また

$$\begin{cases} f_X(x) = \displaystyle\int_{-\infty}^{\infty} f(x,y)dy \\ f_Y(y) = \displaystyle\int_{-\infty}^{\infty} f(x,y)dx \end{cases} \tag{2.41}$$

をそれぞれ X, Y の**周辺確率密度関数** (marginal pdf) という.

事象の独立性と同様にして,確率変数の独立性を定義できる.

定義 2.6(確率変数の独立性) 任意の $(x,y) \in \mathbb{R}^2$ に対して

$$F(x,y) = F_X(x)F_Y(y) \tag{2.42}$$

が成り立つとき,確率変数 X と Y は**独立** (independent) であるという.

◆問 **2.6** 事象 A と B が独立であるとき,確率変数 $\mathbf{1}_A$ と $\mathbf{1}_B$ は独立であることを示せ.

【例 **2.7**】(**順序統計量**) $X_1, \cdots, X_n$ を独立で同一の分布関数 $F(x)$ に従う確率変数列とする.$\{X_i\}$ を小さい値から順に並べ替えたものを $\{X_{(i)}\}$ と表すことにする.すなわち

$$X_{(1)} \leq X_{(2)} \leq \cdots \leq X_{(n)}$$

である.このとき,$\{X_{(i)}\}$ を $\{X_i\}$ の**順序統計量** (order statistics) という.ここで,「統計量」は「確率変数」と同義語であることに注意しよう.明らかに,$X_{(1)} = \min_i X_i$,$X_{(n)} = \max_i X_i$ である.確率変数 $X_{(i)}$ ($i = 1, \cdots, n$) の分布関数を $F_i(x)$ で表すと,$\{X_i\}$ の独立性と事象 $\{X_{(i)} \leq x\}$ が $X_1, \cdots, X_n$ のうち少なくとも i 個が x 以下である事象と等価であることを用いて

$$F_i(x) = \sum_{k=i}^n \binom{n}{k} \{F(x)\}^k \{1 - F(x)\}^{n-k}, \quad i = 1, \cdots, n \tag{2.43}$$

を得る.特に

$$F_1(x) = 1 - \{1 - F(x)\}^n, \quad F_n(x) = \{F(x)\}^n \tag{2.44}$$

となる (確かめよ).∎

条件付き確率分布

十分小さな $\Delta x, \Delta y > 0$ に対して,同時分布関数 $F(x,y)$ の定義より

$$P\{x < X \leq x + \Delta x,\, y < Y \leq y + \Delta y\}$$
$$= F(x + \Delta x, y + \Delta y) - F(x, y + \Delta y) - F(x + \Delta x, y) + F(x, y)$$

を得る．条件付き確率の定義より，$P\{y < Y \leq y + \Delta y\} > 0$ のとき

$$P\{x < X \leq x + \Delta x \mid y < Y \leq y + \Delta y\}$$
$$= \frac{P\{x < X \leq x + \Delta x,\, y < Y \leq y + \Delta y\}}{P\{y < Y \leq y + \Delta y\}}$$

となるので，$f_Y(y) > 0$ のとき

$$P\{x < X \leq x + \Delta x \mid Y = y\}$$
$$= \lim_{\Delta y \to 0} P\{x < X \leq x + \Delta x \mid y < Y \leq y + \Delta y\}$$
$$= \lim_{\Delta y \to 0} \frac{P\{x < X \leq x + \Delta x,\, y < Y \leq y + \Delta y\}}{P\{y < Y \leq y + \Delta y\}}$$
$$= \frac{1}{f_Y(y)} \left\{ \frac{\partial}{\partial y} F(x + \Delta x, y) - \frac{\partial}{\partial y} F(x, y) \right\}$$

が成り立つから，上式を Δx で割り，$\Delta x \to 0$ の極限を取ると

$$\lim_{\Delta x \to 0} \frac{1}{\Delta x} P\{x < X \leq x + \Delta x \mid Y = y\} = \frac{1}{f_Y(y)} \frac{\partial^2}{\partial x \partial y} F(x, y) = \frac{f(x, y)}{f_Y(y)}$$

を得る．以上より，条件付き確率密度関数を次のように定義する．

定義 2.7 X, Y を連続型確率変数とする．$f_Y(y) > 0$ を満たす $y \in \mathbb{R}$ に対して

$$f_{X|Y}(x \mid y) \equiv \frac{f(x, y)}{f_Y(y)}, \quad x \in \mathbb{R} \tag{2.45}$$

を $\{Y = y\}$ という条件の下での X の**条件付き確率密度関数** (conditional pdf) という．

明らかに，$f_{X|Y}(x \mid y) \geq 0$ であり

$$\int_{-\infty}^{\infty} f_{X|Y}(x \mid y) dx = \frac{1}{f_Y(y)} \int_{-\infty}^{\infty} f(x, y) dx = \frac{f_Y(y)}{f_Y(y)} = 1 \tag{2.46}$$

となるから，確率密度関数の性質 (2.21) を満たしている．

離散型確率変数に対しても，条件付き確率の定義から直ちに次の定義を得る．

定義 2.8 X, Y を離散型確率変数とする．$P\{Y = y_j\} > 0$ を満たす $y_j \in \mathbb{R}$ に対して

$$p_{X|Y}(x_i | y_j) = \frac{P\{X = x_i, Y = y_j\}}{P\{Y = y_j\}} \qquad (2.47)$$

を $\{Y = y_j\}$ という条件の下での X の**条件付き確率関数** (conditional probability function) という．

連続型確率変数の場合と同様に

$$p_{X|Y}(x_i | y_j) \geq 0, \quad i \in \mathbb{K}, \quad \sum_{i \in \mathbb{K}} p_{X|Y}(x_i | y_j) = 1 \qquad (2.48)$$

が成り立ち，確率関数の性質 (2.9), (2.10) を満たしている．

2.5 期 待 値

離散型確率変数

定義 2.9 確率関数 $p(x_i)$ ($i \in \mathbb{K}$) をもつ離散型確率変数 X に対して，$\sum_{i \in \mathbb{K}} |x_i| p(x_i) < \infty$ のとき

$$E[X] = \sum_{i \in \mathbb{K}} x_i p(x_i) \qquad (2.49)$$

を X の**期待値** (expected value) あるいは**平均** (mean) という．$\sum_{i \in \mathbb{K}} |x_i| p(x_i)$ が発散するときには，X の期待値は存在しないという．

期待値 $E[X]$ に関して添字集合 $\mathbb{K}$ を

$$\mathbb{K}_1 = \{i \,|\, x_i < E[X]\}, \quad \mathbb{K}_2 = \{i \,|\, x_i \geq E[X]\}$$

の 2 つに分割する．すなわち，$\mathbb{K} = \mathbb{K}_1 \cup \mathbb{K}_2, \mathbb{K}_1 \cap \mathbb{K}_2 = \emptyset$ が成り立つ．式 (2.10), (2.49) より

$$\begin{aligned} E[X] - \sum_{i \in \mathbb{K}} x_i p(x_i) &= \sum_{i \in \mathbb{K}} (E[X] - x_i) \, p(x_i) \\ &= \sum_{i \in \mathbb{K}_1} (E[X] - x_i) \, p(x_i) - \sum_{j \in \mathbb{K}_2} (x_j - E[X]) \, p(x_j) = 0 \end{aligned}$$

であるから

$$\sum_{i\in \mathbb{K}_1} (E[X] - x_i)\, p(x_i) = \sum_{j\in \mathbb{K}_2} (x_j - E[X])\, p(x_j) \tag{2.50}$$

を得る．図 2.10 より，$E[X]$ は確率関数 $\{p(x_i)\}$ の重心を表すと解釈できる．

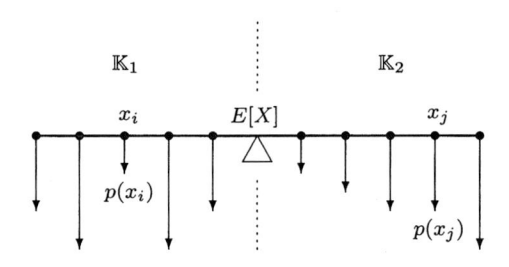

図 2.10 重心としての期待値の解釈

【例 2.8】（指標関数 $\mathbf{1}_A$） 事象 A に対する指標関数 $\mathbf{1}_A$ の期待値は，その取りうる値が 0 または 1 であることに注意すると

$$E[\mathbf{1}_A] = 1 \cdot P(A) + 0 \cdot P(A^c) = P(A) \tag{2.51}$$

となり，事象 A が起こる確率 $P(A)$ と一致する． ∎

【例 2.9】（二項分布） $X \sim B(n,p)$ とすると

$$\begin{aligned}
E[X] &= \sum_{i=0}^{n} i \binom{n}{i} p^i (1-p)^{n-i} = n \sum_{i=1}^{n} \binom{n-1}{i-1} p^i (1-p)^{n-i} \\
&= np \sum_{j=0}^{n-1} \binom{n-1}{j} p^j (1-p)^{(n-1)-j} = np
\end{aligned} \tag{2.52}$$

を得る．ここで，二項係数に関する関係式

$$i \binom{n}{i} = n \binom{n-1}{i-1}, \quad i = 1, \cdots, n$$

と変数変換 $j := i - 1$ を用いた． ∎

【例 2.10】（幾何分布） $X \sim Ge(p)$ とすると，$q \equiv 1 - p$ とおくことで

$$\begin{aligned}
E[X] &= \sum_{i=1}^{\infty} i q^{i-1} p = p \sum_{i=1}^{\infty} \frac{d}{dq}(q^i) = p \frac{d}{dq} \sum_{i=1}^{\infty} q^i \\
&= p \frac{d}{dq}\left(\frac{q}{1-q}\right) = \frac{p}{(1-q)^2} = \frac{1}{p}
\end{aligned} \tag{2.53}$$

を得る．ここで，和と微分の交換は，等比級数が $0 < q < 1$ のとき絶対収束をすることから正当化される． ∎

【例 2.11】（ポアソン分布） $X \sim Po(\lambda)$ とすると

$$E[X] = \sum_{i=0}^{\infty} i \frac{\lambda^i}{i!} e^{-\lambda} = \lambda e^{-\lambda} \sum_{i=1}^{\infty} \frac{\lambda^{i-1}}{(i-1)!} = \lambda \quad (2.54)$$

を得る．ここで，指数関数 e^x のマクローリン展開 (Maclaurin expansion)

$$e^x = \sum_{n=0}^{\infty} \frac{x^n}{n!}, \quad x \in \mathbb{R} \quad (2.55)$$

を用いた． ∎

連続型確率変数

定義 2.10 確率密度関数 $f(x)$ $(x \in \mathbb{R})$ をもつ連続型確率変数 X に対して，$\int_{-\infty}^{\infty} |x| f(x) dx < \infty$ のとき

$$E[X] = \int_{-\infty}^{\infty} x f(x) dx \quad (2.56)$$

を X の期待値あるいは平均という．$\int_{-\infty}^{\infty} |x| f(x) dx$ が発散するときには，X の期待値は存在しないという．

離散型確率変数との対比でいえば，連続型確率変数の期待値は，実現値 x にその重みである確率 $f(x)dx$ を乗じてすべて加え合わせる（積分する）ことによって求められる確率密度関数の重心を表すと解釈できる．

【例 2.12】（一様分布） $X \sim U(a,b)$ とすると

$$E[X] = \int_a^b \frac{x}{b-a} dx = \frac{a+b}{2} \quad (2.57)$$

を得る． ∎

【例 2.13】（ガンマ分布） $X \sim G(\alpha, \lambda)$ とすると，変数変換 $y := \lambda x$ を用いて

$$\begin{aligned} E[X] &= \frac{\lambda^\alpha}{\Gamma(\alpha)} \int_0^\infty x^\alpha e^{-\lambda x} dx = \frac{1}{\lambda \Gamma(\alpha)} \int_0^\infty y^\alpha e^{-y} dy \\ &= \frac{\Gamma(\alpha+1)}{\lambda \Gamma(\alpha)} = \frac{\alpha}{\lambda} \end{aligned} \quad (2.58)$$

を得る． ∎

【例 2.14】（ベータ分布） $X \sim Beta(\alpha, \beta)$ とすると，式 (2.33) と命題 2.2 の性質 1) より

$$E[X] = \frac{1}{\mathrm{B}(\alpha,\beta)} \int_0^1 x^\alpha (1-x)^{\beta-1} dx = \frac{\mathrm{B}(\alpha+1,\beta)}{\mathrm{B}(\alpha,\beta)}$$
$$= \frac{\Gamma(\alpha+\beta)}{\Gamma(\alpha)\Gamma(\beta)} \frac{\Gamma(\alpha+1)\Gamma(\beta)}{\Gamma(\alpha+\beta+1)} = \frac{\alpha}{\alpha+\beta} \tag{2.59}$$

を得る. ∎

【例 2.15】（コーシー分布） 定数 $\mu \in \mathbb{R}$, $\alpha > 0$ に対して, 確率変数 X の確率密度関数が

$$f(x) = \frac{1}{\pi} \frac{\alpha}{\alpha^2 + (x-\mu)^2}, \quad x \in \mathbb{R} \tag{2.60}$$

で与えられるとき, X はパラメータ (μ, α) の**コーシー分布** (Cauchy distribution) に従うといい, $X \sim C(\mu, \alpha)$ と略記する. 特に, $\mu = 0, \alpha = 1$ のときを標準形とよび, 確率密度関数は

$$f(x) = \frac{1}{\pi(1+x^2)}, \quad x \in \mathbb{R} \tag{2.61}$$

で与えられる. コーシー分布には期待値が存在しない. 標準形のコーシー分布に対してこのことを示そう.

$$E[|X|] = \int_{-\infty}^{\infty} \frac{|x|}{\pi(1+x^2)} dx = \lim_{\substack{u \to \infty \\ l \to -\infty}} \int_l^u \frac{|x|}{\pi(1+x^2)} dx$$
$$= \lim_{u \to \infty} \int_0^u \frac{x}{\pi(1+x^2)} dx - \lim_{l \to -\infty} \int_l^0 \frac{x}{\pi(1+x^2)} dx$$
$$= \lim_{u \to \infty} \left[\frac{1}{2\pi} \log(1+x^2) \right]_0^u - \lim_{l \to -\infty} \left[\frac{1}{2\pi} \log(1+x^2) \right]_l^0$$
$$= \lim_{u \to \infty} \frac{1}{2\pi} \log(1+u^2) + \lim_{l \to -\infty} \frac{1}{2\pi} \log(1+l^2) = \infty$$

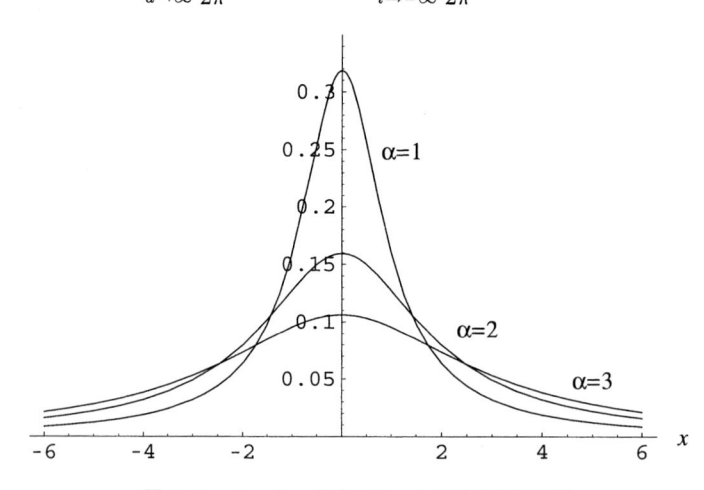

図 2.11 コーシー分布 $C(0, \alpha)$ の確率密度関数

したがって，X には期待値が存在しない． ∎

命題 2.4 連続型確率変数 X に対し

$$E[X] = \int_0^\infty \{1 - F(x)\}dx - \int_{-\infty}^0 F(x)dx \tag{2.62}$$

が成り立つ．

証明 式 (2.56) を部分積分することで導かれる．式 (2.62) は，期待値 $E[X]$ が X の分布関数の右上および左下斜線部分の面積の差に等しいことを意味している． ∎

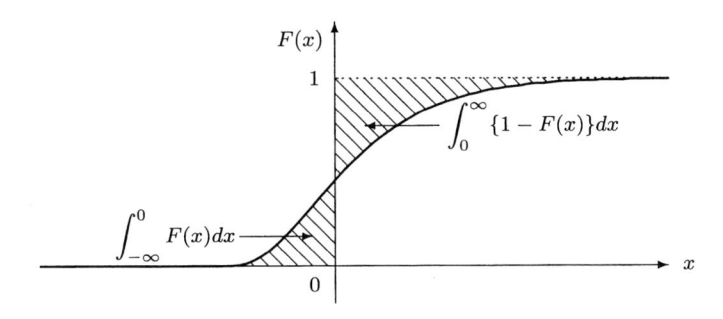

図 2.12 連続型確率変数 X の期待値とその分布関数との関係

系 2.5 非負の値のみを取る連続型確率変数 X に対し

$$E[X] = \int_0^\infty \{1 - F(x)\}dx \tag{2.63}$$

が成り立つ．

期待値の性質

$g(x)$ を x の連続関数とする．X が確率変数であれば，その関数 $Y = g(X)$ もまた確率変数となる．Y の期待値 $E[Y] = E[g(X)]$ を求めるには，まず Y の確率関数あるいは確率密度関数を求め，定義に従って式 (2.49) あるいは式 (2.56) の計算を行う必要がある．しかしこの方法は，$g(x)$ の関数形によっては非常に面倒である．

【例 2.16】（例 2.5 の続き） X を確率密度関数 $f_X(x)$ をもつ連続型確率変数とする．式 (2.7) より，$Y = g(X) = X^2$ の確率密度関数 $f_Y(y)$ は

$$f_Y(y) = \begin{cases} \dfrac{1}{2\sqrt{y}} \{f_X(\sqrt{y}) + f_X(-\sqrt{y})\}, & y > 0 \\ 0, & y \leq 0 \end{cases} \quad (2.64)$$

で与えられるため，Y の期待値を求めるには

$$E[Y] = \frac{1}{2} \int_0^\infty \sqrt{y} \{f_X(\sqrt{y}) + f_X(-\sqrt{y})\} dy \quad (2.65)$$

を計算する必要がある． ∎

次の定理はもっと直接的に期待値 $E[g(X)]$ を求める方法を示唆している．

定理 2.6（期待値の一致性） X を確率関数 $p(x_i)$ $(i \in \mathbb{K})$ をもつ離散型確率変数，あるいは確率密度関数 $f(x)$ $(x \in \mathbb{R})$ をもつ連続型確率変数とする．このとき，ある連続関数 $g: \mathbb{R} \to \mathbb{R}$ に対して，確率変数 $g(X)$ の期待値が存在するとき

$$E[g(X)] = \begin{cases} \displaystyle\sum_{i \in \mathbb{K}} g(x_i)\, p(x_i), & X \text{ が離散型確率変数のとき} \\ \displaystyle\int_{-\infty}^\infty g(x)f(x)dx, & X \text{ が連続型確率変数のとき} \end{cases} \quad (2.66)$$

が成り立つ．

証明 X が連続型確率変数の場合を証明する（X が離散型確率変数の場合は，木村 (2002), pp.70–71 参照）．$g(\cdot) \geq 0$ に対しては，式 (2.63) より

$$E[g(X)] = \int_0^\infty P\{g(X) > y\} dy = \int_0^\infty \left(\int_{\mathcal{G}} f(x)dx \right) dy$$
$$= \int_{-\infty}^\infty \left(\int_0^{g(x)} dy \right) f(x)dx = \int_{-\infty}^\infty g(x)f(x)dx$$

が成り立つ．ただし，$\mathcal{G} = \{x : g(x) > y\}$ である．一般の関数 $g(\cdot)$ に対しても，$g^+(x) \equiv \max\{g(x), 0\}$, $g^-(x) \equiv -\min\{g(x), 0\}$ を用いて，$g = g^+ - g^-$ と分解すると，$g^\pm(\cdot) \geq 0$ より

$$E[g(X)] = E[g^+(X)] - E[g^-(X)]$$
$$= \int_{-\infty}^\infty g^+(x)f(x)dx - \int_{-\infty}^\infty g^-(x)f(x)dx$$

$$= \int_{-\infty}^{\infty} \{g^+(x) - g^-(x)\} f(x)dx = \int_{-\infty}^{\infty} g(x)f(x)dx$$

が成り立つ． ∎

定理 2.6 は多次元の確率変数に対して自然に拡張できる．簡単のため，2 次元連続型確率変数 (X,Y) の場合に限定して述べるが，他の場合についても同様の結果が成立する．

定理 2.7（期待値の一致性） (X,Y) を同時確率密度関数 $f(x,y)$ $((x,y) \in \mathbb{R}^2)$ をもつ 2 次元連続型確率変数とする．このとき，ある 2 変数連続関数 $g: \mathbb{R}^2 \to \mathbb{R}$ に対して，確率変数 $g(X,Y)$ の期待値が存在するとき

$$E[g(X,Y)] = \int_{-\infty}^{\infty} \int_{-\infty}^{\infty} g(x,y)f(x,y)\,dxdy \tag{2.67}$$

が成り立つ．

定理 2.7 より，期待値の線形性に関する次の定理を得る．

定理 2.8（期待値の線形性） X, Y をその期待値が存在する確率変数とする．このとき，任意の $a, b \in \mathbb{R}$ に対して

$$E[aX + bY] = aE[X] + bE[Y] \tag{2.68}$$

が成り立つ．

証明 式 (2.67) に $g(x,y) = |ax + by|$ と代入すると，三角不等式 $|ax+by| \le |a||x| + |b||y|$ より

$$\begin{aligned} E[|ax+by|] &\le |a| \int\int |x|f(x,y)\,dxdy + |b| \int\int |y|f(x,y)\,dxdy \\ &= |a| \int |x|f_X(x)dx + |b| \int |y|f_Y(y)dy \\ &= |a|E[|X|] + |b|E[|Y|] \end{aligned}$$

が成り立つので，X, Y の期待値が存在すれば $aX + bY$ の期待値も存在する．したがって，式 (2.67) に $g(x,y) = ax + by$ をあらためて代入し，上式と同様にして期待値の線形性 (2.68) を示すことができる． ∎

定理 2.9 X, Y をその期待値が存在する独立な確率変数とする．このとき

$$E[XY] = E[X]E[Y] \tag{2.69}$$

が成り立つ．

◆**問 2.7** 定理 2.9 を証明せよ．

定義 2.11 確率変数 X, Y に対して

$$P\{X = Y\} = P(\{\omega : X(\omega) = Y(\omega)\}) = 1$$

が成り立つとき，X と Y は**ほとんど確実に** (almost surely) 等しい，あるいは**確率 1 で** (with probability 1) 等しいといい

$$X = Y \text{ (a.s.)} \quad \text{あるいは} \quad X = Y \text{ (w.p.1)}$$

と書く．$X < Y$ (a.s.), $X \leq Y$ (a.s.) なども同様に定義できる．

定理 2.10（期待値の単調性） X, Y をその期待値が存在する確率変数とする．$X \leq Y$ (a.s.) であれば

$$E[X] \leq E[Y]$$

が成り立つ．

証明 $Y - X \equiv Z$ とおき，Z の確率密度関数を $f(z)$ で表す．$Z \geq 0$ (a.s.) より

$$E[Z] = \int_{-\infty}^{\infty} z f(z) dz = \int_{0}^{\infty} z f(z) dz \geq 0$$

を得る．期待値の線形性から $E[Z] = E[Y] - E[X]$ が成り立つので，期待値の単調性が示された． ∎

条件付き期待値

条件付き確率関数 (2.47) および条件付き確率密度関数 (2.45) より，**条件付き期待値** (conditional expectation) を定義できる．すなわち，X, Y が離散型確率変数の場合には，$\{Y = y_j\}$ という条件の下での X の期待値を

$$E[X \,|\, Y = y_j] = \sum_{i \in \mathbb{K}} x_i P\{X = x_i \,|\, Y = y_j\} \tag{2.70}$$

により，X, Y が連続型確率変数の場合には，$\{Y = y\}$ という条件の下での X の期待値を

$$E[X \mid Y = y] = \int_{-\infty}^{\infty} x f_{X\mid Y}(x \mid y) dx \qquad (2.71)$$

により定義する．X と Y の役割を交換したものについても同様に定義できる．

$\xi(y) = E[X \mid Y = y]$ を y の実数値関数 $\xi: \mathbb{R} \to \mathbb{R}$ とみなすとき，この関数 $\xi(y)$ を Y に対する X の**回帰関数** (regression function) といい，そのグラフを Y に対する X の**回帰曲線** (regression curve) という．同様に，$\eta(x) = E[Y \mid X = x]$ によって，X に対する Y の回帰関数と回帰曲線を定義する．このとき，$\xi(Y) = E[X \mid Y]$ と $\eta(X) = E[Y \mid X]$ は，それぞれ，確率変数 Y と X の関数としての確率変数となる．

定理 2.11 X, Y を確率変数とする．このとき，任意の関数 $g: \mathbb{R} \to \mathbb{R}$ に対して

$$E\left[(Y - g(X))^2\right] \geq E\left[(Y - \eta(X))^2\right] \qquad (2.72)$$

が成り立つ．同様に，任意の関数 $h: \mathbb{R} \to \mathbb{R}$ に対して

$$E\left[(X - h(Y))^2\right] \geq E\left[(X - \xi(Y))^2\right] \qquad (2.73)$$

が成り立つ．

証明 (X, Y) が同時確率密度関数 $f(x, y)$ $((x, y) \in \mathbb{R}^2)$ をもつ 2 次元連続確率変数の場合を証明する．式 (2.72) の左辺を

$$\begin{aligned}
E\left[(Y - g(X))^2\right] &= E\left[(Y - \eta(X) + \eta(X) - g(X))^2\right] \\
&= E\left[(Y - \eta(X))^2\right] + E\left[(\eta(X) - g(X))^2\right] \\
&\quad + 2E\left[(Y - \eta(X))(\eta(X) - g(X))\right]
\end{aligned}$$

と書き直すと，期待値の一致性から，右辺第 3 項の期待値は

$$\begin{aligned}
&E\left[(Y - \eta(X))(\eta(X) - g(X))\right] \\
&= \int_{-\infty}^{\infty} \int_{-\infty}^{\infty} (y - \eta(x))(\eta(x) - g(x)) f(x, y) \, dxdy \\
&= \int_{-\infty}^{\infty} \int_{-\infty}^{\infty} (y - \eta(x))(\eta(x) - g(x)) f_X(x) f_{Y\mid X}(y \mid x) \, dxdy
\end{aligned}$$

$$= \int_{-\infty}^{\infty} (\eta(x) - g(x))f_X(x) \left\{ \int_{-\infty}^{\infty} (y - \eta(x))f_{Y|X}(y\,|\,x)dy \right\} dx$$

$$= \int_{-\infty}^{\infty} (\eta(x) - g(x))f_X(x)$$
$$\times \left\{ \int_{-\infty}^{\infty} yf_{Y|X}(y\,|\,x)dy - \eta(x)\int_{-\infty}^{\infty} f_{Y|X}(y\,|\,x)dy \right\} dx$$

$$= \int_{-\infty}^{\infty} (\eta(x) - g(x))f_X(x)\{\eta(x) - \eta(x)\}dx = 0$$

となるので,結局

$$E\left[(Y - g(X))^2\right] = E\left[(Y - \eta(X))^2\right] + E\left[(\eta(X) - g(X))^2\right]$$
$$\geq E\left[(Y - \eta(X))^2\right]$$

が成り立つ.等号は $g(X) = \eta(X)$ (a.s.) のときに限る.式 (2.73) についても同様に示すことができる. ∎

定理 2.12 X, Y を確率変数とする.このとき

$$E[E[X\,|\,Y]] = E[X] \tag{2.74}$$

が成り立つ.

証明 X, Y がともに連続型確率変数の場合について証明する.その他の場合についても同様である.$\xi(y) = E[X\,|\,Y = y]$ とおくと

$$\xi(y) = \int_{-\infty}^{\infty} xf_{X|Y}(x\,|\,y)dx = \frac{1}{f_Y(y)} \int_{-\infty}^{\infty} xf(x,y)dx$$

と書けるので,確率変数 $\xi(Y)$ の期待値は

$$E[\xi(Y)] = \int_{-\infty}^{\infty} \xi(y)f_Y(y)dy = \int_{-\infty}^{\infty} \left(\int_{-\infty}^{\infty} xf(x,y)dx \right) dy$$
$$= \int_{-\infty}^{\infty} x \left(\int_{-\infty}^{\infty} f(x,y)dy \right) dx = \int_{-\infty}^{\infty} xf_X(x)dx = E[X]$$

と求められる.定義より $E[\xi(Y)] = E[E[X\,|\,Y]]$ であるから,式 (2.74) が証明された. ∎

定理 2.13 X, Y を確率変数とする.このとき次の性質が成り立つ.

1) X, Y が独立ならば $E[X \mid Y] = E[X]$
2) $E[XY \mid Y] = Y E[X \mid Y]$

証明

1) $E[X \mid Y = y] = \xi(y)$ とおくと，X, Y の独立性を用いて

$$\xi(y) = \int_{-\infty}^{\infty} x f_{X|Y}(x \mid y) dx = \int_{-\infty}^{\infty} x \frac{f(x,y)}{f_Y(y)} dx$$
$$= \int_{-\infty}^{\infty} x \frac{f_X(x) f_Y(y)}{f_Y(y)} dx = \int_{-\infty}^{\infty} x f_X(x) dx = E[X]$$

と書ける．したがって，$E[X \mid Y] = \xi(Y) = E[X]$ が成り立つ．

2) $E[XY \mid Y = y] = \xi(y)$ とおくと，$\xi(y) = y E[X \mid Y = y]$ と書ける．したがって，$E[XY \mid Y] = \xi(Y) = Y E[X \mid Y]$ が成り立つ． ∎

2.6 積率母関数

定義 2.12 確率変数 X に対して，$E[X^n]$ $(n = 1, 2, \cdots)$ を X の原点のまわりの **n 次モーメント** (n-th moment) あるいは **n 次積率**という．また，$E[(X - E[X])^n]$ $(n = 1, 2, \cdots)$ を X の期待値のまわりの n 次モーメントという．

n 次モーメントは，X の分布あるいは n の値によって存在しないこともある．(i) n 次モーメントが存在すれば $(n-1)$ 次以下のすべてのモーメントが存在すること，逆に (ii) n 次モーメントが存在しなければ $(n+1)$ 次以上のすべてのモーメントは存在しないことが知られている．

定義 2.13 確率変数 X に対して，$E[e^{tX}]$ が $t = 0$ の近傍で存在するとき，$E[e^{tX}] \equiv m_X(t)$ $(t \in \mathbb{R})$ を X の**積率母関数** (moment generating function) という．

積率母関数 $m_X(t)$ を t で n 回微分し，微分と積分の順序を交換すると

$$m_X^{(n)}(t) = \frac{d^n}{dt^n} E[e^{tX}] = E\left[\frac{d^n}{dt^n} e^{tX}\right] = E[X^n e^{tX}]$$

であるから，$t = 0$ とおくことで，X の原点のまわりの n 次モーメントが

$$E[X^n] = m_X^{(n)}(0), \quad n = 1, 2, \cdots \tag{2.75}$$

で与えられる．これが積率母関数という名前の由来である．X の分布関数とその積率母関数は 1 対 1 に対応することが証明されている．

【例 2.17】（二項分布） $X \sim B(n,p)$ のとき

$$m_X(t) = \sum_{i=0}^{n} e^{ti} \binom{n}{i} p^i (1-p)^{n-i} = (pe^t + 1 - p)^n \tag{2.76}$$

を得る．式 (2.76) はすべての t に対して存在する．

【例 2.18】（ポアソン分布） $X \sim Po(\lambda)$ のとき

$$m_X(t) = \sum_{i=0}^{\infty} e^{ti} \frac{\lambda^i}{i!} e^{-\lambda} = \exp\{\lambda(e^t - 1)\} \tag{2.77}$$

を得る．式 (2.77) はすべての t に対して存在する．

◆**問 2.8** 幾何分布の積率母関数を導出せよ．

【例 2.19】（一様分布） $X \sim U(a,b)$ のとき

$$m_X(t) = \int_a^b e^{tx} \frac{1}{b-a} dx = \frac{e^{bt} - e^{at}}{(b-a)t} \tag{2.78}$$

を得る．式 (2.78) はすべての t に対して存在する．

【例 2.20】（ガンマ分布） $X \sim G(\alpha, \lambda)$ のとき

$$m_X(t) = \frac{\lambda^\alpha}{\Gamma(\alpha)} \int_0^\infty e^{tx} x^{\alpha-1} e^{-\lambda x} dx = \left(\frac{\lambda}{\lambda - t}\right)^\alpha, \quad t < \lambda \tag{2.79}$$

を得る．式 (2.79) は $t < \lambda$ を満たす t に対して存在する．

定理 2.14 $X_1, \cdots, X_n$ を互いに独立な確率変数列とする．X_i $(i = 1, \cdots, n)$ の積率母関数を $m_{X_i}(t)$ とおくと，和 $S_n = \sum_{i=1}^n X_i$ の積率母関数 $m_{S_n}(t)$ は

$$m_{S_n}(t) = \prod_{i=1}^{n} m_{X_i}(t) \tag{2.80}$$

で与えられる．

証明 $X_1, \cdots, X_n$ が互いに独立であれば $e^{X_1}, \cdots, e^{X_n}$ も互いに独立であるから，定理 2.9 より

$$m_{S_n}(t) = E\left[e^{t \sum_{i=1}^n X_i}\right] = E\left[\prod_{i=1}^{n} e^{tX_i}\right] = \prod_{i=1}^{n} E\left[e^{tX_i}\right] = \prod_{i=1}^{n} m_{X_i}(t)$$

を得る．

【例 2.21】(再生性)　$X_1, \cdots, X_n$ を $X_i \sim Po(\lambda_i)$ $(i = 1, \cdots, n)$ に従う互いに独立な確率変数列とする．このとき，和 $S_n = \sum_{i=1}^n X_i$ の積率母関数 $m_{S_n}(t)$ は，式 (2.77)，(2.80) より

$$m_{S_n}(t) = \prod_{i=1}^n \exp\{\lambda_i(e^t - 1)\} = \exp\left\{\sum_{i=1}^n \lambda_i(e^t - 1)\right\}$$

で与えられる．この式は $S_n \sim Po\left(\sum_{i=1}^n \lambda_i\right)$，すなわち S_n もまたポアソン分布に従うことを意味する．一般に，「同型の分布に従う独立な確率変数の和の分布が，再び同型の分布になる」という性質を分布の**再生性** (reproducing property) という． ∎

◆問 2.9　$X_1, \cdots, X_n$ を $X_i \sim G(\alpha_i, \lambda)$ $(i = 1, \cdots, n)$ に従う互いに独立な確率変数列とする．このとき，ガンマ分布が再生性をもつこと，すなわち

$$S_n = \sum_{i=1}^n X_i \sim G\left(\sum_{i=1}^n \alpha_i, \lambda\right) \tag{2.81}$$

が成り立つことを示せ．

定義 2.14　n 次元確率変数 $\boldsymbol{X} = (X_1, \cdots, X_n)^\top$ に対して

$$m_X(\boldsymbol{t}) = E\left[\exp\{\boldsymbol{t}^\top \boldsymbol{X}\}\right] = E\left[\exp\left\{\sum_{i=1}^n t_i X_i\right\}\right], \quad \boldsymbol{t} \in \mathbb{R}^n \tag{2.82}$$

が $\boldsymbol{t} = \boldsymbol{0} = (0, \cdots, 0)^\top \in \mathbb{R}^n$ の近傍で存在するとき，$m_X(\boldsymbol{t})$ を $\boldsymbol{X}$ の積率母関数という．

定理 2.15　$X_1, \cdots, X_n$ を互いに独立な確率変数列とする．$\boldsymbol{X} = (X_1, \cdots, X_n)^\top$，$X_i$ $(i = 1, \cdots, n)$ の積率母関数を，それぞれ，$m_X(\boldsymbol{t}), m_{X_i}(t_i)$ とおくと

$$m_X(\boldsymbol{t}) = \prod_{i=1}^n m_{X_i}(t_i), \quad \boldsymbol{t} = (t_1, \cdots, t_n)^\top \in \mathbb{R}^n \tag{2.83}$$

が成り立つ．

◆問 2.10　定理 2.15 を証明せよ．

2.7 分散と共分散

分 散

定義 2.15 確率変数 X に対して,その期待値のまわりの 2 次モーメント

$$E[(X - E[X])^2] \equiv V[X] \tag{2.84}$$

を X の**分散** (variance) といい,その正の平方根

$$\sqrt{V[X]} \equiv \sigma[X] \tag{2.85}$$

を X の**標準偏差** (standard deviation) という.

定理 2.10 で示した期待値の単調性を用いると,$(X - E[X])^2 \geq 0$ より $V[X] \geq 0$ が成り立つので,標準偏差 $\sigma[X]$ は適切に定義されている.標準偏差は期待値のまわりの確率分布のひろがりを表す 1 つの尺度とみなせるが,例 2.4 で示した同様の代表値である四分位偏差と比べると,分布の裾の「厚み」の影響を強く受けると考えられる.また,式 (2.84) と期待値の線形性から,関係式

$$V[X] = E[X^2] - (E[X])^2 \tag{2.86}$$

を得る (確かめよ).分散を計算する上で,式 (2.84) よりも式 (2.86) を用いた方が簡便である場合も多い.式 (2.86) と $V[X] \geq 0$ より,任意の確率変数 X に対して

$$E[X^2] \geq (E[X])^2 \tag{2.87}$$

が成り立つ.ただし,等号は $X = E[X]$ (a.s.) のときに成り立つ.

◆**問 2.11** 任意の実数 a, b に対して

$$V[aX + b] = a^2 V[X] \tag{2.88}$$

が成り立つことを示せ.

【例 2.22】(ベルヌーイ分布) $X \sim B(1, p)$ のとき,$E[X] = p$ と $E[X^2] = 1^2 \times p + 0^2 \times (1-p) = p$ を式 (2.86) に代入することで

$$V[X] = p(1-p) \tag{2.89}$$

を得る.

2.7 分散と共分散

【例 2.23】（二項分布） $X \sim B(n,p)$ のとき，式 (2.76) より
$$m_X^{(2)}(t) = npe^t(npe^t + 1 - p)(pe^t + 1 - p)^{n-2}$$
となるので，$E[X^2] = m_X^{(2)}(0) = np + n(n-1)p^2$ を得る (確かめよ)．この式と $E[X] = np$ を式 (2.86) に代入することで
$$V[X] = np(1-p) \tag{2.90}$$
を得る． ∎

【例 2.24】（ポアソン分布） $X \sim Po(\lambda)$ のとき，式 (2.77) より
$$m_X^{(2)}(t) = \lambda e^t(1 + \lambda e^t)m_X(t)$$
となるので，$E[X^2] = m_X^{(2)}(0) = \lambda^2 + \lambda$ を得る (確かめよ)．この式と $E[X] = \lambda$ を式 (2.86) に代入することで
$$V[X] = \lambda \tag{2.91}$$
を得る． ∎

◆**問 2.12** 幾何分布の分散を導出せよ．

【例 2.25】（一様分布） $X \sim U(a,b)$ のとき，$E[X] = (a+b)/2$ と式 (2.86) より
$$V[X] = \int_a^b \frac{x^2}{b-a}dx - \left(\frac{a+b}{2}\right)^2 = \frac{(b-a)^2}{12} \tag{2.92}$$
を得る． ∎

◆**問 2.13** ガンマ分布とベータ分布の分散を導出せよ．

定理 2.16（チェビシェフの不等式 (Chebyshev's inequality)) 確率変数 X が期待値 μ，分散 σ^2 をもつとき，任意の $\varepsilon > 0$ に対して
$$P\{|X - \mu| \geq \varepsilon\} \leq \frac{\sigma^2}{\varepsilon^2} \tag{2.93}$$
が成り立つ．

証明 任意の $\varepsilon > 0$ に対して
$$(X - E[X])^2 \geq \varepsilon^2 \mathbf{1}_{\{|X - E[X]| \geq \varepsilon\}} \text{ (a.s.)}$$
が成り立つので，期待値の単調性と式 (2.51) から
$$\sigma^2 \geq \varepsilon^2 E\left[\mathbf{1}_{\{|X - E[X]| \geq \varepsilon\}}\right] = \varepsilon^2 P\{|X - E[X]| \geq \varepsilon\}$$
を得る． ∎

【例 2.26】 $X \sim B(n,p)$ のとき

$$E\left[\frac{X}{n}\right] = \frac{1}{n}E[X] = p$$

$$V\left[\frac{X}{n}\right] = \frac{1}{n^2}V[X] = \frac{p(1-p)}{n} \leq \frac{1}{4n}$$

となるから, チェビシェフの不等式を用いて

$$P\left\{\left|\frac{X}{n} - p\right| \geq \varepsilon\right\} \leq \frac{1}{4n\varepsilon^2} \tag{2.94}$$

を得る.

定義 2.16 正の分散をもつ確率変数 X に対して

$$X^* = \frac{X - E[X]}{\sigma[X]} \tag{2.95}$$

を**標準化確率変数** (standardized random variable) といい, X から X^* への変換 (2.95) を**標準化** (standardization) という.

式 (2.68), (2.88) において, $a = 1/\sigma[X], b = -E[X]/\sigma[X], Y \equiv 1$ とおくと

$$E[X^*] = 0, \quad V[X^*] = 1 \tag{2.96}$$

を得る (確かめよ). すなわち, 任意の期待値と正の分散をもつ確率変数であっても, 式 (2.95) によって, 期待値 0 と分散 1 の確率変数に変換することができる. これが「標準化」の所以である.

◆**問 2.14** $X \sim U(0,1)$ のとき, $X^* \sim U(-\sqrt{3}, \sqrt{3})$ となることを示せ.

【例 2.27】 チェビシェフの不等式 (2.93) において $c \equiv \varepsilon/\sigma > 0$ とおくと, 正の分散をもつ確率変数 X に対して, 不等式

$$P\{|X^*| \geq c\} \leq \min\{c^{-2}, 1\} \tag{2.97}$$

を得る (確かめよ). 図 2.13 は, $X^* \sim N(0,1)$ または $U(-\sqrt{3}, \sqrt{3})$ に対する確率 $P\{|X^*| \geq c\}$ を式 (2.97) による上限値 $\min\{c^{-2}, 1\}$ と比較したものである. 図より, 分布の裾の上限としては, チェビシェフの不等式は相当「粗い」ものであることが読み取れる.

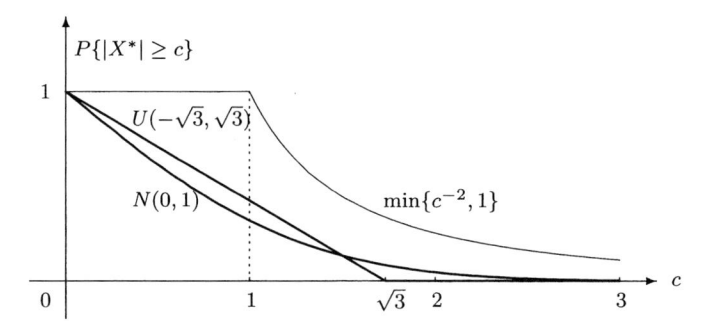

図 2.13 上限としてのチェビシェフの不等式の評価

標準化は，確率分布の「峰」の中心や広がりを正規化するだけでなく，峰の偏りや尖りを表す尺度の基準になっている．

定義 2.17 正の分散をもつ確率変数 X に対して，その標準化確率変数 X^* の 3 次モーメント $E[(X^*)^3]$ を**歪度** (skewness) といい，確率分布の非対称度を表す．歪度が正 (負) ならば右 (左) に偏り，対称な分布の歪度は 0 となる．また，4 次モーメント $E[(X^*)^4]$ を**尖度** (kurtosis) といい，確率分布の裾の長さや中心付近の尖り度を表す．

期待値 $\mu = E[X]$ と正の分散 $\sigma^2 = V[X]$ をもつ確率変数 X に対して，μ のまわりの X の 3 次と 4 次のモーメントを $\mu_3 = E[(X-\mu)^3], \mu_4 = E[(X-\mu)^4]$ とおくと，X の歪度と尖度は，それぞれ

$$E[(X^*)^3] = \frac{\mu_3}{\sigma^3}, \quad E[(X^*)^4] = \frac{\mu_4}{\sigma^4} \tag{2.98}$$

と書き表せる (確かめよ)．

共 分 散

定義 2.18 確率変数 X, Y に対して

$$E\big[(X-E[X])(Y-E[Y])\big] \equiv C[X,Y] \tag{2.99}$$

を X と Y の**共分散** (covariance) という．

定義より，共分散は $X = Y$ のとき分散と一致することがわかる．また，期待

値の線形性により

$$C[X,Y] = E[XY] - E[X]E[Y] \tag{2.100}$$

が成り立つので，定理 2.9 より，X と Y が独立ならば $C[X,Y] = 0$ である．

2 つの確率変数 X,Y に対して

$$\begin{aligned}
V[X \pm Y] &= E\left[\{(X \pm Y) - E[X \pm Y]\}^2\right] \\
&= E\left[\{(X - E[X]) \pm (Y - E[Y])\}^2\right] \\
&= E\left[(X - E[X])^2 + (Y - E[Y])^2 \pm 2(X - E[X])(Y - E[Y])\right] \\
&= V[X] + V[Y] \pm 2C[X,Y]
\end{aligned} \tag{2.101}$$

が成り立つ（複号同順）．一般に，n 個の確率変数 $X_1, \cdots, X_n$ に対して

$$\begin{aligned}
V\left[\sum_{i=1}^n X_i\right] &= \sum_{i=1}^n \sum_{j=1}^n C[X_i, X_j] \\
&= \sum_{i=1}^n V[X_i] + 2 \sum_{i=1}^{n-1} \sum_{j=i+1}^n C[X_i, X_j]
\end{aligned} \tag{2.102}$$

を得る (確かめよ)．したがって，$X_1, \cdots, X_n$ が互いに独立ならば

$$V\left[\sum_{i=1}^n X_i\right] = \sum_{i=1}^n V[X_i] \tag{2.103}$$

が成り立つ．

定義 2.19 正の分散をもつ確率変数 X,Y に対して，それらの標準化確率変数 X^*, Y^* の共分散

$$C[X^*, Y^*] = \frac{C[X,Y]}{\sigma[X]\sigma[Y]} \equiv \rho[X,Y] \tag{2.104}$$

を X と Y の**相関係数** (correlation coefficient) とよぶ．$\rho[X,Y] = 0$ のとき X と Y は**無相関** (uncorrelated) であるといい，$\rho[X,Y] > 0$ のとき**正の相関** (positive correlation)，$\rho[X,Y] < 0$ のとき**負の相関** (negative correlation) があるという．

式 (2.96), (2.100) より，$\rho[X,Y] = E[X^* Y^*]$ が成り立つから，(X^*, Y^*) の同時分布において，(X^*, Y^*) 平面の第 1 象限または第 3 象限の確率関数あるいは確率密度関数の値が大きい場合には $\rho[X,Y] > 0$ となり，逆に，第 2 象限または第

4象限のそれらが大きい場合には $\rho[X,Y] < 0$ になると考えられる.

◆問 **2.15** 確率変数 X と Y が互いに独立ならば, 無相関であることを示せ.

定理 2.17 正の分散をもつ確率変数 X, Y に対して

$$|\rho[X,Y]| \leq 1 \tag{2.105}$$

が成り立つ. $\rho = \pm 1$ となるのは

$$Y = \pm \frac{\sigma[Y]}{\sigma[X]}(X - E[X]) + E[Y] \text{ (a.s.)} \tag{2.106}$$

となる場合に限る (複号同順).

証明 X^*, Y^* を X, Y の標準化確率変数とする. 式 (2.101) より

$$V[X^* \pm Y^*] = V[X^*] + V[Y^*] \pm 2C[X^*, Y^*] = 2(1 \pm \rho[X,Y]) \geq 0$$

となるから, 式 (2.105) が成り立つ. $\rho = 1$ のとき, $V[X^* - Y^*] = 0$ となるが, $E[X^* - Y^*] = 0$ より, これは $X^* = Y^*$(a.s.) を意味する. したがって

$$Y = \frac{\sigma[Y]}{\sigma[X]}(X - E[X]) + E[Y] \text{ (a.s.)}$$

が成り立つ (確かめよ). $\rho = -1$ の場合も同様である. ∎

定理 2.18（回帰直線） X, Y を正の分散をもつ確率変数とする. X に対する Y の回帰曲線 $\eta(x)$ が直線ならば

$$\eta(x) = \rho[X,Y]\frac{\sigma[Y]}{\sigma[X]}(x - E[X]) + E[Y], \quad x \in \mathbb{R} \tag{2.107}$$

で与えられる. 同様に, Y に対する X の回帰直線は

$$\xi(y) = \rho[X,Y]\frac{\sigma[X]}{\sigma[Y]}(y - E[Y]) + E[X], \quad y \in \mathbb{R} \tag{2.108}$$

で与えられる.

証明 式 (2.107) を示す. 式 (2.108) についても同様である. 回帰直線 $\eta(x)$ を得るためには, 定理 2.11 において $g(x) = ax + b$ とおいたとき

$$E\left[(Y - (aX + b))^2\right] \equiv R(a,b)$$

を最小にする定数 a, b を求めればよい.まず

$$
\begin{aligned}
R(a,b) &= E\left[\left((Y - E[Y]) - a(X - E[X]) + (E[Y] - aE[X] - b)\right)^2\right] \\
&= V[Y] + a^2 V[X] + \left(E[Y] - aE[X] - b\right)^2 - 2aC[X,Y] \\
&\quad - 2a(E[Y] - aE[X] - b)E\left[(X - E[X])\right] \\
&\quad + 2(E[Y] - aE[X] - b)E\left[(Y - E[Y])\right] \\
&= a^2 V[X] - 2aC[X,Y] + \left(E[Y] - aE[X] - b\right)^2 + V[Y]
\end{aligned}
$$

と書き直す.関数 $R(a,b)$ の最小値を求めるために,$R(a,b)$ を a, b に関して偏微分して 0 とおいて得られる方程式系

$$
\begin{cases}
\dfrac{\partial R}{\partial a} = 2\Big(aV[X] - C[X,Y] - (E[Y] - aE[X] - b)E[X]\Big) = 0 \\
\dfrac{\partial R}{\partial b} = -2(E[Y] - aE[X] - b) = 0
\end{cases}
$$

を解くと

$$
\begin{cases}
a = \dfrac{C[X,Y]}{V[X]} = \rho[X,Y]\dfrac{\sigma[Y]}{\sigma[X]} \\
b = E[Y] - \rho[X,Y]\dfrac{\sigma[Y]}{\sigma[X]}E[X]
\end{cases}
\tag{2.109}
$$

となり,回帰直線 (2.107) が導かれる (確かめよ).式 (2.109) を $R(a,b)$ に代入すると,最小値

$$
\min_{a,b} R(a,b) = (1 - \rho^2)V[Y] \tag{2.110}
$$

を得る.∎

共分散行列

定義 2.20 n 次元確率変数 $\boldsymbol{X} = (X_1, \cdots, X_n)^\top$ に対して,$E[X_i] \equiv \mu_i$ ($i = 1, \cdots, n$) を第 i 要素とする n 次元ベクトル $\boldsymbol{\mu} = (\mu_1, \cdots, \mu_n)^\top$ を $\boldsymbol{X}$ の**平均ベクトル** (mean vector) といい,X_i と X_j の共分散 $C[X_i, X_j] \equiv \sigma_{ij}$ ($i, j = 1, \cdots, n$) を (i, j) 要素とする $n \times n$ 正方行列 $\Sigma = (\sigma_{ij})$ を $\boldsymbol{X}$ の**共分散行列** (covariance matrix) という.

$C[X_i, X_j] = C[X_j, X_i]$ より，共分散行列 Σ が対称行列であることは自明である．さらに，次の命題から，Σ は**半正定値** (positive semidefinite) であることが示せる．

命題 2.19 $\boldsymbol{X} = (X_1, \cdots, X_n)^\top$ を平均ベクトル $\boldsymbol{\mu} = (\mu_1, \cdots, \mu_n)^\top$，共分散行列 Σ をもつ n 次元確率変数とする．このとき，任意の定数ベクトル $\boldsymbol{c} = (c_1, \cdots, c_n)^\top$ に対して

$$V[\boldsymbol{c}^\top \boldsymbol{X}] = \boldsymbol{c}^\top \Sigma \boldsymbol{c} \geq 0 \tag{2.111}$$

が成り立つ．

証明 分散の定義から

$$V[\boldsymbol{c}^\top \boldsymbol{X}] = E\left[\{\boldsymbol{c}^\top (\boldsymbol{X} - \boldsymbol{\mu})\}^2\right] = E\left[\boldsymbol{c}^\top (\boldsymbol{X} - \boldsymbol{\mu})(\boldsymbol{X} - \boldsymbol{\mu})^\top \boldsymbol{c}\right]$$
$$= \boldsymbol{c}^\top E[(\boldsymbol{X} - \boldsymbol{\mu})(\boldsymbol{X} - \boldsymbol{\mu})^\top]\boldsymbol{c} = \boldsymbol{c}^\top \Sigma \boldsymbol{c}$$

を得る．分散は常に非負であることから，Σ の非負定値性が示された．■

式 (2.111) において，$\boldsymbol{c}^\top \Sigma \boldsymbol{c} = 0$ となるのが $\boldsymbol{c} = \boldsymbol{0} = (0, \cdots, 0)^\top$ に限られるとき，Σ は**正定値** (positive definite) であるという．

3

正規分布と極限定理

3.1 1次元正規分布

定義 3.1 確率変数 X の確率密度関数が

$$f(x) = \frac{1}{\sqrt{2\pi}\sigma} e^{-\frac{(x-\mu)^2}{2\sigma^2}}, \quad x \in \mathbb{R} \tag{3.1}$$

で与えられるとき，X は (1 次元) **正規分布** (normal distribution) $N(\mu, \sigma^2)$ に従うといい，$X \sim N(\mu, \sigma^2)$ と略記する．ただし，μ, σ は定数で，$\sigma > 0$ である．特に，$\mu = 0, \sigma = 1$ のとき，確率密度関数は

$$\phi(x) \equiv \frac{1}{\sqrt{2\pi}} e^{-\frac{x^2}{2}}, \quad x \in \mathbb{R} \tag{3.2}$$

となり，X は**標準正規分布** (standard normal distribution) $N(0, 1)$ に従うという．また，標準正規分布の分布関数を

$$\Phi(x) = \int_{-\infty}^{x} \phi(y) dy, \quad x \in \mathbb{R} \tag{3.3}$$

で表す．

命題 3.1 $x \in \mathbb{R}$ に対して，標準正規分布の確率密度関数 $\phi(x)$ および分布関数 $\Phi(x)$ は次の性質を満たす．

1) $\phi(x) = \phi(-x)$
2) $\phi'(x) = -x\phi(x)$
3) $1 - \Phi(x) = \Phi(-x)$

証明 1), 3) は確率密度関数 $\phi(x)$ が x の偶関数であること，すなわち，$x = 0$ に関して対称であることから導かれる．2) は $\phi(x)$ を x で微分すればよい．∎

3.1　1次元正規分布

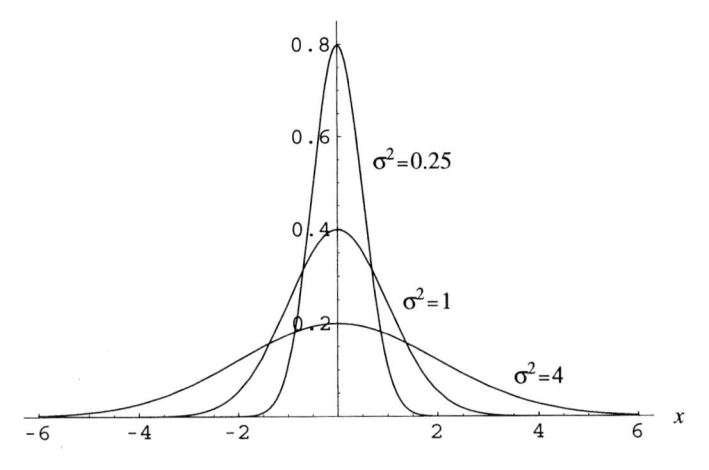

図 3.1　正規分布 $N(0, \sigma^2)$ の確率密度関数

定理 3.2　確率変数 X が標準正規分布 $N(0,1)$ に従うとき，その原点のまわりの n 次モーメントは，$m = 1, 2, \cdots$ に対し

$$E[X^n] = \begin{cases} 0, & n = 2m-1 \\ \dfrac{(2m)!}{2^m m!}, & n = 2m \end{cases} \tag{3.4}$$

で与えられる．

証明　奇数次のモーメントについては，$x^{2m-1}\phi(x)$ が x の奇関数であることから直ちに従う．偶数次のモーメントについては，命題 3.1 の性質 2) と部分積分により

$$\begin{aligned} E[X^{2m}] &= \int_{-\infty}^{\infty} x^{2m}\phi(x)dx = -\int_{-\infty}^{\infty} x^{2m-1}\phi'(x)dx \\ &= -\left[x^{2m-1}\phi(x)\right]_{-\infty}^{\infty} + (2m-1)\int_{-\infty}^{\infty} x^{2m-2}\phi(x)dx \\ &= (2m-1)E[X^{2m-2}] = (2m-1)(2m-3)\cdots 1 \cdot E[X^0] = \frac{(2m)!}{2^m m!} \end{aligned}$$

を得る．　∎

【例 3.1】 $X \sim N(0,1)$ のとき，期待値 $E[X] = 0$，分散 $V[X] = 1$，歪度 $E[X^3] = 0$，尖度 $E[X^4] = 3$ となる (確かめよ)．

標準化

正規分布 $N(\mu, \sigma^2)$ に従う確率変数 X の標準化確率変数 $X^* = (X - \mu)/\sigma$ の

分布関数は

$$P\{X^* \le x\} = P\{X \le \mu + \sigma x\} = \int_{-\infty}^{\mu+\sigma x} f_X(y) dy$$

と表せるので,両辺を x で微分することにより,確率密度関数

$$f_{X^*}(x) = \sigma f_X(\mu + \sigma x) = \phi(x), \quad x \in \mathbb{R}$$

を得る.すなわち,$X^* \sim N(0, 1)$ が成り立つ.$E[X^*] = 0, V[X^*] = 1$ と期待値の線形性より

$$E[X] = \mu, \quad V[X] = \sigma^2 \tag{3.5}$$

を得る (確かめよ).すなわち,記号 $N(\mu, \sigma^2)$ のパラメータ μ と σ^2 は,それぞれ,X の平均と分散を表していることがわかる.

また,任意の $a < b$ に対し

$$\begin{aligned} P\{a < X \le b\} &= P\left\{\frac{a-\mu}{\sigma} < X^* \le \frac{b-\mu}{\sigma}\right\} \\ &= \Phi\left(\frac{b-\mu}{\sigma}\right) - \Phi\left(\frac{a-\mu}{\sigma}\right) \end{aligned}$$

であるから,標準正規分布関数 $\Phi(\cdot)$ を数表化した標準正規分布表 (付録 A 参照) を用いて,確率 $P\{a < X \le b\}$ を計算することができる.

【例 3.2】 $X \sim N(70, 20^2)$ のとき,標準正規分布表と命題 3.1 の性質 3) を用いて

$$\begin{aligned} P\{60 < X \le 90\} &= P\left\{\tfrac{60-70}{20} < X^* \le \tfrac{90-70}{20}\right\} \\ &= P\{-0.5 < X^* \le 1\} = \Phi(1) - \Phi(-0.5) \\ &= \Phi(1) - (1 - \Phi(0.5)) \approx 0.533 \end{aligned}$$

と求められる.∎

【例 3.3】 $X \sim N(\mu, \sigma^2)$ のとき,例 3.2 と同様にして
 1) $P\{|X - \mu| \le \sigma\} = P\{|X^*| \le 1\} = 2\Phi(1) - 1 \approx 0.683$
 2) $P\{|X - \mu| \le 2\sigma\} = P\{|X^*| \le 2\} = 2\Phi(2) - 1 \approx 0.954$
 3) $P\{|X - \mu| \le 3\sigma\} = P\{|X^*| \le 3\} = 2\Phi(3) - 1 \approx 0.997$
∎

【例 3.4】 標準正規分布の上側 $100\alpha\%$ 点を $z(\alpha)$ で表すと,標準正規分布表を用いて表 3.1 を得ることができる.∎

表 3.1 標準正規分布の上側 $100\alpha\%$ 点 $z(\alpha)$

α	0.100	0.050	0.025	0.010	0.005
$z(\alpha)$	1.282	1.645	1.960	2.326	2.576

定理 3.3 確率変数 X が正規分布 $N(\mu, \sigma^2)$ に従うとき,その積率母関数は

$$m_X(t) = \exp\left\{\mu t + \frac{\sigma^2}{2} t^2\right\}, \quad t \in \mathbb{R} \tag{3.6}$$

で与えられる.

証明 積率母関数の定義より

$$\begin{aligned}
m_X(t) &= \int_{-\infty}^{\infty} e^{tx} \frac{1}{\sqrt{2\pi}\sigma} \exp\left\{-\frac{(x-\mu)^2}{2\sigma^2}\right\} dx \\
&= \int_{-\infty}^{\infty} \frac{1}{\sqrt{2\pi}\sigma} \exp\left\{-\frac{x^2 - 2(\mu + \sigma^2 t)x + \mu^2}{2\sigma^2}\right\} dx \\
&= e^{\mu t + \sigma^2 t^2/2} \int_{-\infty}^{\infty} \frac{1}{\sqrt{2\pi}\sigma} \exp\left\{-\frac{(x - \mu - \sigma^2 t)^2}{2\sigma^2}\right\} dx \\
&= e^{\mu t + \sigma^2 t^2/2}
\end{aligned}$$

を得る.積率母関数 (3.6) はすべての t に対して存在する. ■

定理 3.4（正規分布の再生性） $X_1, \cdots, X_n$ を $X_i \sim N(\mu_i, \sigma_i^2)$ $(i = 1, \cdots, n)$ に従う互いに独立な確率変数列とする.このとき,任意の定数列 $\{c_i\}$ に対して

$$\sum_{i=1}^{n} c_i X_i \sim N\left(\sum_{i=1}^{n} c_i \mu_i, \sum_{i=1}^{n} c_i^2 \sigma_i^2\right) \tag{3.7}$$

が成り立つ.

◆**問 3.1** 定理 3.3 を用いて,定理 3.4 を証明せよ.

系 3.5 $X_1, \cdots, X_n$ を $X_i \sim N(\mu, \sigma^2)$ $(i = 1, \cdots, n)$ に従う互いに独立な確率変数列とする.このとき

$$\frac{1}{n} \sum_{i=1}^{n} X_i \sim N\left(\mu, \frac{\sigma^2}{n}\right) \tag{3.8}$$

が成り立つ.

証明 式 (3.7) において, $c_i = 1/n$ $(i = 1, \cdots, n)$ とすればよい. ∎

3.2 多次元正規分布

定義 3.2 n 次元確率変数 $\boldsymbol{X} = (X_1, \cdots, X_n)^\top$ の同時確率密度関数が, $\boldsymbol{x} \in \mathbb{R}^n$ に対して

$$f(\boldsymbol{x}) = \frac{1}{(2\pi)^{n/2}\sqrt{|\Sigma|}} \exp\left\{-\frac{1}{2}(\boldsymbol{x} - \boldsymbol{\mu})^\top \Sigma^{-1}(\boldsymbol{x} - \boldsymbol{\mu})\right\} \qquad (3.9)$$

で与えられるとき, $\boldsymbol{X}$ は $\boldsymbol{n}$ **次元正規分布**(n-dimensional normal distribution) $N_n(\boldsymbol{\mu}, \Sigma)$ に従うといい, $\boldsymbol{X} \sim N_n(\boldsymbol{\mu}, \Sigma)$ と略記する. ただし

$$\boldsymbol{\mu} = (\mu_1, \cdots, \mu_n)^\top, \quad \mu_i = E[X_i]$$

は $\boldsymbol{X}$ の平均ベクトルを, Σ は $\boldsymbol{X}$ の共分散行列を表す. 共分散行列 Σ は正定値であることを仮定する. また, $|\Sigma|$ と Σ^{-1} は, それぞれ, Σ の行列式と逆行列を表している. 特に, $\boldsymbol{\mu} = \boldsymbol{0}$, $\Sigma = I$ (単位行列) のとき, 同時確率密度関数は

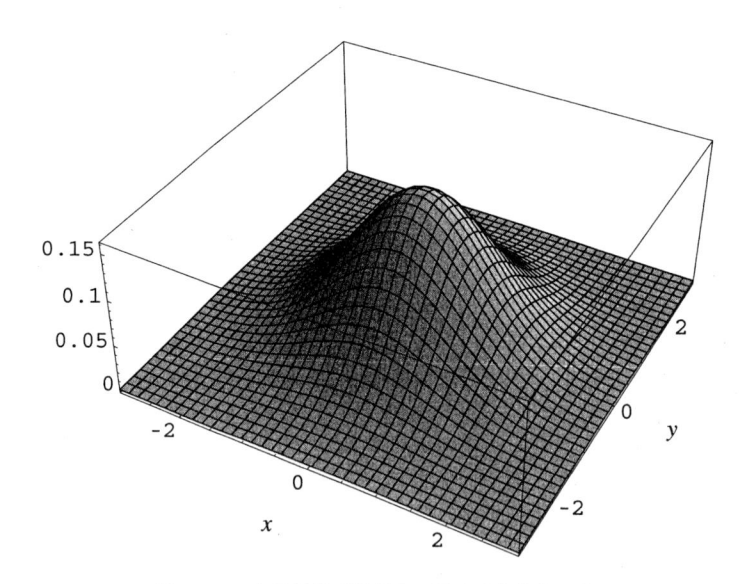

図 3.2 2 次元標準正規分布の同時確率密度関数

$$f(\boldsymbol{x}) = \frac{1}{(2\pi)^{n/2}} \exp\left\{-\frac{1}{2}\sum_{i=1}^{n} x_i^2\right\} = \prod_{i=1}^{n} \phi(x_i), \quad \boldsymbol{x} \in \mathbb{R}^n \tag{3.10}$$

で与えられ，$\boldsymbol{X}$ は $\boldsymbol{n}$ 次元標準正規分布 (n-dimensional standard normal distribution) $N_n(\boldsymbol{0}, \boldsymbol{I})$ に従うという．

【例 3.5】(2 次元正規分布) $n = 2$ のとき，$\boldsymbol{X} = (X, Y)^\top$ に対して，平均ベクトルと共分散行列を

$$\boldsymbol{\mu} = \begin{pmatrix} \mu_X \\ \mu_Y \end{pmatrix}, \quad \Sigma = \begin{pmatrix} \sigma_X^2 & \rho\sigma_X\sigma_Y \\ \rho\sigma_X\sigma_Y & \sigma_Y^2 \end{pmatrix}$$

で与える．ここで ρ ($|\rho| < 1$) は，共分散行列の定義と式 (2.104) より，X と Y の相関係数を表すことがわかる．このとき，$|\Sigma| = \sigma_X^2 \sigma_Y^2 (1 - \rho^2)$ と

$$\Sigma^{-1} = \frac{1}{\sigma_X^2 \sigma_Y^2 (1 - \rho^2)} \begin{pmatrix} \sigma_Y^2 & -\rho\sigma_X\sigma_Y \\ -\rho\sigma_X\sigma_Y & \sigma_X^2 \end{pmatrix}$$

を用いて

$$f(x, y) = \frac{1}{2\pi\sigma_X\sigma_Y\sqrt{1-\rho^2}} \exp\left\{-\frac{1}{2} Q(x, y)\right\} \tag{3.11}$$

$$Q(x, y) = \frac{1}{1-\rho^2} \left\{\left(\frac{x-\mu_X}{\sigma_X}\right)^2 - 2\rho\left(\frac{x-\mu_X}{\sigma_X}\right)\left(\frac{y-\mu_Y}{\sigma_Y}\right) + \left(\frac{y-\mu_Y}{\sigma_Y}\right)^2\right\} \tag{3.12}$$

を得る (確かめよ)．X に対する Y の回帰直線 (式 (2.107) 参照)

$$\eta(x) = \frac{\rho\sigma_Y}{\sigma_X}(x - \mu_X) + \mu_Y$$

を用いると，式 (3.12) は

$$Q(x, y) = \frac{1}{1-\rho^2}\left(\frac{y-\eta(x)}{\sigma_Y}\right)^2 + \left(\frac{x-\mu_X}{\sigma_X}\right)^2$$

と書き表せる (確かめよ)．式 (2.41) より，X の周辺確率密度関数は

$$\begin{aligned}
f_X(x) &= \int_{-\infty}^{\infty} f(x, y) dy \\
&= \frac{1}{\sqrt{2\pi}\sigma_X} \exp\left\{-\frac{1}{2}\left(\frac{x-\mu_X}{\sigma_X}\right)^2\right\} \\
&\quad \times \int_{-\infty}^{\infty} \frac{1}{\sqrt{2\pi}\sigma_Y\sqrt{1-\rho^2}} \exp\left\{-\frac{(y-\eta(x))^2}{2\sigma_Y^2(1-\rho^2)}\right\} dy
\end{aligned}$$

で与えられる．右辺積分項の被積分関数は正規分布 $N(\eta(x), \sigma_Y^2(1-\rho^2))$ の確率密度関数に相当するため，この積分値は 1 となる．したがって

$$f_X(x) = \frac{1}{\sqrt{2\pi}\sigma_X} \exp\left\{-\frac{1}{2}\left(\frac{x-\mu_X}{\sigma_X}\right)^2\right\} \tag{3.13}$$

と求められ，正規分布 $N(\mu_X, \sigma_X^2)$ と一致する．同様にして，Y の周辺確率密度関数は正規分布 $N(\mu_Y, \sigma_Y^2)$ で与えられる．明らかに，$\rho = 0$ のとき，任意の $(x, y) \in \mathbb{R}^2$ に対して $f(x, y) = f_X(x)f_Y(y)$ が成り立つことから，このとき X と Y は独立になる．∎

3.3 正規分布と関連する確率分布

対数正規分布

$X \sim N(\mu, \sigma^2)$ のとき，確率変数 $Y = e^X$ の分布関数は

$$F_Y(y) = P\{e^X \leq y\} = P\{X \leq \log y\}$$
$$= \frac{1}{\sqrt{2\pi}\sigma} \int_{-\infty}^{\log y} \exp\left\{-\frac{(z-\mu)^2}{2\sigma^2}\right\} dz, \quad y > 0$$

となる．したがって，その確率密度関数は

$$f_Y(y) = \begin{cases} \dfrac{1}{\sqrt{2\pi}\sigma y} \exp\left\{-\dfrac{(\log y - \mu)^2}{2\sigma^2}\right\}, & y > 0 \\ 0, & y \leq 0 \end{cases} \quad (3.14)$$

で与えられる (確かめよ)．このとき，Y はパラメータ (μ, σ^2) の**対数正規分布** (log-normal distribution) に従うといい，$Y \sim LN(\mu, \sigma^2)$ と略記する．明らかに，$Y \sim LN(\mu, \sigma^2)$ と $\log Y \sim N(\mu, \sigma^2)$ は等価である．正規分布に対する積率母関数 (3.6) を用いると，Y の原点のまわりの n 次モーメントは

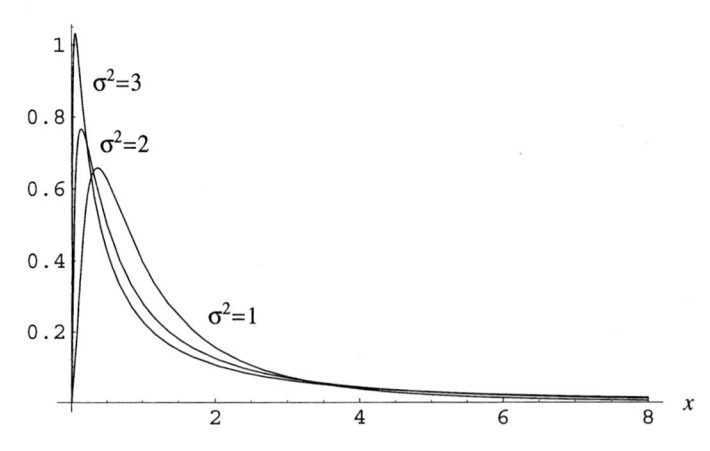

図 3.3 対数正規分布 $LN(0, \sigma^2)$ の確率密度関数

$$E[Y^n] = E[e^{n\log Y}] = m_{\log Y}(n) = \exp\left\{\mu n + \frac{\sigma^2}{2}n^2\right\}, \quad n \geq 1 \quad (3.15)$$

で与えられる．

χ^2 分 布

$X \sim N(0,1)$ のとき，式 (2.64) より，確率変数 $Y = X^2$ の確率密度関数は

$$f_Y(y) = \begin{cases} \dfrac{1}{\sqrt{2\pi y}} e^{-\frac{y}{2}}, & y > 0 \\ 0, & y \leq 0 \end{cases}$$

で与えられる (確かめよ)．この確率密度関数 $f_Y(y)$ を式 (2.25) と比較し，$\Gamma(\frac{1}{2}) = \sqrt{\pi}$ (命題 2.2 の性質 3) 参照) を用いると，$Y \sim G(\frac{1}{2}, \frac{1}{2}) = \chi_1^2$, すなわち，$Y$ は自由度 1 の χ^2 分布に従うことがわかる．

定理 3.6 $X_1, \cdots, X_n$ を $X_i \sim N(0,1)$ $(i=1,\cdots,n)$ に従う互いに独立な確率変数列とする．このとき

$$\sum_{i=1}^{n} X_i^2 \sim \chi_n^2$$

が成り立つ．

証明 $X_1, \cdots, X_n$ が互いに独立であれば $X_1^2, \cdots, X_n^2$ も互いに独立である．$X_i^2 \sim G(\frac{1}{2}, \frac{1}{2})$ とガンマ分布の再生性 (2.81) を用いて (問 2.9 参照)，$\sum_{i=1}^{n} X_i^2 \sim G(\frac{n}{2}, \frac{1}{2}) = \chi_n^2$ を得る． ∎

$X \sim \chi_n^2$ のとき，$\alpha = P\{X > \chi_n^2(\alpha)\}$ $(\alpha \in (0,1))$ によって定義される上側 $100\alpha\%$ 点 $\chi_n^2(\alpha)$ に対する数表を付録 A に示している．

◆**問 3.2** 自由度 n の χ^2 分布の積率母関数，平均，分散を導出せよ．

t 分 布

定数 $n > 0$ に対して，確率変数 X の確率密度関数が

$$f(x) = \frac{\Gamma(\frac{n+1}{2})}{\sqrt{n\pi}\,\Gamma(\frac{n}{2})} \left(1 + \frac{x^2}{n}\right)^{-\frac{n+1}{2}}, \quad x \in \mathbb{R} \quad (3.16)$$

で与えられるとき，X は自由度 n の **t 分布** (t distribution) に従うといい，$X \sim t_n$ と略記する．式 (2.61) より，$n = 1$ のときは標準形のコーシー分布 $C(0,1)$ と一

致する(確かめよ). また, $n \to \infty$ のとき, t 分布は標準正規分布 $N(0,1)$ と一致する.

◆問 3.3 $X \sim t_n$ のとき, X の確率密度関数を $f(x)$ で表すと, $\lim_{n \to \infty} f(x) = \phi(x)$ $(x \in \mathbb{R})$ が成り立つことを示せ.

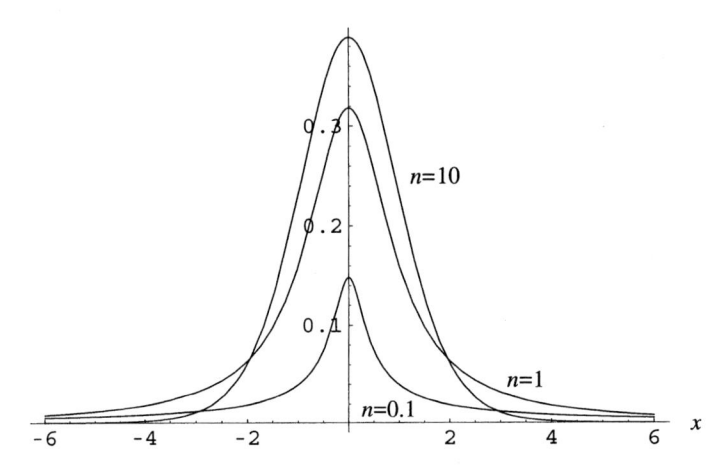

図 3.4 自由度 n の t 分布の確率密度関数

$X \sim t_n$ のとき, $\alpha = P\{X > t_n(\alpha)\}$ $(\alpha \in (0,1))$ によって定義される上側 $100\alpha\%$点 $t_n(\alpha)$ に対する数表を付録 A に示している. X の平均, 分散は

$$E[X] = 0, \quad n > 1, \quad V[X] = \frac{n}{n-2}, \quad n > 2 \tag{3.17}$$

で与えられる (柴田 (1981), pp. 46–52 参照).

定理 3.7 $X \sim N(0,1)$, $Y \sim \chi_n^2$ とする. このとき, X と Y が独立ならば

$$T = \frac{X}{\sqrt{Y/n}} \sim t_n$$

が成り立つ.

証明 X と Y は互いに独立であるから, (X,Y) の同時確率密度関数 $f(x,y)$ は, それぞれの確率密度関数を乗ずることで

$$f(x,y) = \frac{1}{\sqrt{2\pi}} e^{-\frac{1}{2}x^2} \times \frac{1}{2^{\frac{n}{2}} \Gamma\left(\frac{n}{2}\right)} y^{\frac{n}{2}-1} e^{-\frac{y}{2}}$$

と表される. ここで, 変数変換
$$\begin{cases} t := \dfrac{x}{\sqrt{\frac{y}{n}}} \\ u := y \end{cases}$$
を用いると, そのヤコビアン (Jacobian) が
$$J = \begin{vmatrix} \sqrt{\frac{u}{n}} & \frac{t}{2\sqrt{nu}} \\ 0 & 1 \end{vmatrix} = \sqrt{\frac{u}{n}}$$
であることに注意して, 確率変数 (T, U) の同時確率密度関数 $g(t, u)$ は
$$g(t, u) = \frac{1}{2\sqrt{n\pi}\,\Gamma\left(\frac{n}{2}\right)} \exp\left\{-\frac{1}{2}\left(1 + \frac{t^2}{n}\right)u\right\} \left(\frac{u}{2}\right)^{\frac{n-1}{2}}$$
と求められる. 式 (2.41) より, 確率変数 T の周辺確率密度関数 $g_T(t)$ は
$$\begin{aligned}
g_T(t) &= \int_0^\infty g(t, u)\,du \\
&= \frac{1}{2\sqrt{n\pi}\,\Gamma\left(\frac{n}{2}\right)} \int_0^\infty \exp\left\{-\frac{1}{2}\left(1 + \frac{t^2}{n}\right)u\right\} \left(\frac{u}{2}\right)^{\frac{n-1}{2}} du \\
&= \frac{1}{\sqrt{n\pi}\,\Gamma\left(\frac{n}{2}\right)} \left(1 + \frac{t^2}{n}\right)^{-\frac{n+1}{2}} \int_0^\infty e^{-v} v^{\frac{n+1}{2}-1} dv \\
&= \frac{\Gamma\left(\frac{n+1}{2}\right)}{\sqrt{n\pi}\,\Gamma\left(\frac{n}{2}\right)} \left(1 + \frac{t^2}{n}\right)^{-\frac{n+1}{2}}, \quad t \in \mathbb{R}
\end{aligned}$$
となり, $T \sim t_n$ を得る. ここで, 変数変換 $v := \frac{1}{2}(1 + t^2/n)u$ を用いた. ∎

F 分 布

定数 $n_1, n_2 > 0$ に対して, 確率変数 X の確率密度関数が
$$f(x) = \begin{cases} \dfrac{1}{\mathrm{B}\left(\frac{n_1}{2}, \frac{n_2}{2}\right)} \left(\dfrac{n_1}{n_2}\right)^{\frac{n_1}{2}} x^{\frac{n_1}{2}-1} \left(1 + \dfrac{n_1}{n_2}x\right)^{-\frac{n_1+n_2}{2}}, & x > 0 \\ 0, & x \leq 0 \end{cases} \quad (3.18)$$
で与えられるとき, X は自由度 (n_1, n_2) の **F分布** (F distribution) に従うといい, $X \sim F_{n_1, n_2}$ と略記する. X の平均, 分散は
$$E[X] = \frac{n_2}{n_2 - 2}, \quad n_2 > 2, \quad V[X] = \frac{2n_2^2(n_1 + n_2 - 2)}{n_1(n_2 - 2)^2(n_2 - 4)}, \quad n_2 > 4 \quad (3.19)$$
で与えられる (柴田 (1981), pp. 52–56 参照).

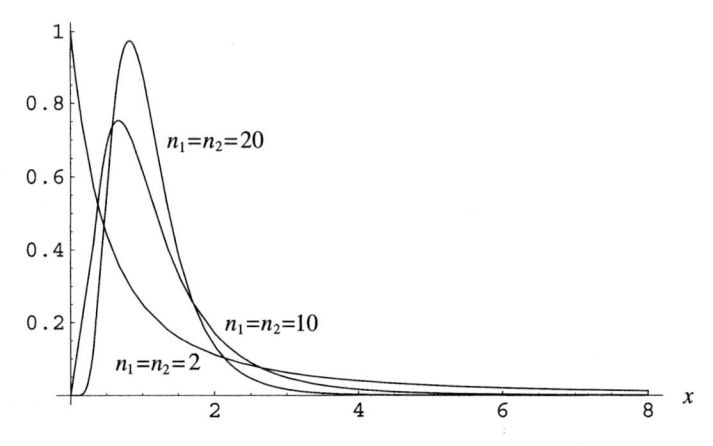

図 3.5 自由度 (n_1, n_2) の F 分布の確率密度関数

定理 3.8 X_1, X_2 を $X_1 \sim \chi_{n_1}^2, X_2 \sim \chi_{n_2}^2$ に従う互いに独立な確率変数とする．このとき

$$F \equiv \frac{X_1/n_1}{X_2/n_2} \sim F_{n_1, n_2}$$

が成り立つ．

証明 X_1 と X_2 は互いに独立であるから，(X_1, X_2) の同時確率密度関数 $f(x_1, x_2)$ は，それぞれの確率密度関数を乗ずることで

$$f(x_1, x_2) = \frac{1}{\Gamma\left(\frac{n_1}{2}\right)\Gamma\left(\frac{n_2}{2}\right)} 2^{-\frac{n_1+n_2}{2}} x_1^{\frac{n_1}{2}-1} x_2^{\frac{n_2}{2}-1} \exp\left(-\frac{x_1+x_2}{2}\right)$$

と表される．ここで，変数変換

$$\begin{cases} u := \dfrac{x_1/n_1}{x_2/n_2} \\ v := x_2 \end{cases}$$

を用いると，そのヤコビアンが

$$J = \begin{vmatrix} \frac{n_1}{n_2} v & \frac{n_1}{n_2} u \\ 0 & 1 \end{vmatrix} = \frac{n_1}{n_2} v$$

であることに注意して，確率変数 (F, V) の同時確率密度関数 $g(u, v)$ は

$$g(u, v) = \frac{1}{\Gamma\left(\frac{n_1}{2}\right)\Gamma\left(\frac{n_2}{2}\right)} 2^{-\frac{n_1+n_2}{2}} \left(\frac{n_1}{n_2}\right)^{\frac{n_1}{2}} u^{\frac{n_1}{2}-1}$$

$$\times v^{\frac{n_1+n_2}{2}-1} \exp\left\{-\frac{1}{2}\left(\frac{n_1}{n_2}u+1\right)v\right\}$$

と求められる．式 (2.41) より，確率変数 F の周辺確率密度関数 $g_F(u)$ は

$$\begin{aligned}
g_F(u) &= \int_0^\infty g(u,v)dv \\
&= \frac{1}{\Gamma\left(\frac{n_1}{2}\right)\Gamma\left(\frac{n_2}{2}\right)} 2^{-\frac{n_1+n_2}{2}} \left(\frac{n_1}{n_2}\right)^{\frac{n_1}{2}} u^{\frac{n_1}{2}-1} \\
&\quad \times \int_0^\infty v^{\frac{n_1+n_2}{2}-1} \exp\left\{-\frac{1}{2}\left(\frac{n_1}{n_2}u+1\right)v\right\} dv \\
&= \frac{\Gamma\left(\frac{n_1+n_2}{2}\right)}{\Gamma\left(\frac{n_1}{2}\right)\Gamma\left(\frac{n_2}{2}\right)} \left(\frac{n_1}{n_2}\right)^{\frac{n_1}{2}} \left(\frac{n_1}{n_2}u+1\right)^{-\frac{n_1+n_2}{2}} u^{\frac{n_1}{2}-1}
\end{aligned}$$

となり，ガンマ関数とベータ関数との間の関係式 (2.33) を用いて，$F \sim F_{n_1,n_2}$ を得る．∎

系 3.9 $F \sim F_{n_1,n_2}$ のとき，$F^{-1} \sim F_{n_2,n_1}$ が成り立つ．

系 3.10 $T \sim t_n$ のとき，$T^2 \sim F_{1,n}$ が成り立つ．

証明 定理 3.7 より，$X \sim N(0,1)$，$Y \sim \chi_n^2$ に従う独立な確率変数 X, Y を用いて $T = X/\sqrt{Y/n}$ と表すことができる．$X^2 \sim \chi_1^2$ であるから，定理 3.8 より，確率変数 $T^2 = (X^2/1)/(Y/n)$ は自由度 $(1,n)$ の F 分布に従う．∎

$X \sim F_{n_1,n_2}$ のとき，$\alpha = P\{X > f_{n_1,n_2}(\alpha)\}$ $(\alpha \in (0,1))$ によって定義される上側 $100\alpha\%$ 点 $f_{n_1,n_2}(\alpha)$ に対する数表を付録 A に示している．

$$P\{X > f_{n_1,n_2}(\alpha)\} = P\left\{\frac{1}{X} < \frac{1}{f_{n_1,n_2}(\alpha)}\right\} = 1 - P\left\{\frac{1}{X} \geq \frac{1}{f_{n_1,n_2}(\alpha)}\right\}$$

となるから，系 3.9 を用いて

$$\frac{1}{f_{n_1,n_2}(\alpha)} = f_{n_2,n_1}(1-\alpha) \tag{3.20}$$

を得る．この式を用いて，$\alpha \in (0.5, 1)$ に対する上側 $100\alpha\%$ 点を F 分布表から求めることができる．

【例 3.6】 $n_1 = 5, n_2 = 9, \alpha = 0.05$ のとき，F 分布表から $f_{5,9}(0.05) = 3.48$ を得る．したがって，$f_{9,5}(0.95) = 1/3.48 \approx 0.287$ となる．∎

3.4　確率変数列の収束概念

確率変数列 $\{X_n\}_{n\geq 1}$ の収束には，実数列の収束などとは異なった収束概念がある．これらのうち，応用上特に有用な 3 つの収束概念を取り上げる．

定義 3.3（概収束） $\{X_n\}_{n\geq 1}, X$ を確率変数とする．事象

$$N = \left\{\omega : \lim_{n\to\infty} X_n(\omega) \neq X(\omega)\right\}$$

に対して $P(N) = 0$ が成り立つとき，X_n は X に**概収束する** (X_n converges almost surely to X) といい，$X_n \xrightarrow{a.s.} X$ と書く．

定義 3.4（確率収束） $\{X_n\}_{n\geq 1}, X$ を確率変数とする．任意の $\varepsilon > 0$ に対して

$$\lim_{n\to\infty} P\{|X_n - X| > \varepsilon\} = 0$$

が成り立つとき，X_n は X に**確率収束する** (X_n converges in probability to X) といい，$X_n \xrightarrow{P} X$ と書く．

定義 3.5（分布収束） $\{X_n\}_{n\geq 1}, X$ を確率変数とし，X_n, X の分布関数を，それぞれ F_n, F で表す．分布関数 F のすべての連続点 x に対して

$$\lim_{n\to\infty} F_n(x) = F(x)$$

が成り立つとき，X_n は X に**分布収束する** (X_n converges in distribution to X) あるいは**法則収束する** (X_n converges in law to X) といい，$X_n \xrightarrow{D} X$ と書く．

ここで定義した収束概念には，その収束の強さに関して違いがあることは容易に想像できる．すなわち，概収束は標本点のレベルでの収束を保証しているのに対し，分布収束は分布関数で測ったときの収束を示しているに過ぎない．実際，これら 3 つの収束概念の間には，収束の強さに関して次の包含関係があることが知られている (木村 (2002), pp. 121–122 参照)．

定理 3.11 $\{X_n\}_{n\geq 1}, X$ をある確率空間 $(\Omega, \mathcal{F}, P)$ 上の確率変数とする．このとき

$$X_n \xrightarrow{\text{a.s.}} X \;\Rightarrow\; X_n \xrightarrow{P} X \;\Rightarrow\; X_n \xrightarrow{D} X$$

が成り立つ．

◆問 3.4　$X \sim B(n,p)$ のとき，式 (2.94) を用いて

$$\frac{X}{n} \xrightarrow{P} p$$

が成り立つことを確認せよ．

3.5　大数の法則と中心極限定理

大数の法則

確率論の基本的な結果の1つが大数の法則である．大数の法則は，確率の統計的定義の正当化，統計量，シミュレーションなどの多くの統計学的応用と結びついている．

定理 3.12（大数の弱法則 (weak law of large numbers)）　$\{X_n\}_{n\geq 1}$ を互いに独立で，共通の平均 μ と分散 σ^2 をもつ確率変数列とする．このとき

$$\frac{1}{n}\sum_{i=1}^{n} X_i \xrightarrow{P} \mu \tag{3.21}$$

が成り立つ．

証明　$M_n = \sum_{i=1}^{n} X_i/n$ とおくと，その平均と分散は，それぞれ

$$\begin{cases} E[M_n] = \dfrac{1}{n}\sum_{i=1}^{n} E[X_i] = \mu \\ V[M_n] = \dfrac{1}{n^2}\sum_{i=1}^{n} V[X_i] = \dfrac{\sigma^2}{n} \end{cases} \tag{3.22}$$

で与えられる．チェビシェフの不等式 (2.93) より，任意の $\varepsilon > 0$ に対して

$$P\{|M_n - \mu| \geq \varepsilon\} \leq \frac{\sigma^2}{n\varepsilon^2}$$

が成り立つ．したがって，$n \to \infty$ とすると

$$\lim_{n\to\infty} P\{|M_n - \mu| \geq \varepsilon\} = 0$$

となり，$M_n \xrightarrow{P} \mu$ が示された．

式 (3.22) より，$\lim_{n\to\infty} V[M_n] = 0$ となることから，$\lim_{n\to\infty} M_n = \mu$ (a.s.) が成り立つことが予想される．実際，大数の法則は，より強い収束の意味で成立することが知られている．

定理 3.13（大数の強法則 (strong law of large numbers)**）** $\{X_n\}_{n\geq 1}$ を互いに独立で同一分布に従い，平均 μ をもつ確率変数列とする．このとき

$$\frac{1}{n}\sum_{i=1}^{n} X_i \xrightarrow{\text{a.s.}} \mu \tag{3.23}$$

が成り立つ．

【例 3.7】 $\{X_n\}_{n\geq 1}$ を互いに独立で同一のベルヌーイ分布

$$P\{X_n = 1\} = p, \quad P\{X_n = 0\} = 1 - p$$

に従う確率変数列とする．このとき，$S_n = \sum_{i=1}^{n} X_i$ は n 回の試行中の「成功」回数を，$M_n = S_n/n$ はその相対頻度を表すと考えることができる．大数の強法則は

$$\lim_{n\to\infty} M_n = E[X_1] = p \text{ (a.s.)}$$

であることを示しているが，これは統計的定義に基づく成功確率が p であるという主張を確かに裏付けている (1.1 節参照)．

【例 3.8】（経験分布関数） $\{X_n\}_{n\geq 1}$ を互いに独立で同一の分布関数 $F(x)$ に従う確率変数列とする．このとき

$$F_n(x) = \frac{1}{n}\sum_{i=1}^{n} \mathbf{1}_{\{X_i \leq x\}}, \quad x \in \mathbb{R} \tag{3.24}$$

を $X_1, \cdots, X_n$ に対する**経験分布関数** (empirical distribution function) という．$\sum_{i=1}^{n} \mathbf{1}_{\{X_i \leq x\}} \sim B(n, F(x))$ より，$F_n(x)$ は確率変数であることに注意しよう．大数の強法則と式 (2.51) により，任意の $x \in \mathbb{R}$ に対して

$$\lim_{n\to\infty} F_n(x) = E[\mathbf{1}_{\{X_1 \leq x\}}] = P\{X_1 \leq x\} = F(x) \text{ (a.s.)} \tag{3.25}$$

が成り立つ．すなわち，$F_n(x)$ は「データ」$X_1, \cdots, X_n$ が与えられたときの $F(x)$ の 1 つの「推定量」になっていることがわかる．式 (3.25) は**各点収束** (pointwise convergence) を示しているが，**一様収束** (uniform convergence)

$$\lim_{n\to\infty} \sup_{x} |F_n(x) - F(x)| = 0 \text{ (a.s.)} \tag{3.26}$$

が成り立つことも知られている. ■

【例 3.9】(モンテカルロ法) 区間 [0, 1] 上で定義され, $\int_0^1 |f(x)|dx < \infty$ を満たす関数 f に対して, 定積分

$$I = \int_0^1 f(x)dx$$

を**モンテカルロ法** (Monte Carlo method) によって推定することができる. モンテカルロ法とは, この例のような決定論的な数学の問題あるいは例 1.3 のような不確実現象に起因する問題を乱数を用いて解く方法の総称で, 狭義には後者に対する**モンテカルロ・シミュレーション** (Monte Carlo simulation) と同じ意味で用いられる.

$\{X_n\}_{n\geq 1}$ を互いに独立で同一の一様分布 $U(0,1)$ に従う確率変数列とする. このとき, 大数の強法則より

$$\lim_{n\to\infty} \frac{1}{n}\sum_{i=1}^{n} f(X_i) = E[f(X_1)] = \int_0^1 f(x)dx \text{ (a.s.)}$$

が成り立つ. したがって, $U(0,1)$ に従う**一様擬似乱数** (uniform pseudo-random numbers) $\{X_n\}_{n\geq 1}$ をコンピュータ上で多数発生させ, $\{f(X_n)\}_{n\geq 1}$ の**算術平均** (arithmetic mean)

$$I_n = \frac{1}{n}\sum_{i=1}^{n} f(X_i)$$

を取ることによって, 定積分 I の近似値を得ることができる. 図 3.6 は, 原点 $(0,0)$ を中心とし半径 1 の円弧を表す

$$f(x) = \sqrt{1-x^2}, \quad 0 \leq x \leq 1$$

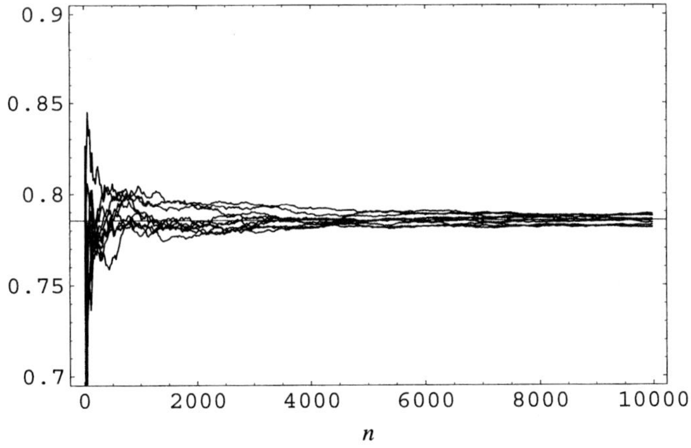

図 3.6 モンテカルロ法による定積分 $\int_0^1 \sqrt{1-x^2}dx$ の推定

に対して，真の積分値 $I = \pi/4 \approx 0.7854$ への算術平均 I_n $(1 \leq n \leq 10000)$ の収束の様子を 10 本のサンプルパスで示している． ∎

中心極限定理

式 (3.8) より，$\{X_n\}_{n\geq 1}$ が互いに独立で同一の正規分布 $N(\mu, \sigma^2)$ に従う確率変数列の場合は

$$M_n = \frac{1}{n}\sum_{i=1}^n X_i \sim N\left(\mu, \frac{\sigma^2}{n}\right)$$

が成り立つ．このことは，M_n の標準化確率変数 M_n^* に関して

$$M_n^* = \frac{M_n - \mu}{\sqrt{\sigma^2/n}} = \frac{\sum_{i=1}^n X_i - n\mu}{\sqrt{n}\sigma} \sim N(0,1) \tag{3.27}$$

が任意の $n \in \mathbb{N}$ に対して成り立つことを意味している．中心極限定理は，$X_1, \cdots, X_n$ が正規分布以外の一般分布に従う独立な確率変数列の場合も，$n \to \infty$ のとき，M_n^* が漸近的に標準正規分布に従うことを示している．

定理 3.14（中心極限定理 (central limit theorem)） $\{X_n\}_{n\geq 1}$ を互いに独立で同一分布に従い，平均 μ，正の分散 σ^2 をもつ確率変数列とする．このとき

$$\frac{\sum_{i=1}^n X_i - n\mu}{\sqrt{n}\sigma} \xrightarrow{D} N(0,1) \tag{3.28}$$

が成り立つ．すなわち，任意の実数 x に対して

$$\lim_{n \to \infty} P\left\{\frac{\sum_{i=1}^n X_i - n\mu}{\sqrt{n}\sigma} \leq x\right\} = \Phi(x) \tag{3.29}$$

が成り立つ．

証明 $M_n = \sum_{i=1}^n X_i / n$ とおくと，M_n の標準化確率変数 M_n^* は，式 (3.22)，(3.27) より

$$M_n^* = \frac{1}{\sqrt{n}}\sum_{i=1}^n \frac{X_i - \mu}{\sigma} = \frac{1}{\sqrt{n}}\sum_{i=1}^n X_i^*$$

と表せるので，X_i^* の積率母関数を $m_{X^*}(t)$ とおくと，M_n^* の積率母関数 $m_{M_n^*}(t)$ は，X_i^* の独立性より

$$m_{M_n^*}(t) = \left[m_{X^*}\left(\frac{t}{\sqrt{n}}\right)\right]^n$$

で与えられる (確かめよ). ところで, $m_{X^*}(0) = 1$, $m'_{X^*}(0) = E[X_i^*] = 0$, $m''_{X^*}(0) = E[(X_i^*)^2] = 1$ を用いて, $m_{X^*}(t)$ をマクローリン展開すると

$$m_{X^*}(t) = m_{X^*}(0) + tm'_{X^*}(0) + \frac{t^2}{2!}m''_{X^*}(0) + o(t^2) = 1 + \frac{t^2}{2} + o(t^2)$$

となる. したがって

$$m_{M_n^*}(t) = \left[1 + \frac{t^2}{2n} + o\left(\frac{t^2}{n}\right)\right]^n \to e^{t^2/2}, \quad n \to \infty$$

が得られる. 式 (3.6) より $e^{t^2/2}$ は標準正規分布 $N(0,1)$ の積率母関数となるから, 積率母関数の一意性により定理は証明された. ∎

【例 3.10】（例 3.9 の続き） $X_i \sim U(0,1)$ $(i = 1, \cdots, n)$ に対し

$$V[f(X_1)] = V\left[\sqrt{1 - X_1^2}\right] = \int_0^1 (1 - x^2)dx - \left(\frac{\pi}{4}\right)^2 = \frac{32 - 3\pi^2}{48}$$

であるから

$$\sigma \equiv \sigma[f(X_1)] = \sqrt{\frac{32 - 3\pi^2}{48}} \approx 0.2232$$

とおくと, 中心極限定理により, 十分大きな n に対して

$$\frac{I_n - \frac{\pi}{4}}{\sigma/\sqrt{n}} \sim N(0,1)$$

が成り立つ. モンテカルロ法による近似値 I_n が真の値 $I = \pi/4$ を $100(1-\alpha)\%$ 以上の精度で誤差 $100\varepsilon\%$ 以内で近似するためには, 乱数の発生個数 n は

$$P\left\{\left|I_n - \frac{\pi}{4}\right| \leq \varepsilon\right\} = P\left\{\frac{|I_n - \frac{\pi}{4}|}{\sigma/\sqrt{n}} \leq \frac{\varepsilon\sqrt{n}}{\sigma}\right\} \geq 1 - \alpha$$

を満たす必要があるので

$$1 - \Phi\left(\frac{\varepsilon\sqrt{n}}{\sigma}\right) \leq \frac{\alpha}{2}$$

より, 不等式

$$n \geq \left(\frac{z(\frac{\alpha}{2}) \cdot \sigma}{\varepsilon}\right)^2$$

を満たす整数として求められる (確かめよ). ただし, $z(\frac{\alpha}{2})$ は標準正規分布の上側 $100\alpha/2\%$ 点を表す. 例えば, $\alpha = \varepsilon = 0.01$ のときは, $z(0.005) \approx 2.58$ より, $n \geq 3316$ となる. ∎

【例 3.11】（ドモアブル・ラプラスの定理） $X \sim B(n,p)$ のとき, 式 (2.14) より, $P(A_i) = p (i = 1, \cdots, n)$ なる独立な事象列 $\{A_i\}_{i \geq 1}$ を用いて $X = \sum_{i=1}^n \mathbf{1}_{A_i}$ と表せる. 式 (2.51), (2.89) より

$$\mu = E[\mathbf{1}_{A_1}] = p, \quad \sigma = \sigma[\mathbf{1}_{A_1}] = \sqrt{p(1-p)}$$

であるから,中心極限定理により

$$\frac{\sum_{i=1}^{n} \mathbf{1}_{A_i} - np}{\sqrt{np(1-p)}} \xrightarrow{D} N(0,1)$$

すなわち

$$\lim_{n\to\infty} P\left\{\frac{X - np}{\sqrt{np(1-p)}} \leq x\right\} = \Phi(x), \quad x \in \mathbb{R} \qquad (3.30)$$

が成り立つ.式 (3.30) はドモアブル・ラプラス (de Moivre-Laplace) の定理として知られている中心極限定理の特別な場合に相当する.式 (3.30) より,十分大きな n に対して,**正規近似** (normal approximation)

$$P\{X \leq x\} \approx \Phi\left(\frac{x - np}{\sqrt{np(1-p)}}\right), \quad x \in \mathbb{R}$$

を得る (確かめよ).また,発見的ではあるが,離散型確率変数の取る整数値に連続型確率変数のその値を中点とする幅 1 の区間を対応させる**連続補正** (continuity correction)

$$P\{X \leq x\} \approx \Phi\left(\frac{x + \frac{1}{2} - np}{\sqrt{np(1-p)}}\right), \quad x \in \mathbb{R}$$

によって,近似精度が改善されることが知られている. ■

【例 3.12】 $X \sim B(100, 0.5)$ のとき

$$P\{X \leq 55\} = \sum_{i=0}^{55} \binom{100}{i}(0.5)^{100} \approx 0.864373$$

となるが,ドモアブル・ラプラスの定理を用いて二項分布を正規近似すると,式 (3.30) より

$$P\{X \leq 55\} \approx \Phi\left(\frac{55 - 50}{5}\right) = \Phi(1) \approx 0.841345$$

を得る.また,連続補正を用いると

$$P\{X \leq 55\} \approx \Phi\left(\frac{55.5 - 50}{5}\right) = \Phi(1.1) \approx 0.864334$$

となり,近似が著しく改善されていることがわかる.二項分布は $p = 0.5$ のときに限り対称な分布形をもつことから,二項分布の正規近似は $p \approx 0.5$ で最もその精度が高くなると考えられる. ■

◆問 3.5 $X \sim B(100, 0.2)$ のとき,確率

$$P\{16 \leq X \leq 22\} = \sum_{i=16}^{22} \binom{100}{i}(0.2)^i(0.8)^{100-i} \approx 0.610427$$

の正規近似とその連続補正を求めよ.

【例 3.13】（例 3.8 の続き） $\{X_n\}_{n\geq 1}$ を互いに独立で同一の分布関数 $F(x)$ に従う確率変数列とするとき，式 (2.51), (2.89) より，$x \in \mathbb{R}$ に対して

$$\mu = E[\mathbf{1}_{\{X_1 \leq x\}}] = F(x)$$
$$\sigma = \sigma[\mathbf{1}_{\{X_1 \leq x\}}] = \sqrt{F(x)\{1-F(x)\}}$$

であるから，中心極限定理により，十分大きな n に対して

$$F_n^*(x) = \frac{F_n(x) - F(x)}{\sqrt{F(x)\{1-F(x)\}/n}} \sim N(0,1)$$

すなわち

$$F_n(x) - F(x) \sim N\left(0, \frac{F(x)\{1-F(x)\}}{n}\right), \quad x \in \mathbb{R} \tag{3.31}$$

を得る．式 (3.31) から，経験分布関数による近似 $F(x) \approx F_n(x)$ $(x \in \mathbb{R})$ は，分布関数 $F(x)$ の中央値で最大誤差をもつと考えられる． ■

【例 3.14】（ポアソン分布の正規近似） $X_1, \cdots, X_n$ を互いに独立で同一のパラメータ λ (>0) のポアソン分布に従う確率変数列とする．例 2.21 より，ポアソン分布は再生性をもつので

$$\sum_{i=1}^n X_i \equiv X \sim Po(n\lambda)$$

が成り立つ．式 (2.54), (2.91) より，$E[X_i] = V[X_i] = \lambda$ $(i=1,\cdots,n)$ であるから，中心極限定理により

$$\frac{X - n\lambda}{\sqrt{n\lambda}} = X^* \xrightarrow{D} N(0,1)$$

を得る．すなわち，十分大きなパラメータ Λ $(=n\lambda)$ に対して，$X \sim Po(\Lambda)$ であれば，正規近似

$$P\{X \leq x\} \approx \Phi\left(\frac{x - \Lambda}{\sqrt{\Lambda}}\right), \quad x \in \mathbb{R}$$

が成り立つ (確かめよ)． ■

◆**問 3.6** $X \sim Po(16)$ のとき，確率

$$P\{12 \leq X \leq 20\} = \sum_{i=12}^{20} \frac{(16)^i}{i!} e^{-16} \approx 0.741175$$

の正規近似とその連続補正を求めよ．

4

応 用

4.1 信頼性工学への応用

　ある機能を実現するためのハードウェア，ソフトウェアあるいはそれらの組合せを**システム** (system) とよぶことにする．システムがその機能を失う事象を**故障** (failure) と定義するとき，一般的には故障の発生を事前に予見することは不可能である．**信頼性工学** (reliability engineering) の目的は，故障のメカニズムを確率論を用いてモデル化することで，システムの機能をより良く実現するための方策を研究することにある．この節では，信頼性工学における確率モデルの基礎概念について紹介する．

　なお，「故障」を金融工学における「デフォルト (債務不履行)」，保険数理や生存解析における「死亡」と読みかえれば，この章で示す基礎概念は，市場性資産の信用リスク評価，保険料や年金掛金の算出などにも適用可能である．

信頼度関数

定義 4.1　システムの使用開始から故障するまでの**寿命時間** (lifetime) を非負確率変数 X で表し，その分布関数を $F(x) = P\{X \leq x\}$ $(x \geq 0)$ で表す．また，$F(0) = 0$ を仮定する．このとき

$$R(x) = 1 - F(x) = P\{X > x\}, \quad x \geq 0$$

をこのシステムの**信頼度関数** (reliability function) あるいは単に**信頼度** (reliability) という[*1]．

[*1]　金融工学などの分野では**生存確率**(survival probability) という．

時点 t までに故障しなかったという条件の下で，その後 x 時間以内に故障する確率，すなわち「年齢」t のシステムの寿命時間分布関数は，条件付き確率の定義から

$$F_t(x) \equiv P\{X \leq t+x \mid X > t\} = \frac{F(t+x) - F(t)}{R(t)}, \quad x, t \geq 0$$

で与えられる．したがって，年齢 t のシステムの信頼度関数は

$$R_t(x) \equiv 1 - F_t(x) = \frac{R(t+x)}{R(t)}, \quad x, t \geq 0 \tag{4.1}$$

で与えられ，**条件付き信頼度関数** (conditional reliability function) とよばれる．以下では，寿命時間 X が確率密度関数 $f(x)$ $(x \geq 0)$ をもつ連続型確率変数であると仮定するが，離散型確率変数の場合にも同様の結果が成り立つ．

【例 4.1】（無記憶性） 条件付き信頼度関数 $R_t(x)$ が年齢 t に依存しない状況

$$R_t(x) = R(x), \quad x, t \geq 0 \tag{4.2}$$

を考える．このとき，式 (4.1) より

$$R(x+t) = R(x)R(t), \quad x, t \geq 0$$

が成り立つが，両辺から $R(x)$ を減じて t で除すと

$$\frac{R(x+t) - R(x)}{t} = \frac{R(t) - 1}{t} R(x) = \frac{R(t) - R(0)}{t} R(x)$$

を得る．ここで $t \to 0$ とすると，$R(x)$ に対する常微分方程式

$$R'(x) = R'(0) R(x), \quad x \geq 0$$

が導かれる．初期条件 $R(0) = 1$ の下でこれを解くと，$R(x) = e^{R'(0)x}$ $(x \geq 0)$ を得るが，$R'(x) = -f(x) \leq 0$ より，$\lambda \geq 0$ に対して $R'(0) \equiv -\lambda$ とおくと，$R(x) = e^{-\lambda x}$ $(x \geq 0)$ と表すことができる．すなわち，$X \sim Exp(\lambda)$ が従う．経年劣化が生じない性質 (4.2) は，連続型確率変数に関しては指数分布だけがもつもので，**無記憶性** (memoryless property) とよばれる． ■

システムの使用開始時点 0 から時点 t まで故障しなかったという条件の下で，その後の微小時間 x の間に故障する確率 $F_t(x)$ を考える．このとき，極限

$$\lambda(t) = \lim_{x \to 0} \frac{F_t(x)}{x} = \frac{1}{R(t)} \lim_{x \to 0} \frac{F(t+x) - F(t)}{x} = \frac{f(t)}{R(t)} \tag{4.3}$$

を**瞬間故障率** (instantaneous failure rate) あるいは単に**故障率** (failure rate) という[*1]．明らかに，故障率 $\lambda(t)$ は，時点 t まで故障していないという条件の下で

[*1] 金融工学では**ハザード率** (hazard rate)，保険数理では**死力** (force of motality) という．

の故障発生率を表している．式 (4.3) の両辺を t に関して $[0,x]$ 上で積分し，初期条件 $R(0) = 1$ を用いると

$$\int_0^x \lambda(t)dt = \int_0^x \frac{f(t)}{R(t)}dt = -\int_0^x \frac{R'(t)}{R(t)}dt = -\Big[\log R(t)\Big]_0^x = -\log R(x)$$

となるので，関係式

$$R(x) = \exp\left\{-\int_0^x \lambda(t)dt\right\} \equiv e^{-H(x)}, \quad x \geq 0 \tag{4.4}$$

を得る．ここで

$$H(x) = \int_0^x \lambda(t)dt, \quad x \geq 0 \tag{4.5}$$

は**累積ハザード関数** (cumulative hazard function) とよばれる．式 (4.1), (4.4), (4.5) より，条件付き信頼度関数 $R_t(x)$ は

$$R_t(x) = e^{-\{H(t+x)-H(t)\}} = \exp\left\{-\int_t^{t+x} \lambda(y)dy\right\}, \quad x \geq 0 \tag{4.6}$$

と書き表すことができる (確かめよ)．

定義 4.2 分布関数 $F(x)$ の故障率 $\lambda(x)$ が x に関して非減少関数であるとき，$F(x)$ は **IFR** (increasing failure rate) であるといい，$\lambda(x)$ が x に関して非増加関数であるとき，**DFR** (decreasing failure rate) であるという．また，$\lambda(x)$ が x に関して一定値関数であるとき，$F(x)$ は **CFR** (constant failure rate) であるという．

【例 4.2】 実際の観測データから，故障率 $\lambda(x)$ は，図 4.1 に示すような，いわゆる**浴槽曲線** (bathtub curve) を描くことが知られている．すなわち，システムは DFR の初期故障期，CFR の偶発故障期，IFR の磨耗故障期という経過をたどる．∎

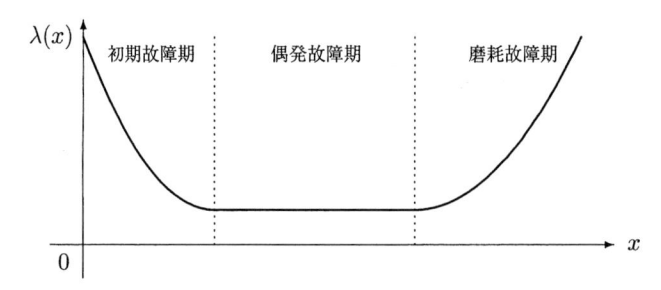

図 4.1 典型的な故障率曲線

4.1 信頼性工学への応用

【例 4.3】 X の分布関数 $F(x)$ が CFR のとき, 故障率は定数 $\lambda(x) \equiv \lambda$ で与えられるから, $H(x) = \lambda x$ より, $F(x) = 1 - e^{-\lambda x}$ となり, $X \sim Exp(\lambda)$ であることがわかる. ∎

◆問 4.1 $X \sim G(\alpha, \lambda)$ のとき, X の分布関数 $F(x)$ は, $\alpha > 1$ のとき IFR, $\alpha < 1$ のとき DFR, $\alpha = 1$ のとき CFR であることを示せ.

k-out-of-nシステム

n 個の同一で独立なユニットからなり, n 個のユニットのうち少なくとも k 個のユニットが動作しているときのみシステム全体が動作するシステムを考える. このシステムは**k-out-of-nシステム** (k-out-of-n system) とよばれ, 特に, $k = 1$ のときを**並列システム** (parallel system), $k = n$ のときを**直列システム** (series system) という. 各ユニットの信頼度関数を $R_0(x)$, システム全体の信頼度関数を $R(x)$ で表すと, 順序統計量の分布関数 (2.43) の導出とまったく同様にして

$$R(x) = \sum_{i=k}^{n} \binom{n}{i} \{R_0(x)\}^i \{1 - R_0(x)\}^{n-i}, \quad x \geq 0 \tag{4.7}$$

を得る (確かめよ). 並列システムと直列システムに対する信頼度関数は

$$R(x) = \begin{cases} 1 - \{1 - R_0(x)\}^n, & \text{並列システム } (k=1) \\ \{R_0(x)\}^n, & \text{直列システム } (k=n) \end{cases} \tag{4.8}$$

で与えられる.

【例 4.4】 各ユニットの寿命時間がパラメータ λ の指数分布に従うとき, すなわち, $R_0(x) = e^{-\lambda x}$ ($x \geq 0$) のとき, k-out-of-n システムの信頼度関数は

$$R(x) = \sum_{i=k}^{n} \binom{n}{i} e^{-i\lambda x} \left(1 - e^{-\lambda x}\right)^{n-i} \tag{4.9}$$

となる. k-out-of-n システムの寿命時間を $L(k \,|\, n)$ で表すと, 式 (2.63), (4.9) より, **平均故障時間** (MTTF; mean time to failure) は

$$E[L(k \,|\, n)] = \int_0^\infty R(x)dx = \frac{1}{\lambda} \sum_{i=k}^{n} \frac{1}{i} \tag{4.10}$$

で与えられる. 特に, 直列システムに対しては $E[L(n \,|\, n)] = 1/n\lambda$, 並列システムに対しては

$$E[L(n \,|\, 1)] = \left(1 + \frac{1}{2} + \cdots + \frac{1}{n}\right)\frac{1}{\lambda} \approx \frac{\log n + \gamma}{\lambda} \tag{4.11}$$

となる. ただし, 式 (4.11) の近似は十分大きな n に対して成り立ち, 定数 $\gamma \approx 0.5772$ は**オイラーの定数** (Euler's constant) とよばれる. ∎

◆問 4.2　式 (4.10) を示せ．

定理 4.1　k-out-of-n システムにおいて，各ユニットの寿命時間分布が IFR ならば，システムの寿命時間分布もまた IFR となる．

証明　$p \equiv R_0(x)$ とおくと，式 (4.7), (2.33) と定理 2.3 より

$$R(x) = \frac{n!}{(k-1)!(n-k)!} \int_0^p y^{k-1}(1-y)^{n-k} dy \tag{4.12}$$

を得る (確かめよ). 各ユニットの寿命時間の確率密度関数を $f_0(x)$ とおくと，式 (4.3) より，システムの寿命時間分布 $F(x) = 1 - R(x)$ の故障率は

$$\lambda(x) = -\frac{R'(x)}{R(x)} = f_0(x) \frac{p^{k-1}(1-p)^{n-k}}{\int_0^p y^{k-1}(1-y)^{n-k} dy}, \quad x \geq 0 \tag{4.13}$$

で与えられる．したがって，変数変換 $z := x/p$ を用いて

$$\frac{1}{\lambda(x)} = \frac{1}{f_0(x)} \int_0^p \left(\frac{y}{p}\right)^{k-1} \left(\frac{1-y}{1-p}\right)^{n-k} dy$$
$$= \frac{p}{f_0(x)} \int_0^1 z^{k-1} \left(\frac{1-pz}{1-p}\right)^{n-k} dz$$

すなわち，

$$\lambda(x) = \frac{\lambda_0(x)}{\int_0^1 z^{k-1} \left(\frac{1-pz}{1-p}\right)^{n-k} dz} \tag{4.14}$$

を得る．ここで，$\lambda_0(x) = f_0(x)/R_0(x)$ である．$\lambda(x)$ は

1) $F_0(x)$ が IFR ならば $\lambda_0(x)$ は x に関して非減少関数
2) $p = R_0(x)$ は x に関して非増加関数
3) $(1-pz)/(1-p)$ は，$z \in [0,1)$ に対しては，p に関して単調増加関数

より，x に関して単調増加関数となり，$F(x)$ は IFR であることが示された．■

4.2　金融工学への応用

　金融資産の価格変動に伴う市場リスクを回避あるいは軽減させるために，複数の金融資産を組合せて同時に保有する方法がとられる．この資産の組合せを**ポートフォリオ** (portfolio) とよび，何らかの意味で最適な資産配分方法を見出す問題

をポートフォリオ選択 (portfolio selection) という．ポートフォリオ選択は，派生資産価格評価と並んで金融工学 (financial engineering) の主要な研究テーマの1つである．この節では，投資収益率の分散によって市場リスクを評価する一期間の投資制約のないポートフォリオ選択問題を紹介する．

現時点での株式1単位の市場価格を S_0 で表し，この株式を将来のある時点まで保有したときに，その将来価格を確率変数 S_1 で表すことにする．このとき

$$R = \frac{S_1}{S_0} - 1 \tag{4.15}$$

をこの株式の**投資収益率** (rate of return) という．明らかに，R もまた確率変数となる．投資対象として n 種類の株式を考え，株式 k の投資収益率を R_k $(k=1,\cdots,n)$ で表す．投資収益率ベクトル $\bm{R} = (R_1,\cdots,R_n)^\top$ は n 次元確率変数であるとし，その平均ベクトルを $\bm{r} = E[\bm{R}] = (r_1,\cdots,r_n)^\top$，共分散行列を $\Sigma = (C[R_i, R_j])$ で表すことにする．ここで，Σ は正定値であると仮定する．株式 k に投資する割合を $x_k \in [0,1]$ $(k=1,\cdots,n)$ とし，保有している初期資産をポートフォリオ $\bm{x} = (x_1,\cdots,x_n)^\top$ に従って投資したとき，その投資収益率は各株式の収益率の線形結合

$$R(\bm{x}) = \sum_{k=1}^n x_k R_k = \bm{R}^\top \bm{x} \tag{4.16}$$

で与えられる．ここで，$\bm{x}$ は投資割合であるから

$$\sum_{k=1}^n x_k = \bm{e}^\top \bm{x} = 1 \tag{4.17}$$

を満たす．ただし，$\bm{e} = (1,\cdots,1)^\top$ であり，空売りが可能であれば，任意の k に対して $x_k < 0$ でもよいことに注意する．期待値の線形性と命題 2.19 から，投資収益率 $R(\bm{x})$ の平均 $E[R(\bm{x})]$ と分散 $V[R(\bm{x})]$ は，それぞれ

$$E[R(\bm{x})] = \bm{r}^\top \bm{x}, \quad V[R(\bm{x})] = \bm{x}^\top \Sigma \bm{x} \tag{4.18}$$

で与えられる．

投資収益率 $R(\bm{x})$ の平均と分散を基礎とする効率的なポートフォリオ選択を**平均・分散分析** (mean-variance analysis) という．マーコヴィッツ (Markowitz) は，投資家は投資収益率 $R(\bm{x})$ の平均が大きく分散が小さいポートフォリオ $\bm{x}$ を望むと

いう基準に基づき，平均 $E[R(\boldsymbol{x})]$ を一定値に固定したとき，分散 $V[R(\boldsymbol{x})]$ を最小にする $\boldsymbol{x}$ を求める問題としてポートフォリオ選択問題を定式化し，平均・分散分析を行った．すなわち，式 (4.18), (4.17) より，与えられた期待収益率 $E[R(\boldsymbol{x})] \equiv \mu$ に対して，ポートフォリオ選択問題を

$$\left| \begin{array}{ll} \text{最小化} & \frac{1}{2}\boldsymbol{x}^\top \Sigma \boldsymbol{x} \\ \\ \text{制約条件} & \boldsymbol{r}^\top \boldsymbol{x} = \mu \\ & \boldsymbol{e}^\top \boldsymbol{x} = 1 \end{array} \right. \tag{4.19}$$

という**二次計画問題** (quadratic programming problem) として定式化した．

定理 4.2 ポートフォリオ選択問題 (4.19) の最適解 $\boldsymbol{x}^*$ は

$$\boldsymbol{x}^* = \frac{1}{d}\left\{(c\mu - b)\Sigma^{-1}\boldsymbol{r} + (a - b\mu)\Sigma^{-1}\boldsymbol{e}\right\} \tag{4.20}$$

で与えられる．ここで

$$\begin{array}{ll} a = \boldsymbol{r}^\top \Sigma^{-1}\boldsymbol{r}, & b = \boldsymbol{e}^\top \Sigma^{-1}\boldsymbol{r} \\ c = \boldsymbol{e}^\top \Sigma^{-1}\boldsymbol{e}, & d = ac - b^2 \end{array} \tag{4.21}$$

である．

証明 ラグランジュ未定乗数法を用いる．式 (4.19) に対するラグランジュ関数は

$$L(\boldsymbol{x}, \boldsymbol{\lambda}) = \frac{1}{2}\boldsymbol{x}^\top \Sigma \boldsymbol{x} + \lambda_1(\mu - \boldsymbol{r}^\top \boldsymbol{x}) + \lambda_2(1 - \boldsymbol{e}^\top \boldsymbol{x})$$

となるので，方程式系

$$\begin{cases} \dfrac{\partial L}{\partial \boldsymbol{x}} = \Sigma \boldsymbol{x} - \lambda_1 \boldsymbol{r} - \lambda_2 \boldsymbol{e} = \boldsymbol{0} \\ \dfrac{\partial L}{\partial \lambda_1} = \mu - \boldsymbol{r}^\top \boldsymbol{x} = 0 \\ \dfrac{\partial L}{\partial \lambda_2} = 1 - \boldsymbol{e}^\top \boldsymbol{x} = 0 \end{cases}$$

を解くことで二次計画問題 (4.19) の解を求めることができる．共分散行列 Σ が正定値であることから，逆行列 Σ^{-1} が存在して

$$\boldsymbol{x} = \boldsymbol{x}^* \equiv \Sigma^{-1}\left(\lambda_1 \boldsymbol{r} + \lambda_2 \boldsymbol{e}\right) \tag{4.22}$$

を得る．式 (4.22) を制約条件に代入すると，$\boldsymbol{\lambda}^\top = (\lambda_1, \lambda_2)$ に対する連立一次方程式

$$\begin{cases} \boldsymbol{r}^\top \Sigma^{-1} (\lambda_1 \boldsymbol{r} + \lambda_2 \boldsymbol{e}) = \mu \\ \boldsymbol{e}^\top \Sigma^{-1} (\lambda_1 \boldsymbol{r} + \lambda_2 \boldsymbol{e}) = 1 \end{cases} \tag{4.23}$$

が求められる．方程式 (4.23) は式 (4.21) を用いて

$$\begin{pmatrix} a & b \\ b & c \end{pmatrix} \boldsymbol{\lambda} = \begin{pmatrix} \mu \\ 1 \end{pmatrix}$$

と行列表記できる．Σ が正定値であれば Σ^{-1} も正定値となるから $a, c > 0$ が成り立ち，さらに，$(b\boldsymbol{r} - a\boldsymbol{e})^\top \Sigma^{-1} (b\boldsymbol{r} - a\boldsymbol{e}) = a(ac - b^2) = ad > 0$ より，$d > 0$ であることに注意すると

$$\boldsymbol{\lambda} = \frac{1}{d} \begin{pmatrix} c & -b \\ -b & a \end{pmatrix} \begin{pmatrix} \mu \\ 1 \end{pmatrix} = \frac{1}{d} \begin{pmatrix} c\mu - b \\ a - b\mu \end{pmatrix} \tag{4.24}$$

を得る．式 (4.24) で与えられる $\boldsymbol{\lambda}$ を式 (4.22) に代入することで，最適解 (4.20) を得る．

最適解 (4.20) より

$$\Sigma \boldsymbol{x}^* = \frac{1}{d} \{(c\mu - b)\boldsymbol{r} + (a - b\mu)\boldsymbol{e}\}$$

となるので，$\boldsymbol{x}^{*\top} \Sigma \boldsymbol{x}^* \equiv \sigma^2$ とおくと

$$\sigma^2 = \frac{1}{d} \left(c\mu^2 - 2b\mu + a \right)$$

すなわち

$$\frac{\sigma^2}{(1/\sqrt{c})^2} - \frac{(\mu - b/c)^2}{(\sqrt{d}/c)^2} = 1, \quad \sigma > 0 \tag{4.25}$$

を得る (確かめよ)．式 (4.25) は，図 4.2 に示すように，漸近線

$$\mu = \frac{b}{c} \pm \sqrt{\frac{d}{c}} \sigma \tag{4.26}$$

をもつ (σ, μ) 平面上の双曲線の右側部分を表す．頂点の座標は $(1/\sqrt{c}, b/c)$ で与えられる．この曲線を**ポートフォリオ・フロンティア** (portfolio frontier)，あるいは**最小分散フロンティア** (minimum variance frontier) という．

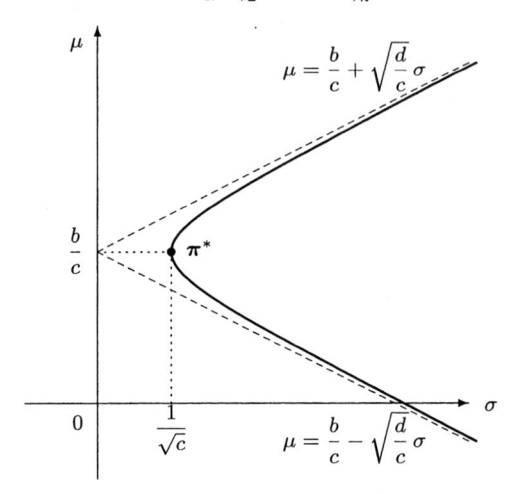

図 4.2 ポートフォリオ・フロンティア

ポートフォリオ・フロンティア上の各点 (σ, μ) には，与えられた期待収益率 μ に対する最小分散 σ^2 を実現するポートフォリオ x^* が対応している．特に，双曲線の頂点 $(1/\sqrt{c}, b/c)$ に位置し，すべてのポートフォリオの中で最小の分散 $\sigma^2 = 1/c$ を与えるポートフォリオを**大域的最小分散ポートフォリオ** (global minimum variance portfolio) といい，π^* で表す．π^* は，式 (4.20) に $\mu = b/c$ を代入することで

$$\pi^* = \frac{1}{c}\Sigma^{-1}e \tag{4.27}$$

と表される (確かめよ)．π^* の期待収益率 $\mu = b/c$ よりも高い期待収益率を与える双曲線の上側半分を**効率的フロンティア** (efficient frontier) といい，効率的フロンティア上にある最小分散ポートフォリオは**効率的** (efficient) であるという．逆に，π^* の期待収益率 $\mu = b/c$ よりも低い期待収益率を与える双曲線の下側半分にある最小分散ポートフォリオは**非効率的** (inefficient) であるという．

第II部

統 計

5

データの整理

5.1 記述統計とは

　私達の身のまわりでは，世論調査，食品の抜き取り検査，製品の耐久性実験など様々な調査や実験が行われている．そのような調査・実験から得られる観測値の集まりのことを**統計データ** (statistical data) あるいは単に**データ** (data) とよぶことにする．

　データの例として，表 5.1 には 65 人の男性について調べた体温と心拍数が示されている．この体温や心拍数のように，分析対象の特徴を数量的に表すものを**変量** (variate) とよぶ．また，体温のように連続した値を取る変量を**連続型変量** (continuous variate) といい，心拍数のように不連続な値を取る変量を**離散型変量** (discrete variate) という．

　表 5.1 の数値をただ漠然と眺めているだけでは，体温や心拍数の全体的な傾向

表 5.1 体温 (°C) と心拍数 (回/分)

体温	心拍数	体温	心拍数	体温	心拍数	体温	心拍数	体温	心拍数
35.7	70	36.4	70	36.7	71	36.9	68	37.1	78
35.9	71	36.4	75	36.7	74	36.9	70	37.1	78
36.1	74	36.4	74	36.7	67	36.9	82	37.1	81
36.1	80	36.4	69	36.7	64	36.9	84	37.1	78
36.2	73	36.4	73	36.7	78	36.9	68	37.2	80
36.2	75	36.5	77	36.7	73	36.9	71	37.2	75
36.2	82	36.6	58	36.7	67	37.0	77	37.2	79
36.2	64	36.6	73	36.8	66	37.0	78	37.2	81
36.3	69	36.6	65	36.8	64	37.0	83	37.3	71
36.3	70	36.6	74	36.8	71	37.0	66	37.3	83
36.3	68	36.6	76	36.8	72	37.0	70	37.4	63
36.3	72	36.6	72	36.8	86	37.0	82	37.4	70
36.3	78	36.7	78	36.8	72	37.1	73	37.5	75

出典: http://www.amstat.org/publications/jse/datasets/normtemp.dat

や分布の様子,あるいは変量間の関係を把握することは難しい.数値がでたらめに並んでいるように見えても,データを表として集計したり,1つの指標に要約したりすることによって,データがもつ情報を引き出すことができる.統計学では,こうしたデータを整理する方法を**統計的記述** (statistical description) とよぶ.

5.2 度数分布表とヒストグラム

度数分布表

データがどのように分布しているかを調べるには,**度数分布表** (frequency table) とよばれる表を作成するとよい.度数分布表は,データ $x_1, \cdots, x_n$ をいくつかの**階級** (class) に分類し,各階級に入るデータの数をまとめたもので,一般には表 5.2 のような形式になる.

表 5.2 度数分布表

階級	階級値	度数	相対度数	累積度数	相対累積度数
$a_1 \sim b_1$	m_1	f_1	f_1/n	F_1	F_1/n
$a_2 \sim b_2$	m_2	f_2	f_2/n	F_2	F_2/n
$\vdots$	$\vdots$	$\vdots$	$\vdots$	$\vdots$	$\vdots$
$a_k \sim b_k$	m_k	f_k	f_k/n	F_k	F_k/n

表 5.2 では k 個の階級が設定されており,階級の下限 a_j と上限 b_j をあわせて**階級境界** (class limit) とよぶ.また,$b_j - a_j$ を**階級幅** (class interval) という.階級の中央の値

$$m_j = \frac{a_j + b_j}{2}, \quad j = 1, \cdots, k$$

は**階級値** (class mark) とよばれ,階級に分類されたデータをこの値によって代表させる.各階級 $a_j \sim b_j$ に属するデータの数

$$f_j = \sum_{i=1}^{n} \mathbf{1}_{[a_j, b_j)}(x_i), \quad j = 1, \cdots, k$$

を階級の**度数** (frequency) という.明らかに,$\sum_{j=1}^{k} f_j = n$ が成り立つ.また,データを分類するための条件 $a_j \le x_i < b_j$ を $a_j < x_i \le b_j$ としても構わない.
累積度数 (cumulative frequency) は度数を加算したもので

$$F_j = \sum_{l=1}^{j} f_l, \quad j = 1, \cdots, k$$

によって与えられる．**相対度数** (relative frequency) と**相対累積度数** (relative cumulative frequency) は，それぞれ度数と累積度数を比率で表したものである．

データのもっている情報を偏りなく要約するためには，階級数を適切に選ぶ必要がある．経験則として，階級数は 7〜20 くらいにすればよいことが知られている．また，**スタージェスの公式** (Sturges' formula)

$$k = 1 + 3.3 \times \log_{10} n \tag{5.1}$$

も 1 つの目安として利用される．

【例 5.1】 表 5.3 は，階級数を 10 としたとき，表 5.1 の体温のデータから作成した度数分布表を示している．この度数分布表では，各階級は下限以上かつ上限未満となっている．

表 5.3 体温の度数分布表

階級	階級値	度数	相対度数	累積度数	相対累積度数
35.6〜35.8	35.7	1	0.015	1	0.015
35.8〜36.0	35.9	1	0.015	2	0.031
36.0〜36.2	36.1	2	0.031	4	0.062
36.2〜36.4	36.3	9	0.138	13	0.200
36.4〜36.6	36.5	6	0.092	19	0.292
36.6〜36.8	36.7	14	0.215	33	0.508
36.8〜37.0	36.9	12	0.185	45	0.692
37.0〜37.2	37.1	11	0.169	56	0.862
37.2〜37.4	37.3	6	0.092	62	0.954
37.4〜37.6	37.5	3	0.046	65	1.000

【例 5.2】 表 5.4 は，表 5.1 の心拍数のデータから作成した度数分布表を示している．表 5.3 と同様に各階級は下限以上かつ上限未満としている．

表 5.4 心拍数の度数分布表

階級	階級値	度数	相対度数	累積度数	相対累積度数
55〜60	57.5	1	0.015	1	0.015
60〜65	62.5	4	0.062	5	0.077
65〜70	67.5	10	0.154	15	0.231
70〜75	72.5	24	0.369	39	0.600
75〜80	77.5	15	0.231	54	0.831
80〜85	82.5	10	0.154	64	0.985
85〜90	87.5	1	0.015	65	1.000

◆問 5.1 表 5.5 は，ある病院で生まれた新生児の体重のデータを示したものである．このデータの度数分布表を作成せよ．

表 5.5 新生児体重 (g)

3837	3334	3554	3838	3625	2208	1745	2846	3166	3520	3380
3294	2576	3208	3521	3746	3523	2902	2635	3920	3690	3430
3480	3116	3428	3783	3345	3034	2184	3300	2383	3428	4162
3630	3406	3402	3500	3736	3370	2121	3150	3866	3542	3278

出典: http://www.amstat.org/publications/jse/datasets/babyboom.dat

ヒストグラム

度数分布表をグラフにして表すと，データの分布状態が一層わかりやすくなる．図 5.1 は，表 5.3 の度数分布表をグラフ化したもので，横軸に階級，縦軸に対応する度数を取っている．このような図のことを**ヒストグラム** (histogram) とよぶ．ヒストグラムの縦軸には相対度数を取ることもある．

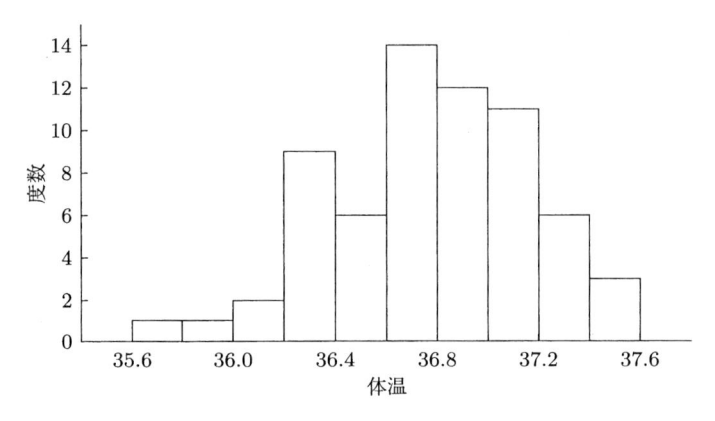

図 5.1 体温のヒストグラム

このヒストグラムから，体温の分布はその形状が非対称であることが読み取れる．このように，データの分布が左右対称ではなく，図 5.2 の左側のように分布の左裾が相対的に長い広がりをもっているのであれば，分布は**左に歪んでいる**と

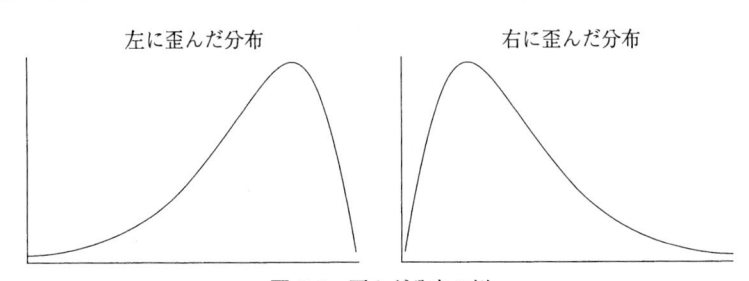

図 5.2 歪んだ分布の例

いう．逆に右側の図のように，右裾が相対的に長く広がっているときには，**右に歪んでいる**という．

【例 5.3】 図 5.3 は，表 5.4 の度数分布表から作成された心拍数のヒストグラムを表している．

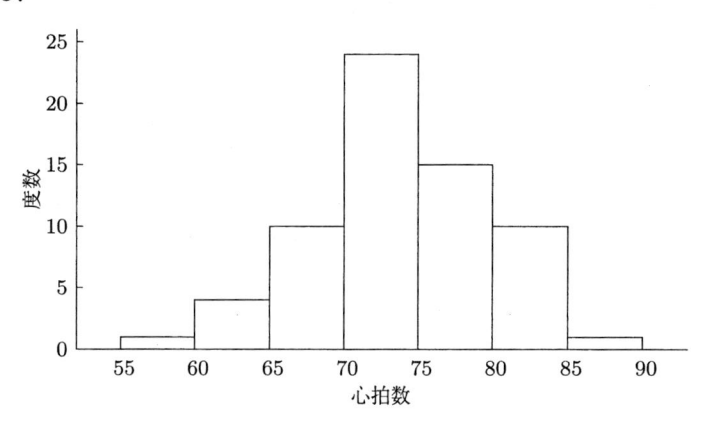

図 5.3 心拍数のヒストグラム

◆**問 5.2** 問 5.1 で作成した度数分布表からヒストグラムを作成せよ．また，ヒストグラムから分布がどちらに歪んでいるか判断せよ．

5.3 データの中心を示す代表値

度数分布表やヒストグラムを用いてデータを整理すれば，データの分布の様子を容易に知ることができた．しかし，データの特性を表や図ではなく，1つの数値で表すことが望まれることも多い．このデータの特性を表す指標のことを**代表値** (representative value) とよぶ．重要な代表値の1つはデータの中心を示すもので，以下に示す平均がよく用いられる．

算術平均

定義 5.1 データ $x_1, \cdots, x_n$ が与えられたとき

$$\bar{x} = \frac{1}{n} \sum_{i=1}^{n} x_i \tag{5.2}$$

を**算術平均** (arithmetic mean) という.

算術平均は,確率変数 X の観測データから推定される真の期待値 $E[X]$ の近似値を与えている.簡単のため,X は $v_1, \cdots, v_m$ という m 個の値を取りうる離散型確率変数であると仮定し,その確率関数を $p(v_i)$ $(i=1,\cdots,m)$ で表す.n 個の観測データの中で,値 v_i を取るデータの個数が n_i 個であるとしよう.明らかに,$\sum_{i=1}^{m} n_i = n$ が成り立つ.n が十分大きければ

$$p(v_i) \approx \frac{n_i}{n}, \quad i = 1, \cdots, m$$

と近似できる.これより

$$\bar{x} = \frac{1}{n}\sum_{k=1}^{n} x_k = \frac{1}{n}\sum_{i=1}^{m}\sum_{j=1}^{n_i} v_i = \sum_{i=1}^{m} \frac{n_i}{n} v_i \approx \sum_{i=1}^{m} v_i\, p(v_i) = E[X]$$

が成り立つ.

【例 5.4】 表 5.1 のデータから平均体温を計算すると $(35.7+35.9+\cdots+37.5)/65 \approx 36.7$ となる.同様に,平均心拍数は $(70+71+\cdots+75)/65 \approx 73$ となる. ∎

◆**問 5.3** 表 5.5 のデータから新生児の平均体重を求めよ.

幾何平均

100 万円を株式で運用したところ,最初の 1 年目は 5 %,2 年目は 3 %,3 年目は 7 %の収益が得られたとする.この 3 年間の平均収益率はいくらであろうか.3 年後には,運用した 100 万円は $1.05 \times 1.03 \times 1.07 \approx 1.1572$ 倍になっている.ここで,平均収益率を $100r$ %とし,3 年間同じ収益率が続くと考えれば

$$(1+r)^3 = 1.1572$$

が成り立つ.この式を r について解くと

$$r = \sqrt[3]{1.1572} - 1 \approx 1.0498 - 1 \approx 0.05$$

となり,平均収益率は約 5 %と計算できる.

このように,変化率や利子率などのデータの平均を求めるときに用いられるのが**幾何平均** (geometric mean) であり

$$G_m = \left(\prod_{i=1}^{n} x_i\right)^{\frac{1}{n}} \tag{5.3}$$

と定義される．ただし，$x_i > 0$ $(i = 1, \cdots, n)$ である．幾何平均の対数を取ると

$$\log G_m = \frac{1}{n} \sum_{i=1}^{n} \log x_i$$

となることから，幾何平均はデータの対数値の算術平均から計算することもできる．

調和平均

算術平均や幾何平均の他に，**調和平均** (harmonic mean) とよばれる平均の概念がある．調和平均は，$x_i > 0$ $(i = 1, \cdots, n)$ に対して

$$H_m = \left(\frac{1}{n} \sum_{i=1}^{n} \frac{1}{x_i}\right)^{-1}$$

で与えられ，データの逆数に意味がある場合に用いられる．

【例 5.5】 自動車で帰省したとき，行きの燃費は 11 km/ℓ，帰りは 9 km/ℓ であった．このときの平均燃費は，調和平均を用いて $\left\{\frac{1}{2}\left(\frac{1}{11} + \frac{1}{9}\right)\right\}^{-1} \approx 9.9$ km/ℓ で与えられる．■

◆問 5.4 データ $\{1, 3, 10, 5\}$ の算術平均，幾何平均，調和平均を求め，その大小関係を比較せよ．

いくつかの平均を紹介してきたが，算術平均以外はこれ以降使用しないので，平均といえば算術平均を意味するものとする．

中央値と最頻値

例 2.7 と同様に，データ $x_1, \cdots, x_n$ を小さい順に並べ替えたものを

$$x_{(1)} \leq x_{(2)} \leq \cdots \leq x_{(n)}$$

と表すことにする．このとき，$\alpha \in [0, 1]$ に対して，小さい方から 100α %目に位置するデータの値を **100α パーセント点** (100α percentile) という（例 2.4 と比較せよ）．与えられたデータに対して，100α パーセント点 p_α は

$$p_\alpha = (1-w)x_{(k)} + wx_{(k+1)} \tag{5.4}$$

を用いて計算する．ここで，k と w はそれぞれ $1+(n-1)\alpha$ の整数部と小数部を表す．ただし，$x_{(n+1)} \equiv x_{(n)}$ とおく．

データの中心を表す代表値として，50％点を用いることは自然な考えである．そこで，50％点のことを**中央値** (median) とよび，式 (5.4) から

$$Q_2 \equiv p_{0.5} = \begin{cases} x_{((n+1)/2)}, & n: \text{奇数} \\ \frac{1}{2}\left(x_{(n/2)} + x_{(n/2+1)}\right), & n: \text{偶数} \end{cases}$$

によって与えられる．また，データの中で最も頻繁に表れる値を**最頻値** (mode) とよぶ．

【例 5.6】 データ $\{1, 8, 3, 8, 4, 2, 3, 9, 8, 8\}$ を小さい順に並べ替えると $\{1, 2, 3, 3, 4, 8, 8, 8, 8, 9\}$ となるので，平均 $= 5.4$，中央値 $= (4+8)/2 = 6$，最頻値 $= 8$ を得る．∎

◆問 5.5　表 5.1 のデータから体温と心拍数の中央値と最頻値を求めよ．

他の観測値と比べ，異常に小さいあるいは大きい観測値のことを**異常値** (outlier) とよぶ．平均は異常値の影響を受けやすいが，中央値や最頻値は異常値の影響を受けにくく安定していることが知られている．

【例 5.7】（例 5.6 の続き）　最大値である 9 を 15 に置き換えると，平均 $= 6.1$，中央値 $= 6$，最頻値 $= 8$ となる．平均は増加しているのに対して，中央値や最頻値は変化していない．∎

5.4　データのばらつきを示す代表値

データの中心を示す代表値と同じくらい重要なのが，データのばらつきの程度を表す代表値である．

分散と標準偏差
定義 5.2　データ $x_1, \cdots, x_n$ が与えられたとき

$$s^2 = \frac{1}{n}\sum_{i=1}^{n}(x_i - \bar{x})^2 \tag{5.5}$$

を**分散** (variance) という．ここで，$\bar{x}$ は平均を表し，$x_i - \bar{x}$ を**偏差** (deviation) という．

分散は「偏差の2乗の平均」となっており，平均を基準としてデータがどれくらいばらついているかを示す尺度となっている (定義 2.15 と比較せよ). また，定義から $s^2 \geq 0$ であり，等号が成立するのは $x_1 = \cdots = x_n$ のときに限る (確かめよ).

分散の単位はデータの測定単位とは異なる．例えば，重量に関するデータの測定単位が g(グラム) であるとき，分散の単位はその 2 乗になる．しかし，単位は同じである方がわかりやすいし取り扱いも便利である．そこで，分散の正の平方根 $s \equiv \sqrt{s^2}$ を考え，これを**標準偏差** (standard deviation) とよぶ．

【例 5.8】 表 5.1 のデータから体温の分散を求めると $\{(35.7-36.7)^2+(35.9-36.7)^2+\cdots+(37.5-36.7)^2\}/65 \approx 0.148$ を得る．また，標準偏差は $\sqrt{0.148} \approx 0.385(℃)$ である．同様にして，心拍数の分散は $\{(70-73)^2+(71-73)^2+\cdots+(75-73)^2\}/65 \approx 33.987$ となり，標準偏差は $\sqrt{33.987} \approx 5.8(回/分)$ となる．

◆**問 5.6** 表 5.5 のデータから新生児体重の分散を求めよ．

◆**問 5.7** データ $x_1, \cdots, x_n$ の平均を $\bar{x}$ とする．このとき，$\sum_{i=1}^n (x_i - \bar{x}) = 0$ となることを示せ．

分散 (5.5) において，偏差の 2 乗をその絶対値で置き換えたものを**平均絶対偏差** (mean absolute deviation) という．

$$MD = \frac{1}{n}\sum_{i=1}^n |x_i - \bar{x}|$$

平均絶対偏差もデータのばらつきを示す代表値であるが，絶対値により定義されているため数学的な取り扱いが面倒である．

【例 5.9】 表 5.1 のデータから，体温の平均絶対偏差は $(|35.7-36.73|+|35.9-36.73|+\cdots+|37.5-36.73|)/65 \approx 0.313(℃)$ で与えられる．

◆**問 5.8** 表 5.1 のデータから心拍数の平均絶対偏差を求めよ．

変動係数

標準偏差はデータの測定単位に依存しているため，単位の異なる2つのデータのばらつき具合を標準偏差によって比較することはできない．また，標準偏差はデータのばらつきの絶対的な大きさを表しているため，平均が大きいほど標準偏

差も大きくなる傾向がある．そこで，平均に対する相対的なばらつきを表す代表値として，$\bar{x} \neq 0$ に対して

$$CV = 100 \times \frac{s}{\bar{x}}$$

を定義し，CV を**変動係数** (coefficient of variation) とよぶ．平均を 0 に近づければ変動係数はいくらでも大きくなるので，変動係数はすべてのデータが正値のときに有用である．

【例 5.10】 表 5.1 のデータから体温と心拍数の変動係数を求めると，$CV(体温) = 100 \times \frac{0.385}{36.7} \approx 1.05$，$CV(心拍数) = 100 \times \frac{5.8}{73} \approx 7.95$ となる．したがって，心拍数の方が体温よりもばらつきが大きいと判断される． ∎

◆**問 5.9** 表 5.5 のデータから新生児体重の変動係数を求めよ．

範囲と四分位範囲

データの最大値 $x_{\max} \equiv \max_i x_i$ から最小値 $x_{\min} \equiv \min_i x_i$ を引いた値

$$R = x_{\max} - x_{\min}$$

をデータの**範囲** (range) という．

【例 5.11】 表 5.1 のデータから体温の範囲を求めると，$R = 37.5 - 35.7 = 1.8$ となる． ∎

範囲は分布の広がりを示す最も簡単な代表値であるが，平均と同様に異常値に対して不安定であるという欠点がある．そこで，この欠点を補正した代表値として**四分位範囲** (interquartile range) が知られている．例 2.4 と同様に，25 % 点を $Q_1 \, (= p_{0.25})$，75 % 点を $Q_3 \, (= p_{0.75})$ と表すと，四分位範囲は

$$IQR = Q_3 - Q_1$$

によって与えられる．また，四分位範囲の代わりに四分位偏差 $(Q_3 - Q_1)/2$ も利用される．

【例 5.12】（例 5.6 の続き） 第 1 四分位点は $Q_1 = 0.75 \times 3 + 0.25 \times 3 = 3$ となる．同様にして，第 3 四分位点は $Q_3 = 0.75 \times 8 + 0.25 \times 8 = 8$ である．したがって，$IQR = 8 - 3 = 5$ となる． ∎

◆問 **5.10** 表 5.5 のデータから新生児体重の四分位範囲を求めよ．

箱ひげ図

四分位範囲は中央値と一緒に用いられることが多い．また，これらの値は図 5.4 に示されている**箱ひげ図** (box-whisker plot) としてグラフ化されることがある．

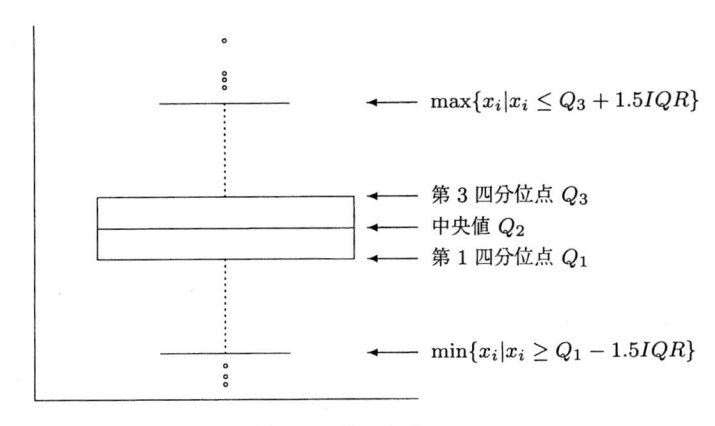

図 **5.4** 箱ひげ図

箱ひげ図は，その名が示すように箱とひげによってデータの分布状態を表す．図からわかるように，第 1 四分位点，中央値，第 3 四分位点は中央の箱によって表されている．したがって，箱の縦の長さが四分位範囲となる．点線によって示されているひげはデータの広がりを表し，$\min_i\{x_i | x_i \geq Q_1 - 1.5IQR\}$ と $\max_i\{x_i | x_i \leq Q_3 + 1.5IQR\}$ のデータ値まで伸びている．ひげを超えるデータがある場合には，それらは点として表される．

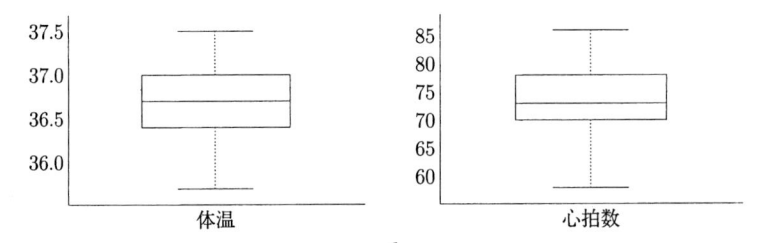

【例 **5.13**】 図 5.5 には，表 5.1 のデータから作成した箱ひげ図を示している．

図 **5.5** 体温と心拍数の箱ひげ図

◆**問 5.11** 表 5.5 のデータから新生児体重の箱ひげ図を作成せよ．

5.5 その他の代表値

5.2 節のヒストグラムの説明において，分布の歪みについて触れた．このデータ分布の歪みの程度を表す代表値が

$$\gamma_3 = \frac{\frac{1}{n}\sum_{i=1}^{n}(x_i - \bar{x})^3}{s^3} \tag{5.6}$$

によって定義される**歪度** (skewness) である (式 (2.98) と比較せよ)．ここで，$\bar{x}$ は平均，s は正の標準偏差を表す．明らかに，データの分布が左右対称であれば $\gamma_3 = 0$ となる (確かめよ)．また，$\gamma_3 > 0$ であれば分布は右に歪んでおり，$\gamma_3 < 0$ であれば分布は左に歪んでいると判断できる．

一方，分布の尖りの程度を表す代表値が

$$\gamma_4 = \frac{\frac{1}{n}\sum_{i=1}^{n}(x_i - \bar{x})^4}{s^4} \tag{5.7}$$

で定義される**尖度** (kurtosis) である (式 (2.98) と比較せよ)．尖度は，統計学で広く用いられる正規分布との比較において用いられることが多い．例 3.1 より，データが正規分布に従うときは，$\gamma_3 \approx 0, \gamma_4 \approx 3$ となる．また，変動係数と同様に，歪度と尖度はともに無名数であることに注意しよう．

【**例 5.14**】 表 5.1 のデータから，体温の歪度は -0.27，心拍数の歪度は -0.05 と計算できる (確かめよ)．この結果から，体温の方が心拍数よりも大きく歪んでいることがわかる．

◆**問 5.12** 表 5.5 のデータから新生児体重の歪度と尖度を求めよ．

5.6 平均と分散の計算

平均や分散を計算するとき，次の結果を使うと計算が簡便になることがある．

一次変換の平均と分散

次の命題は，2.5 節で示した期待値の線形性と本質的に等価である．

命題 5.1 データ $x_1, \cdots, x_n$ の平均を $\bar{x}$, 分散を s_x^2 と表す. 任意の定数 a, b に対し, データ x_i を一次変換

$$y_i = ax_i + b, \quad i = 1, \cdots, n$$

によって y_i に変換する. このとき, 変換されたデータ $y_1, \cdots, y_n$ の平均 $\bar{y}$, 分散 s_y^2, 標準偏差 s_y は, それぞれ

$$\bar{y} = a\bar{x} + b, \quad s_y^2 = a^2 s_x^2, \quad s_y = |a| s_x$$

で与えられる.

証明 $\bar{y}$ は, 式 (5.2) より

$$\bar{y} = \frac{1}{n} \sum_{i=1}^{n} y_i = \frac{1}{n} \sum_{i=1}^{n} (ax_i + b) = \frac{1}{n} \left(a \sum_{i=1}^{n} x_i + nb \right) = a\bar{x} + b$$

となる. 分散 s_y^2 については, 式 (5.5) より

$$s_y^2 = \frac{1}{n} \sum_{i=1}^{n} (y_i - \bar{y})^2 = \frac{1}{n} \sum_{i=1}^{n} (ax_i + b - a\bar{x} - b)^2$$
$$= \frac{1}{n} \sum_{i=1}^{n} a^2 (x_i - \bar{x})^2 = a^2 \frac{1}{n} \sum_{i=1}^{n} (x_i - \bar{x})^2 = a^2 s_x^2$$

となる. 標準偏差は非負であるから, $s_y = |a| s_x$ となる. ∎

【例 5.15】 温度の単位である摂氏 C と華氏 F の間には

$$F = 1.8C + 32$$

の関係がある. 一次変換であるこの関係式を用いて, 表 5.1 の体温のデータを摂氏から華氏に変えたとき, 平均は $1.8 \times 36.7 + 32 = 98.06$ (°F), 標準偏差は $1.8 \times 0.385 \approx 0.693$ (°F) となる. ∎

◆**問 5.13** 表 5.5 の新生児体重の単位を kg に変換したとき, その平均, 分散, 標準偏差を求めよ.

分散の書き換え

次の命題は, 2.7 節で示した公式 $V[X] = E[X^2] - (E[X])^2$ (式 (2.86) 参照) と本質的に等価である.

命題 5.2 平均 $\bar{x}$ をもつデータ $x_1, \cdots, x_n$ に対し

$$s^2 = \frac{1}{n}\sum_{i=1}^n x_i^2 - \bar{x}^2 \tag{5.8}$$

が成り立つ.

証明 式 (5.5) より

$$\frac{1}{n}\sum_{i=1}^n (x_i - \bar{x})^2 = \frac{1}{n}\sum_{i=1}^n \left(x_i^2 - 2\bar{x}x_i + \bar{x}^2\right)$$
$$= \frac{1}{n}\sum_{i=1}^n x_i^2 - 2\bar{x}\frac{1}{n}\sum_{i=1}^n x_i + \bar{x}^2$$
$$= \frac{1}{n}\sum_{i=1}^n x_i^2 - 2\bar{x}^2 + \bar{x}^2 = \frac{1}{n}\sum_{i=1}^n x_i^2 - \bar{x}^2$$

を得る. ∎

◆**問 5.14** データ数 $n = 10$ のとき, 総和が 20, 2 乗和が 80 であるとき分散を求めよ.

度数分布表からの平均と分散の計算

データが表 5.2 のような度数分布表によって与えられているとする. このとき, 度数分布表の階級値が度数回だけ繰り返して観測されていると考えれば, 平均と分散はそれぞれ

$$\bar{x} = \frac{1}{n}\sum_{i=1}^k m_i f_i, \quad s^2 = \frac{1}{n}\sum_{i=1}^k (m_i - \bar{x})^2 f_i \tag{5.9}$$

によって計算できる. 分散 s^2 については, 命題 5.2 と同様にして

$$s^2 = \frac{1}{n}\sum_{i=1}^k (m_i - \bar{x})^2 f_i = \frac{1}{n}\sum_{i=1}^k m_i^2 f_i - \bar{x}^2$$

と書き換えることができる (確かめよ).

【**例 5.16**】 表 5.3 の度数分布表から体温の平均と分散を求めてみよう. 平均は $(35.7 \times 1 + \cdots + 37.5 \times 3)/65 \approx 36.8$ となり, 分散は $(35.7^2 \times 1 + \cdots + 37.5^2 \times 3)/65 - 36.8^2 \approx 0.153$ となる. ∎

◆**問 5.15** 表 5.4 の度数分布表から心拍数の平均と分散を計算せよ.

5.7 標準化変量

定義 5.3 データ $x_1, \cdots, x_n$ の平均を $\bar{x}$, 標準偏差を $s > 0$ とする. このとき

$$z_i = \frac{x_i - \bar{x}}{s}, \quad i = 1, \cdots, n \tag{5.10}$$

を**標準化変量** (standardized variable) という. また, このような変換を**標準化** (standardization) という (定義 2.16 と比較せよ).

命題 5.1 において, $a = 1/s$, $b = -\bar{x}/s$ とおくと

$$\bar{z} = 0, \quad s_z^2 = 1 \tag{5.11}$$

を得る (式 (2.96) と比較せよ). 標準化変量は無名数であり, 常に平均は 0, 分散は 1 になることから, 標準化変量によって異なるデータを比較することが可能となる.

【例 5.17】 あるクラスの英語と数学の試験の結果は次のとおりであった.

	平均	標準偏差
英語	50	20
数学	35	10

この試験において, A 君は英語が 62 点, 数学が 50 点であった. このとき, A 君の試験結果を標準化すると英語は 0.6, 数学は 1.5 となり, 数学の方が相対的に上位であったことがわかる. ∎

試験などでよく利用される**偏差値**は, この標準化変量の応用である. x_i の標準化変量 z_i を用いれば, x_i の偏差値は

$$SS_i = 50 + 10 z_i, \quad i = 1, \cdots, n$$

で定義される. 定義より, 偏差値データ $SS_1, \cdots, SS_n$ は平均 50, 標準偏差 10 をもつ.

◆**問 5.16** 偏差値の平均が 50, 標準偏差が 10 となることを示せ.

【例 5.18】 (例 5.17 の続き) A 君の試験の偏差値を求めると, 英語は $50 + 10 \times 0.6 = 56$, 数学は $50 + 10 \times 1.5 = 65$ となる. ∎

5.8 共分散と相関係数

散 布 図

表 5.6 は，自動車の燃費と重量に関するデータを示している．この表のように，2 つの変数が対になって観測されるとき，変数間の関係を視覚的に捉えるには**散布図** (scatter plot) が便利である．図 5.6 は，横軸に重量，縦軸に燃費を取ったときの表 5.6 のデータの散布図であり，自動車が重くなるほど燃費が悪くなることが読み取れる．

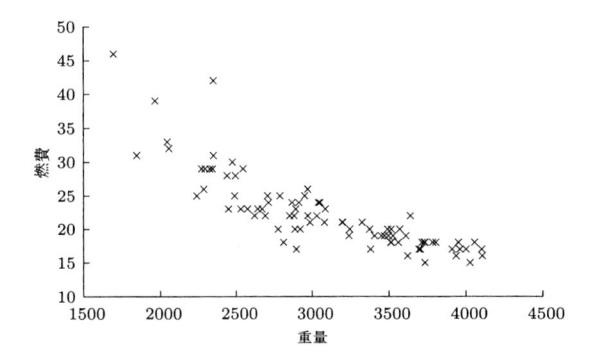

図 5.6 自動車の燃費と重量の散布図

表 5.6 自動車の燃費 (mile/gl) と重量 (lb)

燃費	重量	燃費	重量	燃費	重量	燃費	重量	燃費	重量	燃費	重量
25	2705	18	3560	20	3375	19	3405	22	3640	22	2880
19	3470	16	4105	19	3495	16	3620	16	3935	25	2490
25	2785	19	3240	21	3195	18	3715	15	4025	17	3910
17	3380	20	3515	23	3085	20	3570	29	2270	23	2670
22	2970	17	3705	21	3080	18	3805	29	2295	20	3490
31	1845	23	2530	22	2690	22	2850	24	2710	15	3735
21	3325	18	3950	46	1695	30	2475	24	2865	42	2350
24	3040	29	2345	22	2620	26	2285	20	2885	17	4000
18	3510	18	3515	17	3695	18	4055	29	2325	28	2440
26	2970	18	3735	17	2895	20	2920	19	3525	23	2450
19	3610	29	2295	18	3730	29	2545	24	3050	17	4100
21	3200	24	2910	23	2890	18	3715	19	3470	23	2640
31	2350	23	2575	19	3240	19	3450	19	3495	20	2775
28	2495	33	2045	25	2490	23	3085	39	1965	32	2055
25	2950	22	3030	18	3785	25	2240	17	3960	21	2985
18	2810	21	2985	20	3245						

出典: http://www.amstat.org/publications/jse/datasets/93cars.dat

◆問 5.17 表 5.1 のデータから体温と心拍数の散布図を作成せよ.

共 分 散

定義 5.4 2つの変量 x と y に関する n 組のデータ $(x_1, y_1), \cdots, (x_n, y_n)$ が与えられているとき

$$s_{xy} = \frac{1}{n} \sum_{i=1}^{n} (x_i - \bar{x})(y_i - \bar{y}) \tag{5.12}$$

を**共分散** (covariance) という.ここで,$\bar{x} = \frac{1}{n}\sum_{i=1}^{n} x_i$, $\bar{y} = \frac{1}{n}\sum_{i=1}^{n} y_i$ である (定義 2.18 と比較せよ).

後述するように,共分散 s_{xy} は変量間の線形関係を表す代表値である.また,式 (5.12) は

$$s_{xy} = \frac{1}{n} \sum_{i=1}^{n} x_i y_i - \bar{x}\bar{y} \tag{5.13}$$

と書き換えることができる (確かめよ).共分散 s_{xy} を実際に計算するときには,式 (5.13) を用いた方が計算が容易になることが多い.明らかに,式 (5.13) は式 (2.100) と等価である.

【例 5.19】 表 5.6 から燃費と重量の平均を求めると,それぞれ 22.3(mile/gl), 3072.9(lb) となる.したがって,共分散は $(25 \times 2705 + \cdots + 20 \times 3245)/93 - 22.3 \times 3072.9 \approx -2765$ となる.

◆問 5.18 表 5.1 のデータから体温と心拍数の共分散を求めよ.

相 関 係 数

式 (5.12) より,共分散はデータの測定単位に明らかに依存するので,変量間の関係の強さを調べたり比較したりするのには適していない.そこで,共分散の代わりに**相関係数** (correlation coefficient)

$$r_{xy} = \frac{s_{xy}}{s_x s_y} \tag{5.14}$$

が用いられる (式 (2.104) と比較せよ).ただし,x, y の標準偏差 s_x, s_y はともに正値であると仮定する.式 (5.14) は

$$r_{xy} = \frac{\frac{1}{n}\sum_{i=1}^{n}(x_i - \bar{x})(y_i - \bar{y})}{s_x s_y} = \frac{1}{n} \sum_{i=1}^{n} \left(\frac{x_i - \bar{x}}{s_x}\right)\left(\frac{y_i - \bar{y}}{s_y}\right) \tag{5.15}$$

と書き直せるから，相関係数は標準化変量の共分散とみなすこともできる (式 (2.104) 参照).

式 (5.15) より，相関係数 (あるいは共分散) の値が正であれば，一方の変量の値が増加すれば他の変量の値も増加する傾向にあり，逆に，相関係数の値が負であれば，一方の変量の値が増加すれば他の変量の値は減少すると考えられる．定義 2.19 より，前者の場合には 2 つの変量の間には正の相関があるといい，後者の場合には 2 つの変量間には負の相関があるという．

このことを確認するために，図 5.7 を見てみよう．この図では，x と y の平均によって散布図が 4 分割されている．図のように，一方の変量が増加すれば片方の変量も増加する傾向にあれば，(I) と (III) の領域にデータがより多く観測されるであろう．(I) と (III) の領域では $(x_i - \bar{x})(y_i - \bar{y}) > 0$ であるから，相関係数は正の値になりやすいと考えられる．逆の場合には，同様の理由によって相関係数は負の値になりやすい．

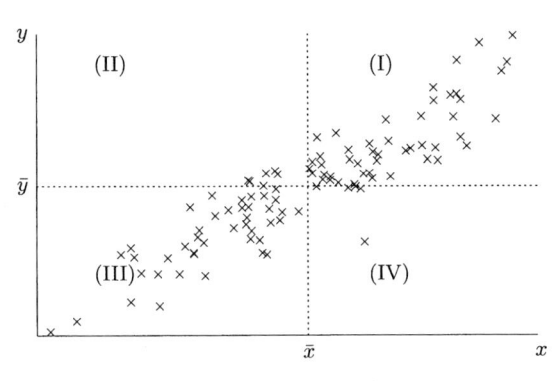

図 5.7 4 分割した散布図

【例 5.20】（例 5.19 の続き） 燃費と重量の標準偏差を計算すると，それぞれ 5.6(mile/gl)，586.7(lb) である．したがって，相関係数は $-2765/(5.6 \times 586.7) \approx -0.84$ となる．∎

◆問 5.19　表 5.1 のデータから体温と心拍数の相関係数を求めよ．

共分散と相関係数の性質

命題 5.3　相関係数 r_{xy} をもつ n 組のデータ $(x_1, y_1), \cdots, (x_n, y_n)$ と，任意の定数 a, b, c, d に対して

$$\begin{cases} u_i = ax_i + b, \\ v_i = cy_i + d, \end{cases} i = 1, \cdots, n$$

という一次変換を考える．ただし，$a \neq 0, c \neq 0$ とする．このとき，変換されたデータ $(u_1, v_1), \cdots, (u_n, v_n)$ の相関係数は $r_{uv} = \mathrm{sign}(ac) r_{xy}$ で与えられる．ここで，$\mathrm{sign}(x)$ $(x \in \mathbb{R})$ は x の符号を表す関数で，指標関数を用いて $\mathrm{sign}(x) = \mathbf{1}_{[0,\infty)}(x) - \mathbf{1}_{(-\infty,0]}(x)$ と定義される．

証明 各変量の平均を $\bar{x}, \bar{y}, \bar{u}, \bar{v}$ で表すと，命題 5.1 より，$\bar{u} = a\bar{x} + b, \bar{v} = c\bar{y} + d$ が成り立つ．したがって，x_i と y_i の共分散を s_{xy}，u_i と v_i の共分散を s_{uv} とすると，式 (5.12) より

$$s_{uv} = \frac{1}{n} \sum_{i=1}^{n} (ax_i + b - a\bar{x} - b)(cy_i + d - c\bar{y} - d)$$
$$= \frac{1}{n} \sum_{i=1}^{n} ac(x_i - \bar{x})(y_i - \bar{y}) = ac s_{xy}$$

を得る．各変量の標準偏差をそれぞれ s_x, s_y, s_u, s_v と表すと，同様にして，命題 5.1 より $s_u = |a| s_x, s_v = |c| s_y$ を得る．以上より

$$r_{uv} = \frac{s_{uv}}{s_u s_v} = \frac{ac}{|a||c|} \frac{s_{xy}}{s_x s_y} = \mathrm{sign}(ac) r_{xy}$$

が成り立つ．∎

次の命題は定理 2.17 と本質的に等価である．

命題 5.4 正の分散をもつ n 組のデータ $(x_1, y_1), \cdots, (x_n, y_n)$ に対して

$$|r_{xy}| \leq 1$$

が成り立つ．$r_{xy} = \pm 1$ となるのは，ある定数 $a(\neq 0), b$ が存在して

$$y_i = ax_i + b, \quad i = 1, \cdots, n$$

となる場合に限る．

証明 データ $\{x_i\}, \{y_i\}$ の平均を $\bar{x}, \bar{y}$，分散を s_x^2, s_y^2 とし，$\{(x_i, y_i)\}$ の共分散を s_{xy} とする．ここで

5.8 共分散と相関係数

$$d_i = (y_i - \bar{y}) - \frac{s_{xy}}{s_x^2}(x_i - \bar{x}), \quad i = 1, \cdots, n$$

とおくと

$$\begin{aligned}
\sum_{i=1}^n d_i^2 &= \sum_{i=1}^n \left\{(y_i - \bar{y}) - \frac{s_{xy}}{s_x^2}(x_i - \bar{x})\right\}^2 \\
&= \sum_{i=1}^n (y_i - \bar{y})^2 - 2\frac{s_{xy}}{s_x^2}\sum_{i=1}^n (x_i - \bar{x})(y_i - \bar{y}) + \frac{s_{xy}^2}{s_x^4}\sum_{i=1}^n (x_i - \bar{x})^2 \\
&= ns_y^2 - 2n\frac{s_{xy}^2}{s_x^2} + n\frac{s_{xy}^2}{s_x^2} = ns_y^2 - n\frac{s_{xy}^2}{s_x^2} = ns_y^2\left(1 - r_{xy}^2\right)
\end{aligned}$$

を得る.明らかに $\sum_{i=1}^n d_i^2 \geq 0$ であるから,$1 - r_{xy}^2 \geq 0$,すなわち,不等式 $-1 \leq r_{xy} \leq 1$ が成り立つ.等号が成立するための必要十分条件は,すべての i に対して $d_i = 0$,すなわち

$$y_i = \frac{s_{xy}}{s_x^2}(x_i - \bar{x}) + \bar{y}, \quad i = 1, \cdots, n$$

である.一次変換に関する命題 5.3 を考慮すると,ある定数 $a(\neq 0), b$ に対して,$y_i = ax_i + b \ (i = 1, \cdots, n)$ のときに限り等号が成立する. ∎

6

標 本 分 布

6.1 統計的推測とは

　全国の小学校1年生の身長を調べたいとしよう．このとき，対象となっている児童全員の身長を調査することが考えられる．このような，対象すべてについて調査する方法のことを**全数調査** (census) という．わが国で行われている全数調査の例としては，国勢調査や事業所・企業統計調査などがある．もし，全数調査によって1年生全員のデータが得られたのであれば，身長の全国平均や分布の様子などを正確に知ることができるであろう．しかし，全数調査は膨大な時間・費用がかかり，事実上行うことが不可能であることが多い．また，寿命試験のように調査が破壊を伴うときには全数調査は無意味である．

　全数調査が困難であるときには，**標本調査** (sample survey) とよばれる方法が行われる．標本調査とは，例えば全国の小学校1年生から500人の児童を選び出してその身長を調べるといったように，調査対象全体ではなくその一部について調べる方法のことである．私達が利用できるデータの多くは，この標本調査によるものである．

　標本調査を行って500人分の身長のデータが得られたとしても，私達が知りたいのは調査した児童の身長ではなく，あくまでも全国の小学校1年生の身長に関してである．したがって，500人分のデータを手がかりにして全国の小学校1年生の身長について何らかの結論を導かなければならない．このように，標本調査によって得られたデータから対象全体について推測することを**統計的推測** (statistical inference) という．

　第5章で説明した記述統計は，データの要約を通じてそのデータがもつ情報を引き出す方法であった．これに対して，統計的推測はデータからその背後にある

データの源泉に関する情報を引き出す方法であると言える．ここで重要なのは，標本調査によって得られるデータは対象の一部分でしかないにもかかわらず，統計的推測から得られる結論は対象全体についてであるという点である．データから対象全体への推論を可能とするために，統計的推測では分析対象に対して確率構造を考え，さらにはデータとの確率的な関係を想定する．つまり，確率論が統計的推測の数学的基礎となっているのである．また，データは対象の一部分でしかないので，統計的推論から得られる結論に**誤差** (error) は避けられない．統計的推測で生じる誤差を客観的に評価するためにも，確率論が必要とされるのである．

6.2 母 集 団

ある大学の在学生の集団，動植物の集団，勤労者世帯の集団，あるいは工場で生産される製品など，統計学は様々な集団を対象としている．いま，対象とする集団のある特性，例えば身長，体重，所得，製品の寿命時間などに関心があるとしよう．このとき，分析対象となっている集団の数量的特性の集合を**母集団** (population) とよぶ．前節の身長の例を考えると，「全国の小学校1年生の身長の集合」が母集団である．もし，身長ではなく体重に関心があるのであれば，「全国の小学校1年生の体重の集合」が母集団となる．このように，全国の小学校1年生という同じ集団を対象としていても，調べたい特性が異なれば母集団も異なる．そのため，統計的分析を行うに当たっては，母集団を適切に設定しなければならない．

母集団が有限個の要素から構成されている場合，その母集団を**有限母集団** (finite population) という．それに対して，母集団が無限個の要素を含むときには**無限母集団** (infinite population) という．一般に，有限母集団よりも無限母集団の方が数学的な取り扱いが簡便である．そのため，有限母集団であっても構成要素数が大きいときには無限母集団として分析を行うことがある．

【**例 6.1**】 箱の中には，1と記されたボールが30個，2と記されたボールが30個，3と記されたボールが40個入っているとする．ただし，私達は箱の中身について知らないものとする．このとき，箱の中の数字について調べたいのであれば，ボールに記された100個の数字の集まりが母集団となる．この母集団は有限母集団である． ∎

【**例 6.2**】 ある大学の在学生の1ヵ月のアルバイト収入が知りたいとする．このとき，在学生すべてのアルバイト収入の集合が有限母集団である． ∎

【例 6.3】 1個のサイコロを投げたときに出る目に関心があるとする．このとき，サイコロの目の集合 $\{1, 2, 3, 4, 5, 6\}$ を有限母集団とするのではない．サイコロを限りなく投げ続ければ，1から6までの数字は何回でも出現すると考えられるから，サイコロの目は無限母集団である． ∎

【例 6.4】 ある工場で新たに生産される蛍光灯の寿命時間を調べたいとする．このとき，蛍光灯の寿命時間の集合が母集団となる．工場は今後も継続して生産が行われると考え，蛍光灯の寿命時間は無限母集団として扱われる． ∎

例 6.3, 例 6.4 の無限母集団は実際には存在しない．サイコロを限りなく投げ続けるのは不可能であるし，蛍光灯はまだ生産されていないからである．統計学では，このような実在しない仮説的無限母集団も対象とする．

◆問 6.1 有限母集団と無限母集団の例を挙げよ．

母集団は対象集団の特性値の集まりであり，これらの値は母集団の中である一定の分布に従っていると考えられる．例えば，サイコロ投げの実験では，1から6までの数字がそれぞれ $p_1, \cdots, p_6$ の割合 (確率) で分布しているであろう．この母集団の分布のことを**母集団分布** (population distribution) とよび，統計的推測では母集団を確率変数によって表す．

母集団分布としては正規分布がよく用いられる．母集団分布が正規分布の場合，この母集団は**正規母集団** (normal population) とよばれ，統計学において重要な母集団の1つである．別の重要な母集団としては，母集団がベルヌーイ分布に従う**ベルヌーイ母集団** (Bernoulli population) がある．ベルヌーイ母集団は**二項母集団** (binomial population) ともよばれる．これらの母集団は，第7章以降しばしば取り上げられる．

【例 6.5】（例 6.1 の続き） 母集団は，確率関数 $P\{X = 1\} = P\{X = 2\} = 0.3$, $P\{X = 3\} = 0.4$ に従う離散型確率変数 X によって表すことができる． ∎

6.3 標本と標本抽出

全数調査が行えないときには，母集団から要素をいくつか選び出し，そこから母集団に関する結論を導かなければならない．母集団から取り出される要素の集合を**標本** (sample) といい，母集団から標本を取り出すことを**標本抽出** (sampling)

という.また,標本に含まれる要素の数を**標本の大きさ** (sample size) という.したがって,統計的推測とは「標本から母集団に関する推測」ということができる.

しばしば,分析者の経験や知識あるいは他の事前情報によって抽出された標本が用いられることがある.このような標本抽出の方法を**有意抽出** (purposive selection) という.有意抽出による標本は分析者の主観を含むため,そこから得られる結果を客観的に評価することはできない.一般に,統計的推測を行うためには,標本は次に定義される無作為標本であることが必要とされる.

定義 6.1 母集団分布を $F(x)$ とし,母集団から抽出される大きさ n の標本を $X_1, \cdots, X_n$ とする.このとき,$X_1, \cdots, X_n$ の同時確率分布 $F_n(x_1, \cdots, x_n)$ が

$$F_n(x_1, \cdots, x_n) = \prod_{i=1}^{n} F(x_i) \tag{6.1}$$

と表されるとき,標本 $X_1, \cdots, X_n$ は**無作為標本** (random sample) であるという.また,無作為標本を抽出する方法を**無作為抽出** (random sampling) という.

この定義から,「無作為標本は互いに独立で母集団と同一の確率分布に従う確率変数である」ことが読み取れる (定義 2.6 参照).このことを次の例で確認してみよう.

【例 6.6】(有限母集団からの無作為標本) 要素数が N である有限母集団を考える.このとき,母集団を構成するどの要素も相等しい確率で,しかも他の要素の選ばれ方とは無関係に標本抽出を行うものとする.具体的な手順は,例えば次のようになる.

手順 1. 母集団の要素に 1 から N までの通し番号を付ける.
手順 2. 1 から N までの整数値がそれぞれ $1/N$ の確率で生起する独立な擬似乱数をコンピュータ上で発生させ,乱数の値に対応する要素を取り出す.
手順 3. 取り出した要素を母集団に戻し,再び手順 2 を行う.

ここで,手順 2 と手順 3 を n 回繰り返せば大きさ n の標本が得られることになる.

こうして抽出される標本は,母集団分布に応じて事前には予見不可能な値を取る可能性があり,確率変数であると考えられる.また,抽出ごとに母集団は変化しないので,標本の各要素は母集団と同じ確率分布に従い,また乱数の発生方法からそれらは互いに独立である.

例 6.6 のように,取り出したものを元に戻して次のものを取り出す方法のことを**復元抽出** (sampling with replacement) という.これに対して,取り出したものを元

に戻さずに次のものを取り出す方法を**非復元抽出** (sampling without replacement) という．非復元抽出の場合，要素を取り出すたびに母集団が小さくなるので，標本は母集団と異なる確率分布に従う．しかし，**抽出比** (sampling ratio) n/N が十分小さいときには，復元抽出と非復元抽出の違いはほとんど無視できる．

このように，標本抽出に偶然性を取り入れることによって，無作為標本を確率変数とみなすことができる．また，無限母集団であっても，適切な標本抽出を行うことによって，有限母集団の場合と同様に標本として無作為標本を考えることができる．

【例 6.7】（例 6.3 の続き） サイコロの目の集合は無限母集団で，1 から 6 の目の割合 $p_1, \cdots, p_6$ がその母集団分布である．1 個のサイコロを n 回投げて得られる標本を $X_1, \cdots, X_n$ と表すと，これらは (離散型) 確率変数と考えられる．また，その同時確率分布は

$$P\{X_1 = x_1, \cdots, X_n = x_n\} = \prod_{i=1}^{n} p_{x_i}$$

である．この式は，標本 $X_1, \cdots, X_n$ が互いに独立で母集団と同一の確率分布に従うことを意味する． ∎

統計的推測では，「データは確率変数である無作為標本の実現値である」として扱う．無作為標本は母集団分布と同じ確率分布に従うので，その実現値であるデータは母集団に関する何らかの情報をもっていると考えられる．このことによって，標本から母集団に関する推測を行うことができるのである．

母集団分布 $F(x)$ が確率密度関数 $f(x)$，あるいは確率関数 $p(x)$ をもつときは，式 (6.1) は

$$f_n(x_1, \cdots, x_n) = \prod_{i=1}^{n} f(x_i), \quad p_n(x_1, \cdots, x_n) = \prod_{i=1}^{n} p(x_i) \qquad (6.2)$$

と表すことができる．式 (6.2) より，母集団分布で高い確率 (密度) をもつ要素は，標本として選ばれる可能性が高くなることがわかる．このことは，統計的推測を行う上で 1 つの手がかりを与えてくれることになる (7.5 節参照).

6.4 標本分布

母集団分布の特性を表す定数を**母数** (parameter) とよぶ．特に，母集団分布の平

均を**母平均** (population mean)，分散を**母分散** (population variance) という．同様に，母集団分布の標準偏差を**母標準偏差** (population standard deviation) という．

【例 6.8】 $B(1,p)$ を母集団分布とするベルヌーイ母集団において，成功確率 p は母数である．この母数 p は**母比率** (population ratio) とよばれる．また，ベルヌーイ母集団の母平均は p，母分散は $p(1-p)$ である． ∎

【例 6.9】 $N(\mu, \sigma^2)$ に従う正規母集団では，μ が母平均，σ^2 が母分散である． ∎

一般に母数は未知であるため，無作為標本に基づいて母数に関する推測が行われる．その際，標本は分析目的に応じて適当な関数によって要約される．標本 $X_1, \cdots, X_n$ の関数 $T(X_1, \cdots, X_n)$ のことを，**統計量** (statistic) という．統計量の例としては，標本から求められる平均や分散

$$\bar{X} = \frac{1}{n}\sum_{i=1}^{n} X_i, \quad U^2 = \frac{1}{n-1}\sum_{i=1}^{n}(X_i - \bar{X})^2$$

などがある．$\bar{X}, U^2$ は，それぞれ**標本平均** (sample mean)，**不偏標本分散** (unbiased sample variance) とよばれる．不偏標本分散の右辺分母は n ではなく $n-1$ であることに注意しよう (例 7.2 参照)．また，標本分散の正の平方根 $U = \sqrt{U^2}$ は**標本標準偏差** (sample standard deviation) とよばれ，これもまた統計量である．

無作為標本は確率変数であるから，確率変数の関数である統計量も確率変数である (2.1 節参照)．したがって，統計量はある確率分布に従っており，この分布のことを**標本分布** (sampling distribution) という．

【例 6.10】 成功確率が p であるベルヌーイ母集団からの無作為標本を $X_1, \cdots, X_n$ とする．このとき，式 (2.14) より，統計量 $T(X_1, \cdots, X_n) = \sum_{i=1}^{n} X_i$ の標本分布は二項分布 $B(n,p)$ である． ∎

【例 6.11】 母集団分布が指数分布 $Exp(\lambda)$ であるとする．このとき，大きさ n の無作為標本 $X_1, \cdots, X_n$ から作られる統計量 $T(X_1, \cdots, X_n) = \max\{X_1, \cdots, X_n\}$ の標本分布の分布関数を $F(t)$ と表すと，式 (2.44) より

$$F(t) = (1 - e^{-\lambda t})^n, \quad t \geq 0$$

で与えられる．分布関数 $F(t)$ を t に関して微分すると，確率密度関数

$$f(t) = \frac{dF(t)}{dt} = n\lambda e^{-\lambda t}(1 - e^{-\lambda t})^{n-1}, \quad t \geq 0$$

を得る． ∎

◆問 6.2　例 6.11 における無作為標本 $X_1, \cdots, X_n$ から作られる統計量 $T(X_1, \cdots, X_n) = \min\{X_1, \cdots, X_n\}$ の標本分布を求めよ．

　統計量の中で最もよく用いられるのが標本平均である．標本平均に関しては次の定理が成り立つ．

定理 6.1　母平均 μ，母分散 σ^2 の母集団から抽出した大きさ n の無作為標本を $X_1, \cdots, X_n$ とする．このとき，標本平均 $\bar{X} = \frac{1}{n} \sum_{i=1}^{n} X_i$ に対して

$$E[\bar{X}] = \mu, \quad V[\bar{X}] = \frac{\sigma^2}{n}$$

が成り立つ．

証明　式 (3.22) 参照．　■

定理 6.2（中心極限定理）　母平均 μ，正の母分散 σ^2 の母集団から抽出した大きさ n の無作為標本を $X_1, \cdots, X_n$ とする．このとき，標本平均 $\bar{X}$ に対して

$$\frac{\sqrt{n}(\bar{X} - \mu)}{\sigma} \xrightarrow{D} N(0, 1)$$

が成り立つ．

証明　定理 3.14 参照．　■

6.5　正規母集団における標本分布

　定理 6.2 は，標本数 n が十分に大きいとき，標本平均が近似的に正規分布に従うことを意味している．しかし，正規母集団の下では，様々な統計量の標本分布を正確に導出することができる．

標本平均の分布

定理 6.3　$N(\mu, \sigma^2)$ に従う正規母集団から抽出した大きさ n の無作為標本を $X_1, \cdots, X_n$ とする．このとき

$$\bar{X} \sim N\left(\mu, \frac{\sigma^2}{n}\right)$$

が成り立つ．

証明 系 3.5 参照.

不偏標本分散の分布

定理 6.4 正規母集団 $N(\mu, \sigma^2)$ から抽出した大きさ n の無作為標本を $X_1, \cdots, X_n$ とする.このとき,標本平均 $\bar{X}$ と不偏標本分散 U^2 は独立である.

証明 無作為標本を $\boldsymbol{X} = (X_1, \cdots, X_n)^\top$ と表すと,$\boldsymbol{X} \sim N_n(\boldsymbol{\mu}, \sigma^2 I)$ である.ここで,$\boldsymbol{\mu} = (\mu, \cdots, \mu)^\top$,$I$ は n 次単位行列を表す.このとき,$\boldsymbol{A} = \left(\frac{1}{n}, \cdots, \frac{1}{n}\right)$ とすれば,$\bar{X} = \boldsymbol{A}\boldsymbol{X}$ と表すことができる.また

$$X_i - \bar{X} = -\frac{1}{n}X_1 - \cdots + \left(1 - \frac{1}{n}\right)X_i - \cdots - \frac{1}{n}X_n$$

と表されることから,n 次対称行列 $\boldsymbol{B} = (b_{ij})$ を

$$b_{ij} = \begin{cases} 1 - \frac{1}{n}, & i = j \\ -\frac{1}{n}, & i \neq j \end{cases}$$

と定義し,$\boldsymbol{B}^2 = \boldsymbol{B}$ であることに注意すれば,$U^2 = \frac{1}{n-1}\boldsymbol{X}^\top \boldsymbol{B} \boldsymbol{X}$ と表すことができる.ここで,$\boldsymbol{AB} = \boldsymbol{O}$ であるから,6.6 節の補論で示す定理 6.8 より,$\bar{X}$ と U^2 は独立である.

定理 6.5 $N(\mu, \sigma^2)$ に従う正規母集団から抽出した大きさ n の無作為標本を $X_1, \cdots, X_n$ とする.このとき

$$\frac{(n-1)U^2}{\sigma^2} = \sum_{i=1}^n \left(\frac{X_i - \bar{X}}{\sigma}\right)^2 \sim \chi^2_{n-1} \tag{6.3}$$

が成り立つ.

証明 不偏標本分散は

$$\frac{(n-1)U^2}{\sigma^2} = \sum_{i=1}^n \left(\frac{X_i - \bar{X}}{\sigma}\right)^2 = \sum_{i=1}^n \left(\frac{X_i - \mu}{\sigma} - \frac{\bar{X} - \mu}{\sigma}\right)^2$$
$$= \sum_{i=1}^n \left(\frac{X_i - \mu}{\sigma}\right)^2 - \left\{\frac{\sqrt{n}(\bar{X} - \mu)}{\sigma}\right\}^2$$

と表すことができる.ここで,定理 3.6 より右辺第 1 項は自由度 n の χ^2 分布,第 2 項は自由度 1 の χ^2 分布に従う.さらに,定理 6.4 より $\bar{X}$ と U^2 は独立であるから,6.6 節の定理 6.9 により $(n-1)U^2/\sigma^2 \sim \chi^2_{n-1}$ が示された.

標本平均と標本標準偏差の比の分布

定理 6.3 より，$N(\mu, \sigma^2)$ に従う正規母集団の標本平均 $\bar{X}$ に対して

$$\frac{\sqrt{n}(\bar{X} - \mu)}{\sigma} \sim N(0, 1)$$

が成り立つ．ここで，母標準偏差 σ を標本標準偏差 U で置き換えた

$$\frac{\sqrt{n}(\bar{X} - \mu)}{U}$$

を考える．この統計量の標本分布は次の定理によって与えられる．

定理 6.6 $N(\mu, \sigma^2)$ に従う正規母集団から抽出した大きさ n の無作為標本を $X_1, \cdots, X_n$ とする．また，$X_1, \cdots, X_n$ の標本平均を $\bar{X}$, 標本標準偏差を U で表す．このとき

$$\frac{\sqrt{n}(\bar{X} - \mu)}{U} \sim t_{n-1} \tag{6.4}$$

が成り立つ．

証明 定理 6.3 と定理 6.5 より

$$\frac{\sqrt{n}(\bar{X} - \mu)}{\sigma} \sim N(0,1), \quad \frac{(n-1)U^2}{\sigma^2} \sim \chi^2_{n-1}$$

が成り立つ．また，定理 6.4 よりこれらの統計量は独立であるから，定理 3.7 より

$$T = \frac{\sqrt{n}(\bar{X} - \mu)}{\sigma} \bigg/ \sqrt{\frac{(n-1)U^2}{(n-1)\sigma^2}} = \frac{\sqrt{n}(\bar{X} - \mu)}{U}$$

は，自由度 $n-1$ の t 分布に従うことが示された．■

標本分散の比の分布

定理 6.7 $X_1, \cdots, X_{n_x}$ を $N(\mu_x, \sigma_x^2)$ に従う正規母集団からの無作為標本, $Y_1, \cdots, Y_{n_y}$ を $N(\mu_y, \sigma_y^2)$ に従う正規母集団からの無作為標本とし，X_i と Y_j は互いに独立であると仮定する．$\{X_i\}_{i=1}^{n_x}$ と $\{Y_i\}_{i=1}^{n_y}$ の不偏標本分散をそれぞれ U_x^2, U_y^2 とする．このとき

$$\frac{U_x^2/\sigma_x^2}{U_y^2/\sigma_y^2} \sim F_{n_x-1, n_y-1} \tag{6.5}$$

となる．

証明 定理 6.5 より, U_i^2 $(i=x,y)$ に対して, $(n_i-1)U_i^2/\sigma_i^2 \sim \chi_{n_i-1}^2$ が成り立つ. U_x^2 と U_y^2 は明らかに独立であるから, 定理 3.8 より式 (6.5) を得る. ■

6.6 補論

定理 6.8 X は $X \sim N_n(\boldsymbol{\mu}, \sigma^2 I)$ に従う n 次元確率変数であるとする. また, A を $m \times n$ 行列, B を n 次対称行列であるとする. このとき, $AB = O$ ならば, AX と $X^\top BX$ は独立である.

この定理の証明は本書の範囲を超えている. 証明の詳細については, 例えば岩田 (1983) を参照のこと.

定理 6.9 (χ^2 分布の逆再生性) W_1, W_2 を

$$W_1 \sim \chi_{m_1}^2, \quad W = W_1 + W_2 \sim \chi_m^2, \quad m > m_1$$

に従う互いに独立な確率変数とする. このとき

$$W_2 \sim \chi_{m-m_1}^2$$

が成り立つ.

証明 W, W_1, W_2 の積率母関数をそれぞれ, $m_W(t)$, $m_{W_1}(t)$, $m_{W_2}(t)$ と表す. 式 (2.79) より, $t < \frac{1}{2}$ のとき

$$m_{W_1}(t) = (1-2t)^{-\frac{m_1}{2}}, \quad m_W(t) = (1-2t)^{-\frac{m}{2}}$$

を得る. また, W_1 と W_2 の独立性から $m_W(t) = m_{W_1}(t) m_{W_2}(t)$ が成り立つので

$$m_{W_2}(t) = \frac{m_W(t)}{m_{W_1}(t)} = (1-2t)^{-\frac{m-m_1}{2}}, \quad t < \frac{1}{2}$$

を得る. 式 (2.79) より, $W_2 \sim \chi_{m-m_1}^2$ が示された. ■

7

統 計 的 推 定

7.1 統計的推定とは

　統計的推測においては，得られたデータに基づいて未知の母数に関する推測を行う．この推測には，大きく分けて 2 つの考え方がある．その 1 つは，データに基づいて未知の母数の値を知ることを目的とする**統計的推定** (statistical estimation) であり，もう 1 つは，未知の母数についての 2 つの仮説を想定し，データに基づいてそれら 2 つの仮説いずれを採択するかを判定する**統計的検定** (statistical test) である．この章では，統計的推定の理論と方法について述べ，統計的検定については第 8 章で取り上げる．

　未知母数の値を知ることを目的とする統計的推定にも 2 つの考え方がある．1 つは未知母数の値を 1 点の値によって推定する**点推定** (point estimation) であり，もう 1 つは未知母数の値が存在すると考えられる範囲 (区間) を推定する**区間推定** (interval estimation) である．

　例えば，標本調査に基づいて，成人男性全体の平均身長を推定することを考えてみよう．100 人の成人男性を無作為に選び身長を調べたところ，平均値 171 cm の結果を得たとする．この結果から，成人男性全体の平均身長を 171 cm という 1 つの値 ($\mathbb{R}_+$ 上の 1 点) によって推定し，「成人男性の平均身長は 171 cm と推定される」と結論付けることが考えられる．これが点推定の考え方である．一方，「成人男性の平均身長は 170 cm 以上 172 cm 以下であると推定される」というように，成人男性全体の平均身長が存在すると推定される範囲 ($\mathbb{R}_+$ 上の区間) を求めることが考えられる．これが区間推定の考え方である．この章ではまず点推定について述べ，その後に区間推定について述べる．

7.2 推定量とその性質

母集団から無作為抽出された標本の値 $x_1,\cdots,x_n$ は,互いに独立に同一の母集団分布に従う確率変数 $X_1,\cdots,X_n$ の実現値である.母数 θ が未知のとき,それを推定するために用いられる統計量 $\hat{\theta}=\hat{\theta}(X_1,\cdots,X_n)$ を母数 θ の**推定量** (estimator) という.ここで,推定量 $\hat{\theta}=\hat{\theta}(X_1,\cdots,X_n)$ は確率変数 $X_1,\cdots,X_n$ の関数であり,したがって $\hat{\theta}$ は確率変数であることに注意する必要がある.確率変数 $X_1,\cdots,X_n$ の実現値 $x_1,\cdots,x_n$ を推定量 $\hat{\theta}(X_1,\cdots,X_n)$ に代入して得られる具体的な値 $\hat{\theta}(x_1,\cdots,x_n)$ を,θ の**推定値** (estimate) という.すなわち,推定値とは推定量 $\hat{\theta}(X_1,\cdots,X_n)$ の実現値である.

不偏推定量

母数 θ の推定値を得るためには,推定量としてどのような統計量を用いるかということが重要である.そこで,推定量がどのような性質をもつことが望ましいかを考えよう.母数 θ の推定量を $\hat{\theta}$ とするとき

$$E[\hat{\theta}] - \theta$$

を推定量 $\hat{\theta}$ の**偏り**または**バイアス** (bias) という.すなわち,推定量 $\hat{\theta}$ を用いて θ の推定値を求める手続きを何度も繰り返した際に,得られた推定値の平均値と θ の値との隔たりがバイアスである.したがって,推定量としてはこのような隔たりが生じないものが望ましい.

定義 7.1 母数 θ の推定量 $\hat{\theta}$ のバイアスが 0,すなわち $E[\hat{\theta}]=\theta$ であるとき,推定量 $\hat{\theta}$ は θ の**不偏推定量** (unbiased estimator) であるという.

【例 7.1】 母集団分布の平均 (母平均) μ が未知であり,$X_1,\cdots,X_n$ をこの母集団分布からの無作為標本とする.μ の推定量として

$$\hat{\mu} = \sum_{i=1}^{n} w_i X_i$$

を考える.ただし,$w_1,\cdots,w_n$ を定数とする.$\hat{\mu}$ は各 X_i に対して**重み**(weight) w_i を与えた平均であり,**標本加重平均** (sample weighted mean) とよばれる.特に,重みを

$w_1 = \cdots = w_n = 1/n$ とした場合には,標本加重平均 $\hat{\mu}$ は,標本平均 $\bar{X} = \frac{1}{n}\sum_{i=1}^{n} X_i$ に一致する.

標本加重平均 $\hat{\mu}$ のバイアスは

$$E[\hat{\mu}] - \mu = E\left[\sum_{i=1}^{n} w_i X_i\right] - \mu = \sum_{i=1}^{n} w_i E[X_i] - \mu = \mu\left(\sum_{i=1}^{n} w_i - 1\right)$$

であるから,$\hat{\mu}$ が μ の不偏推定量であるための必要十分条件は,重みが $\sum_{i=1}^{n} w_i = 1$ を満たすことである.$w_1 = \cdots = w_n = 1/n$ はこの条件を満たすので,標本平均 $\bar{X}$ は母平均 μ の不偏推定量である.この他にも,$w_1 = 1, w_2 = \cdots = w_n = 0$ の場合や $w_1 = 2, w_2 = -1, w_3 = \cdots = w_n = 0$ の場合なども不偏推定量となる.このように,推定量の望ましい性質として不偏性のみを考慮しただけでは様々な推定量が考えられるため,その中でどの推定量を用いるべきかを判断できない. ∎

【例 7.2】 母平均を μ, 母分散を σ^2 とし,これらはいずれも未知であるとする.$X_1, \cdots, X_n$ を無作為標本とするとき,標本分散 $S^2 = \frac{1}{n}\sum_{i=1}^{n}(X_i - \bar{X})^2$ は σ^2 の不偏推定量であろうか.

$$\begin{aligned}
E[S^2] &= E\left[\frac{1}{n}\sum_{i=1}^{n}(X_i - \bar{X})^2\right] = \frac{1}{n}\sum_{i=1}^{n} E\left[(X_i - \bar{X})^2\right] \\
&= \frac{1}{n}\sum_{i=1}^{n} E\left[(X_i - \mu - \bar{X} + \mu)^2\right] \\
&= \frac{1}{n}\sum_{i=1}^{n} E\left[(X_i - \mu)^2 + (\bar{X} - \mu)^2 - 2(X_i - \mu)(\bar{X} - \mu)\right] \\
&= \frac{1}{n}\sum_{i=1}^{n} E\left[(X_i - \mu)^2\right] - E\left[(\bar{X} - \mu)^2\right] \\
&= \frac{1}{n}\sum_{i=1}^{n} V[X_i] - V[\bar{X}] = \sigma^2 - \frac{\sigma^2}{n} = \frac{n-1}{n}\sigma^2
\end{aligned}$$

であるから,S^2 は $E[S^2] - \sigma^2 = -\sigma^2/n < 0$ のバイアスをもつ.そこで

$$U^2 = \frac{n}{n-1}S^2 = \frac{1}{n-1}\sum_{i=1}^{n}(X_i - \bar{X})^2 \tag{7.1}$$

とおくと,$E[U^2] = \sigma^2$ であり,U^2 は σ^2 の不偏推定量である.U^2 は**不偏標本分散** (unbiased sample variance) とよばれる. ∎

【例 7.3】 例 7.2 では,母集団分布として特定の分布を仮定していなかったが,ここでは母集団分布が $N(\mu, \sigma^2)$ であることを仮定する.このように仮定しても,不偏標本分散 U^2 はやはり σ^2 の不偏推定量である.では,$U = \sqrt{U^2}$ は母標準偏差 $\sigma = \sqrt{\sigma^2}$ の不偏推定量であろうか.$(U - \sigma)^2 \geq 0$ より,不等式

7.2 推定量とその性質   113

$$U \leq \frac{U^2}{2\sigma} + \frac{\sigma}{2}$$

が成り立ち,等号成立は $U = \sigma$ のときに限る.U は連続型確率変数であるから,2.3 節で示したように,等号成立の確率は 0 であることに注意して,この不等式の両辺の期待値を取ると

$$E[U] < \frac{E[U^2]}{2\sigma} + \frac{\sigma}{2} = \sigma$$

を得る.したがって,U は σ の不偏推定量ではない.

$Y = (n-1)U^2/\sigma^2$ とおくと,定理 6.5 より,Y は自由度 $n-1$ の χ^2 分布に従う.$U = \sigma\sqrt{Y}/\sqrt{n-1}$ の両辺の期待値を取ると,期待値の一致性と式 (2.30) より

$$E[U] = \frac{\sigma}{\sqrt{n-1}} E\left[\sqrt{Y}\right] = \frac{\sigma}{\sqrt{n-1}} \int_0^\infty \frac{1}{2^{\frac{n-1}{2}} \Gamma\left(\frac{n-1}{2}\right)} y^{\frac{n}{2}-1} e^{-\frac{y}{2}} dy$$

$$= \frac{\sqrt{2}\sigma}{\sqrt{n-1}\,\Gamma\left(\frac{n-1}{2}\right)} \int_0^\infty x^{\frac{n}{2}-1} e^{-x} dx = \frac{\sqrt{2}\,\Gamma\left(\frac{n}{2}\right)}{\sqrt{n-1}\,\Gamma\left(\frac{n-1}{2}\right)} \times \sigma \quad (7.2)$$

を得る.ここで,変数変換 $x := y/2$ を用いた.したがって

$$U^\circ \equiv \frac{\sqrt{n-1}\,\Gamma\left(\frac{n-1}{2}\right)}{\sqrt{2}\,\Gamma\left(\frac{n}{2}\right)} \times U \quad (7.3)$$

とおくと,U° は母標準偏差 σ の不偏推定量である.∎

◆問 **7.1** $X_1, \cdots, X_n$ をパラメータ p のベルヌーイ分布からの無作為標本とするとき,$\bar{X} = \frac{1}{n}\sum_{i=1}^n X_i$ がパラメータ p の不偏推定量であることを示せ.

◆問 **7.2** $X_1, \cdots, X_n$ を区間 $[0, \theta]$ 上の一様分布からの無作為標本とする.$\hat{\theta}_1 = 2\bar{X} = \frac{2}{n}\sum_{i=1}^n X_i$ がパラメータ θ の不偏推定量であることを示せ.また,$X_{(n)} = \max(X_1, \cdots, X_n)$ とするとき,$\hat{\theta}_2 = (n+1)X_{(n)}/n$ がパラメータ θ の不偏推定量であることを示せ.

平均二乗誤差

一般に,推定量 $\hat{\theta}$ を母数 θ の推定量とするとき,$\hat{\theta}$ は確率変数である.したがって常に母数 θ を精度よく推定できるとは限らず,推定誤差を考慮しなければならない.そこで,推定量 $\hat{\theta}$ の平均的な推定誤差を評価する指標として**平均二乗誤差** (MSE; mean squared error)

$$E[(\hat{\theta} - \theta)^2]$$

を用いて,平均二乗誤差が小さい推定量ほど望ましい推定量であると考えることにする.平均二乗誤差は

$$E[(\hat{\theta} - \theta)^2] = E[\{(\hat{\theta} - E[\hat{\theta}]) + (E[\hat{\theta}] - \theta)\}^2]$$
$$= E[(\hat{\theta} - E[\hat{\theta}])^2] + (E[\hat{\theta}] - \theta)^2$$

と分解され,右辺第 1 項 $E[(\hat{\theta} - E[\hat{\theta}])^2]$ は $\hat{\theta}$ の分散であり,第 2 項 $(E[\hat{\theta}] - \theta)^2$ は $\hat{\theta}$ のバイアスの 2 乗である.もし $\hat{\theta}$ が不偏推定量ならば,$\hat{\theta}$ の平均二乗誤差は分散に一致する.したがって,考慮する推定量のクラスを不偏推定量に限定すれば,分散の小さな推定量ほど望ましい推定量ということになる.

【例 7.4】 例 7.1 の推定量 $\hat{\mu}$ を考える.重み $w_1, \cdots, w_n$ が $\sum_{i=1}^n w_i = 1$ を満たすとき,推定量 $\hat{\mu}$ は母平均 μ の不偏推定量である.このとき,$\hat{\mu}$ の分散を最小化することを考えよう.母集団分布の分散を σ^2 とするとき,$V[\hat{\mu}]$ は

$$V[\hat{\mu}] = V\left[\sum_{i=1}^n w_i X_i\right] = \sum_{i=1}^n w_i^2 V[X_i] = \sigma^2 \sum_{i=1}^n w_i^2$$

により与えられる.したがって,$\sum_{i=1}^n w_i = 1$ の条件の下で,$\sum_{i=1}^n w_i^2$ が最小となるように重み $w_1, \cdots, w_n$ を定めれば,最も望ましい標本加重平均が得られる.

$$0 \leq \sum_{i=1}^n \left(w_i - \frac{1}{n}\right)^2 = \sum_{i=1}^n w_i^2 - \frac{2}{n} \sum_{i=1}^n w_i + \frac{1}{n} = \sum_{i=1}^n w_i^2 - \frac{1}{n}$$

より,$\sum_{i=1}^n w_i = 1$ のとき $\sum_{i=1}^n w_i^2 \geq \frac{1}{n}$ であり,等号成立は $w_1 = \cdots = w_n = 1/n$ の場合に限る.したがって,最も望ましい標本加重平均は重みを $w_1 = \cdots = w_n = 1/n$ とした場合,すなわち,標本平均 $\bar{X} = \frac{1}{n} \sum_{i=1}^n X_i$ である.∎

◆問 7.3 $X_1, \cdots, X_n$ を $N(10, \sigma^2)$ からの無作為標本とし,母分散 σ^2 の推定量として $S_0^2 = \frac{1}{n} \sum_{i=1}^n (X_i - 10)^2$ を考える.このとき,S_0^2 が母分散 σ^2 の不偏推定量であることを示せ.また,$U^2 = \frac{1}{n-1} \sum_{i=1}^n (X_i - \bar{X})^2$ とおくとき,U^2 も σ^2 の不偏推定量であるが (例 7.2 参照),S_0^2 と U^2 のいずれが σ^2 の推定量として望ましいか調べよ.

◆問 7.4 問 7.2 の推定量 $\hat{\theta}_1$ と $\hat{\theta}_2$ のいずれが母数 θ の推定量として望ましいかを調べよ.

7.3 有効推定量

例 7.1 のように,ある母数の不偏推定量がいくつも存在する場合がある.そこで,平均二乗誤差を基準として,分散の小さな不偏推定量ほど望ましいと考えた.では,ある不偏推定量が与えられたとき,それよりも分散の小さな不偏推定量が

存在しないことをどのように確認すればよいだろうか. そのためには, 次の定理が有効であることが多い.

定理 7.1（クラメル・ラオの不等式 (Cramér-Rao inequality)） 母数 θ をもつ母集団分布の確率密度関数 (あるいは確率関数) を $f(x;\theta)$ とする. $X_1,\cdots,X_n$ をこの母集団分布からの無作為標本とし

$$I(\theta) = E\left[\left\{\frac{\partial \log f(X_i;\theta)}{\partial \theta}\right\}^2\right] \tag{7.4}$$

とおく. このとき, ある正則条件の下で, 母数 θ の任意の不偏推定量 $\hat{\theta} = \hat{\theta}(X_1,\cdots,X_n)$ に対して, 不等式

$$V[\hat{\theta}] \geq \frac{1}{nI(\theta)} \tag{7.5}$$

が成り立つ.

証明 $f(x;\theta)$ は確率密度関数であるから, 任意の θ に対して

$$\int_{-\infty}^{\infty} f(x;\theta)dx = 1 \tag{7.6}$$

が成り立つ. 式 (7.6) の両辺を θ で偏微分し, 微分と積分の順序の交換が可能であると仮定すると

$$\int_{-\infty}^{\infty} \frac{\partial f(x;\theta)}{\partial \theta} dx = 0$$

を得る. これより, $i=1,\cdots,n$ に対して

$$\begin{aligned} E\left[\frac{\partial \log f(X_i;\theta)}{\partial \theta}\right] &= \int_{-\infty}^{\infty} \frac{\partial \log f(x;\theta)}{\partial \theta} f(x;\theta)dx \\ &= \int_{-\infty}^{\infty} \frac{\partial f(x;\theta)}{\partial \theta} dx = 0 \end{aligned} \tag{7.7}$$

が成り立つ. また, $\hat{\theta} = \hat{\theta}(X_1,\cdots,X_n)$ は θ の不偏推定量であるから

$$\theta = E\left[\hat{\theta}(X_1,\cdots,X_n)\right] = \int_{-\infty}^{\infty}\cdots\int_{-\infty}^{\infty} \hat{\theta}(x_1,\cdots,x_n) \prod_{i=1}^{n} f(x_i;\theta)\, dx_1\cdots dx_n$$

が成り立つ. そこで, この両辺を θ で偏微分すると

$$1 = \frac{\partial}{\partial \theta}\int_{-\infty}^{\infty}\cdots\int_{-\infty}^{\infty} \hat{\theta}(x_1,\cdots,x_n) \prod_{i=1}^{n} f(x_i;\theta)dx_1\cdots dx_n$$

を得る. ここで再び, この右辺の微分と積分の順序交換が可能であることを仮定すると

$$
\begin{aligned}
1 &= \int_{-\infty}^{\infty} \cdots \int_{-\infty}^{\infty} \hat{\theta}(x_1, \cdots, x_n) \frac{\partial \prod_{i=1}^{n} f(x_i; \theta)}{\partial \theta} dx_1 \cdots dx_n \\
&= \int_{-\infty}^{\infty} \cdots \int_{-\infty}^{\infty} \hat{\theta}(x_1, \cdots, x_n) \frac{\partial \log\{\prod_{i=1}^{n} f(x_i; \theta)\}}{\partial \theta} \prod_{i=1}^{n} f(x_i; \theta) dx_1 \cdots dx_n \\
&= E\left[\hat{\theta}(X_1, \cdots, X_n) \times \frac{\partial L(\theta; X_1, \cdots, X_n)}{\partial \theta}\right] \quad (7.8)
\end{aligned}
$$

が成り立つ. ただし, $L(\theta; X_1, \cdots, X_n) = \sum_{i=1}^{n} \log f(X_i; \theta)$ とする. ところで, 式 (7.7) より

$$
E\left[\frac{\partial L(\theta; X_1, \cdots, X_n)}{\partial \theta}\right] = \sum_{i=1}^{n} E\left[\frac{\partial \log f(X_i; \theta)}{\partial \theta}\right] = 0
$$

であるから, 式 (7.8) の右辺は $\hat{\theta}(X_1, \cdots, X_n)$ と $\partial L(\theta; X_1, \cdots, X_n)/\partial \theta$ の共分散に等しい. したがって

$$
C\left[\hat{\theta}(X_1, \cdots, X_n), \frac{\partial L(\theta; X_1, \cdots, X_n)}{\partial \theta}\right] = 1
$$

が成り立つ. 相関係数の絶対値は 1 以下 (定理 2.17 参照) であるから

$$
1 \leq V[\hat{\theta}] \times V\left[\frac{\partial L(\theta; X_1, \cdots, X_n)}{\partial \theta}\right] \quad (7.9)
$$

が成り立つ. この右辺第 2 項を

$$
\begin{aligned}
V\left[\frac{\partial L(\theta; X_1, \cdots, X_n)}{\partial \theta}\right] &= V\left[\sum_{i=1}^{n} \frac{\partial \log f(X_i; \theta)}{\partial \theta}\right] \\
&= nV\left[\frac{\partial \log f(X_i; \theta)}{\partial \theta}\right] = nI(\theta) \quad (7.10)
\end{aligned}
$$

と書くことができて, 式 (7.10) を式 (7.9) に代入することにより不等式 (7.5) を得る. ∎

クラメル・ラオの不等式 (7.5) は, 不偏推定量の分散の下限が $1/\{nI(\theta)\}$ で与えられることを示している. したがって, ある不偏推定量の分散がこの限界に一致するならば, その不偏推定量が「最も望ましい」と考えられる.

7.3 有効推定量

定義 7.2 母数 θ の不偏推定量 $\hat{\theta}$ の分散が,クラメル・ラオの不等式 (7.5) の下限 $1/\{nI(\theta)\}$ に一致するとき,$\hat{\theta}$ を θ の**有効推定量** (efficient estimator) という.また,$I(\theta)$ を**フィッシャー情報量** (Fisher information) という.

$\partial \log f(x;\theta)/\partial\theta$ を θ に関してもう一度偏微分すると

$$\frac{\partial^2 \log f(x;\theta)}{\partial\theta^2} = \frac{\partial}{\partial\theta}\left\{\frac{\partial f(x;\theta)/\partial\theta}{f(x;\theta)}\right\} = \frac{\partial^2 f(x;\theta)/\partial\theta^2}{f(x;\theta)} - \left\{\frac{\partial \log f(x;\theta)}{\partial\theta}\right\}^2$$

を得る.これより,フィッシャー情報量 $I(\theta)$ を

$$\begin{aligned} I(\theta) &= E\left[\left\{\frac{\partial \log f(X_i;\theta)}{\partial\theta}\right\}^2\right] = \int_{-\infty}^{\infty}\left\{\frac{\partial \log f(x;\theta)}{\partial\theta}\right\}^2 f(x;\theta)dx \\ &= \int_{-\infty}^{\infty}\frac{\partial^2 f(x;\theta)}{\partial\theta^2}dx - \int_{-\infty}^{\infty}\frac{\partial^2 \log f(x;\theta)}{\partial\theta^2}f(x;\theta)dx \\ &= \int_{-\infty}^{\infty}\frac{\partial^2 f(x;\theta)}{\partial\theta^2}dx + E\left[-\frac{\partial^2 \log f(X_i;\theta)}{\partial\theta^2}\right] \end{aligned}$$

と表すことができる.ここで,微分と積分の交換が可能であることを仮定すると,右辺第 1 項は

$$\int_{-\infty}^{\infty}\frac{\partial^2 f(x;\theta)}{\partial\theta^2}dx = \frac{\partial^2}{\partial\theta^2}\int_{-\infty}^{\infty}f(x;\theta)dx = \frac{\partial^2}{\partial\theta^2}1 = 0$$

となる.したがって,フィッシャー情報量 $I(\theta)$ を

$$I(\theta) = E\left[-\frac{\partial^2 \log f(X_i;\theta)}{\partial\theta^2}\right] \tag{7.11}$$

と表現できる.

【例 7.5】 $X_1,\cdots,X_n$ を $N(\mu,1)$ からの無作為標本とする.このとき,標本平均 $\bar{X}$ が母平均 μ の有効推定量であることを示そう.母集団分布の確率密度関数

$$f(x;\mu) = \frac{1}{\sqrt{2\pi}}\exp\left\{-\frac{(x-\mu)^2}{2}\right\}$$

より,$\partial^2 \log f(x;\mu)/\partial\mu^2 = -1$ を得る.したがって,フィッシャー情報量は

$$I(\mu) = E\left[-\frac{\partial^2 \log f(X_i;\mu)}{\partial\mu^2}\right] = 1$$

となる.クラメル・ラオの不等式より,母平均 μ の任意の不偏推定量の分散は $1/\{nI(\mu)\} = 1/n$ 以上である.一方,標本平均 $\bar{X}$ の分散は $1/n$ である.したがって,標本平均 $\bar{X}$ は有効推定量である. ∎

◆問 7.5　$X_1, \cdots, X_n$ をパラメータ p のベルヌーイ分布からの無作為標本とする．このとき，標本平均 $\bar{X}$ が母数 p の有効推定量であることを示せ．

◆問 7.6　$X_1, \cdots, X_n$ を $N(10, \sigma^2)$ からの無作為標本とし，母分散 σ^2 は未知であるとする．このとき，$S_0^2 = \frac{1}{n}\sum_{i=1}^{n}(X_i - 10)^2$ が σ^2 の有効推定量であることを示せ．

7.4　一致推定量

この節では，標本数 n が増加していくときの推定量の漸近的性質について考えよう．標本数を明示するために添字 n を付けて，母数 θ の推定量を $\hat{\theta}_n$ と書くことにする．

推定量 $\hat{\theta}_n$ を用いて母数 θ を点推定する際の推定誤差は $|\hat{\theta}_n - \theta|$ である．推定誤差として許容できる限界を $\varepsilon\,(>0)$ とするとき，ε を超える推定誤差が生じる確率 $P\{|\hat{\theta}_n - \theta| > \varepsilon\}$ は，標本数 n が大きいとき 0 に近いことが望まれる．そこで，次のように定義する．

定義 7.3　母数 θ の推定量を $\hat{\theta}_n$ とする．任意の $\varepsilon > 0$ に対して

$$\lim_{n\to\infty} P\{|\hat{\theta}_n - \theta| > \varepsilon\} = 0$$

が成り立つとき，すなわち $\hat{\theta}_n$ が θ に確率収束するとき，$\hat{\theta}_n$ を θ の**一致推定量** (consistent estimator) という．

命題 7.2　母数 θ の推定量 $\hat{\theta}_n$ が条件

$$\lim_{n\to\infty} E[\hat{\theta}_n] = \theta, \quad \lim_{n\to\infty} V[\hat{\theta}_n] = 0 \tag{7.12}$$

を満たすならば，$\hat{\theta}_n$ は θ の一致推定量である．

証明　任意の $\varepsilon > 0$ に対して，$A(\varepsilon) = \{|\hat{\theta}_n - \theta| > \varepsilon\}$ とおく．このとき

$$\begin{aligned}
P\{|\hat{\theta}_n - \theta| > \varepsilon\} &= E[\mathbf{1}_{A(\varepsilon)}] \\
&\leq E\left[\frac{(\hat{\theta}_n - \theta)^2}{\varepsilon^2}\mathbf{1}_{A(\varepsilon)}\right] = \frac{1}{\varepsilon^2}E\left[(\hat{\theta}_n - \theta)^2\mathbf{1}_{A(\varepsilon)}\right] \\
&\leq \frac{1}{\varepsilon^2}E\left[(\hat{\theta}_n - \theta)^2\right] = \frac{1}{\varepsilon^2}\left\{V[\hat{\theta}_n] + (E[\hat{\theta}_n] - \theta)^2\right\}
\end{aligned}$$

より，条件 (7.12) を満たすならば $\lim_{n\to\infty} P\{|\hat{\theta}_n - \theta| > \varepsilon\} = 0$ が成り立つ．∎

系 7.3 $\hat{\theta}_n$ が母数 θ の不偏推定量であるとき，$\lim_{n\to\infty} V[\hat{\theta}_n] = 0$ であれば $\hat{\theta}_n$ は θ の一致推定量である．

【例 7.6】 $X_1, \cdots, X_n$ を母平均 μ, 母分散 σ^2 の母集団分布からの無作為標本とし，標本平均を $\bar{X} = \frac{1}{n}\sum_{i=1}^{n} X_i$ とする．$\bar{X}$ は不偏推定量であり

$$\lim_{n\to\infty} V[\bar{X}] = \lim_{n\to\infty} \frac{\sigma^2}{n} = 0$$

であるから，系 7.3 より，$\bar{X}$ は母平均 μ の一致推定量である． ∎

【例 7.7】 $X_1, \cdots, X_n$ を $N(\mu, \sigma^2)$ からの無作為標本とするとき，標本分散 $S^2 = \frac{1}{n}\sum_{i=1}^{n}(X_i - \bar{X})^2$ が母分散 σ^2 の一致推定量であることを示そう．nS^2/σ^2 が自由度 $n-1$ の χ^2 分布に従うことから

$$E[S^2] = \frac{n-1}{n}\sigma^2, \quad V[S^2] = \frac{2(n-1)}{n^2}\sigma^4$$

を得る．これより

$$\lim_{n\to\infty} E[S^2] = \lim_{n\to\infty} \frac{n-1}{n}\sigma^2 = \sigma^2, \quad \lim_{n\to\infty} V[S^2] = \lim_{n\to\infty} \frac{2(n-1)}{n^2}\sigma^4 = 0$$

となり，命題 7.2 より，S^2 は σ^2 の一致推定量である． ∎

◆**問 7.7** 例 7.7 と同じ条件の下で，不偏標本分散 $U^2 = \frac{1}{n-1}\sum_{i=1}^{n}(X_i - \bar{X})^2$ が母分散 σ^2 の一致推定量であることを示せ．

◆**問 7.8** 問 7.2 の推定量 $\hat{\theta}_1$ と $\hat{\theta}_2$ がいずれもパラメータ θ の一致推定量であることを示せ．

7.5 最 尤 法

$X_1, \cdots, X_n$ をパラメータ θ のベルヌーイ分布からの無作為標本とする．すなわち，ある試行を行ったときにある事象 A の起こる確率を θ とし，この試行を独立に n 回行い，$i = 1, \cdots, n$ に対して

$$X_i = \begin{cases} 1, & i\text{ 回目の試行で事象 } A \text{ が起こったとき} \\ 0, & i\text{ 回目の試行で事象 } A \text{ が起こらなかったとき} \end{cases}$$

と定義する．このとき，母数 θ の推定量として，標本平均 $\hat{\theta} = \bar{X} = \frac{1}{n}\sum_{i=1}^{n} X_i$ (n 回の試行中で事象 A の起こった比率) を用いることが自然であると考えられる．実際，問 7.5 より，この推定量は θ の有効推定量である．

しかし，一般の母数推定問題において，必ずしもこのように直観的に合理的な推定量を導けるとは限らない．例えば，パラメータ λ の指数分布 $Exp(\lambda)$ から無作為標本を抽出した際に，どのような推定量に基づいて未知母数 λ を点推定すればよいだろうか．この節では，合理的な推定量を発見するための一般的方法である**最尤法** (maximum likelihood method) について説明する．

尤度関数

ベルヌーイ試行の例に戻ろう．確率変数 X_i は 0 または 1 の値を取る離散確率変数であり，その確率関数は

$$p(x) = P\{X_i = x\} = \theta^x (1-\theta)^{1-x}, \quad x = 0, 1$$

で与えられる．$X_1, \cdots, X_n$ は独立であるから，これらの同時確率関数は

$$p(x_1, \cdots, x_n) = P\{X_1 = x_1, \cdots, X_n = x_n\} = \prod_{i=1}^{n} p(x_i) = \theta^x (1-\theta)^{n-x}$$

となる．ただし，$x = \sum_{i=1}^{n} x_i$ とする．この同時確率は，$X_1 = x_1, \cdots, X_n = x_n$ というデータが得られる確率を示している．では，この確率を最大にする母数 θ の値，すなわち，$X_1 = x_1, \cdots, X_n = x_n$ というデータを最も発生させやすい θ の値はどのような値だろうか．

同時確率関数 $p(x_1, \cdots, x_n) = \theta^x (1-\theta)^{n-x}$ を，x を定数とみなし θ の関数と考えて，$l(\theta) = \theta^x (1-\theta)^{n-x}$ とおき，これを最大にする θ を求めてみよう．

$$L(\theta) = \log l(\theta) = \log\{\theta^x (1-\theta)^{n-x}\} = x \log \theta + (n-x) \log(1-\theta)$$

とおくとき，$l(\theta)$ を最大化することと $L(\theta)$ を最大化することは同値である．そこで，$L(\theta)$ を最大化する θ の値を求めよう．$L(\theta)$ を θ に関して微分すると

$$L'(\theta) = \frac{dL(\theta)}{d\theta} = \frac{x}{\theta} - \frac{n-x}{1-\theta}$$

となるので，$L'(\theta) = 0$ より $\theta = x/n$ を得る．$0 < \theta < 1$, $x = 0, \cdots, n$ に対して $L''(\theta) < 0$ が成り立つので (確かめよ)，$L(\theta)$ は $\theta = x/n$ で最大となる．すなわち，$X_1 = x_1, \cdots, X_n = x_n$ というデータを最も発生させやすい θ の値は，$\theta = x/n = \frac{1}{n} \sum_{i=1}^{n} x_i$ である．そこで，実現値 $x_1, \cdots, x_n$ を確率変数 $X_1, \cdots, X_n$

で置き換えたものを $\hat{\theta}$ とすると，$\hat{\theta} = \bar{X} = \frac{1}{n}\sum_{i=1}^{n} X_i$ を得る．このようにして，この節の冒頭で与えた合理的な推定量 $\hat{\theta}$ を導くことができた．以上の手続きを一般化して，次のように定義する．

定義 7.4（尤度関数と最尤推定量） 未知母数 θ をもつ母集団分布の確率密度関数（あるいは確率関数）を $f(x;\theta)$ とする．このとき，この母集団から抽出された無作為標本 $X_1,\cdots,X_n$ の同時密度関数（あるいは同時確率関数）は

$$f(x_1,\cdots,x_n;\theta) = \prod_{i=1}^{n} f(x_i;\theta)$$

で与えられる．これを，$x_1,\cdots,x_n$ は定数とみなし母数 θ の関数と考えて

$$l(\theta;x_1,\cdots,x_n) = \prod_{i=1}^{n} f(x_i;\theta)$$

とおく．$l(\theta;x_1,\cdots,x_n)$ を母数 θ に関する**尤度関数** (likelihood function) という．尤度関数 $l(\theta;x_1,\cdots,x_n)$ を最大にする θ の値を，$x_1,\cdots,x_n$ の関数として $\hat{\theta} = \hat{\theta}(x_1,\cdots,x_n)$ とするとき，$\hat{\theta} = \hat{\theta}(X_1,\cdots,X_n)$ を，母数 θ の**最尤推定量** (MLE; maximum likelihood estimator) という．

尤度関数 $l(\theta;x_1,\cdots,x_n)$ に対し，その対数

$$L(\theta;x_1,\cdots,x_n) = \log\{l(\theta;x_1,\cdots,x_n)\} = \sum_{i=1}^{n} \log f(x_i;\theta) \tag{7.13}$$

を**対数尤度関数** (log likelihood function) という．尤度関数を最大化することと対数尤度関数を最大化することは同値であるから，対数尤度関数を最大化することによって最尤推定量を導出できる．

【例 7.8】 母集団分布がパラメータ λ の指数分布 $Exp(\lambda)$ の場合に，未知母数 λ の最尤推定量を求めてみよう．$X_1,\cdots,X_n$ を指数分布 $Exp(\lambda)$ からの無作為標本とする．$i=1,\cdots,n$ に対して，X_i の確率密度関数は $f(x_i;\lambda) = \lambda e^{-\lambda x_i}$ であるから，$X_1,\cdots,X_n$ の同時確率密度関数は

$$f(x_1,\cdots,x_n;\lambda) = \prod_{i=1}^{n} f(x_i;\lambda) = \lambda^n \exp\left\{-\lambda \sum_{i=1}^{n} x_i\right\}$$

で与えられる．これを λ の関数と考えて，λ に関する尤度関数を

$$l(\lambda; x_1, \cdots, x_n) = \lambda^n \exp\left\{-\lambda \sum_{i=1}^{n} x_i\right\}$$

とおき，対数尤度関数を

$$L(\lambda; x_1, \cdots, x_n) = \log l(\lambda; x_1, \cdots, x_n) = n \log \lambda - \lambda \sum_{i=1}^{n} x_i$$

とおく．そこで，この対数尤度関数を λ に関して最大化することを考える．対数尤度関数 $L(\lambda; x_1, \cdots, x_n)$ を λ に関して偏微分すると

$$\frac{\partial L(\lambda; x_1, \cdots, x_n)}{\partial \lambda} = \frac{n}{\lambda} - \sum_{i=1}^{n} x_i$$

を得る．これより，対数尤度関数が $\lambda = n/\sum_{i=1}^{n} x_i$ で最大となることがわかる．ここで，実現値 $x_1, \cdots, x_n$ を確率変数 $X_1, \cdots, X_n$ で置き換えることにより，λ の最尤推定量

$$\hat{\lambda} = \frac{n}{\sum_{i=1}^{n} X_i} = \frac{1}{\bar{X}}$$

が得られる．ただし，$\bar{X} = \frac{1}{n} \sum_{i=1}^{n} X_i$ とする． ∎

【例 7.9】 $X_1, \cdots, X_n$ を $N(\mu, 1)$ からの無作為標本とするとき，母平均 μ の最尤推定量を導出しよう．X_i の確率密度関数は

$$f(x_i; \mu) = (2\pi)^{-\frac{1}{2}} \exp\left\{-\frac{1}{2}(x_i - \mu)^2\right\}$$

である．$X_1, \cdots, X_n$ は独立であるから，これらの同時確率密度関数は

$$f(x_1, \cdots, x_n; \mu) = \prod_{i=1}^{n} f(x_i; \mu) = (2\pi)^{-\frac{n}{2}} \exp\left\{-\frac{1}{2} \sum_{i=1}^{n} (x_i - \mu)^2\right\}$$

で与えられる．よって，母平均 μ に関する尤度関数は

$$l(\mu; x_1, \cdots, x_n) = (2\pi)^{-\frac{n}{2}} \exp\left\{-\frac{1}{2} \sum_{i=1}^{n} (x_i - \mu)^2\right\}$$

となり，対数尤度関数は

$$L(\mu; x_1, \cdots, x_n) = \log\{l(\mu; x_1, \cdots, x_n)\} = -\frac{n}{2} \log(2\pi) - \frac{1}{2} \sum_{i=1}^{n} (x_i - \mu)^2$$

で与えられる．対数尤度関数 $L(\mu; x_1, \cdots, x_n)$ を μ に関して偏微分すると

$$\frac{\partial L(\mu; x_1, \cdots, x_n)}{\partial \mu} = \sum_{i=1}^{n} (x_i - \mu) = \sum_{i=1}^{n} x_i - n\mu$$

を得る．したがって，$\mu = \frac{1}{n} \sum_{i=1}^{n} x_i$ のとき，対数尤度関数は最大となる．そこで，実現値 $x_1, \cdots, x_n$ を確率変数 $X_1, \cdots, X_n$ で置き換えると，母平均 μ の最尤推定量 $\bar{X} = \frac{1}{n} \sum_{i=1}^{n} X_i$ が導出される． ∎

◆問 **7.9** 母集団分布が $N(0,\sigma^2)$ のとき,母分散 σ^2 の最尤推定量を求めよ.

◆問 **7.10** 母集団分布が $N(\mu,\sigma^2)$ のとき,母平均 μ と母分散 σ^2 の最尤推定量がそれぞれ,標本平均 $\bar{X}$ と標本分散 S^2 で与えられることを示せ.

◆問 **7.11** 母集団分布が $Po(\lambda)$ のとき,λ の最尤推定量を求めよ.

漸近有効性

例 7.9 では,正規母集団における母平均の最尤推定量が,標本平均で与えられることを示した.この例の場合には,最尤推定量は母平均の不偏推定量である.しかし,一般には最尤推定量が不偏推定量であるとは限らない.例えば,正規母集団 (母平均と母分散はいずれも未知) における母分散の最尤推定量は標本分散で与えられるが (問 7.10 参照),これは不偏推定量ではない.しかし,ある正則条件の下では最尤推定量は一致推定量であり,標本数が大きいときにはほぼ不偏推定量であることが知られている.また,最尤推定量の分散はクラメル・ラオの不等式の下限にほぼ一致することも知られている.このような性質は,最尤推定量の**漸近有効性** (asymptotic efficiency) とよばれ,最尤推定量が正当化される根拠となっている.ここでは,最尤推定量の漸近有効性に関する一般的な証明は省略して,具体例でこのことをみてみよう.

【例 **7.10**】 母集団分布が $N(\mu,\sigma^2)$ で,母平均 μ と母分散 σ^2 はいずれも未知であるとする.このとき,σ^2 の最尤推定量は標本分散 $S^2 = \frac{1}{n}\sum_{i=1}^{n}(X_i - \bar{X})^2$ で与えられる (問 7.10 参照).S^2 の漸近有効性を調べてみよう.例 7.7 より,S^2 は σ^2 の一致推定量である.また,例 7.2 より,S^2 は σ^2 の不偏推定量ではなく,$E[S^2] - \sigma^2 = -\sigma^2/n$ のバイアスをもつ.しかし,標本数 n が大きいときには,このバイアスは非常に小さく,S^2 はほぼ不偏推定量である.母集団分布の確率密度関数は $f(x;\sigma^2) = (2\pi)^{-\frac{1}{2}}(\sigma^2)^{-\frac{1}{2}}\exp\{-(x-\mu)^2/(2\sigma^2)\}$ であるから

$$\frac{\partial \log f(x;\sigma^2)}{\partial(\sigma^2)} = -\frac{1}{2\sigma^2} + \frac{(x-\mu)^2}{2\sigma^4}$$

これを σ^2 に関してもう一度偏微分すると

$$\frac{\partial^2 \log f(x;\sigma^2)}{\partial(\sigma^2)^2} = \frac{1}{2\sigma^4} - \frac{(x-\mu)^2}{\sigma^6}$$

を得る.したがって,フィッシャー情報量は

$$I(\sigma^2) = E\left[-\frac{\partial^2 \log f(X_i;\sigma^2)}{\partial(\sigma^2)^2}\right] = E\left[-\frac{1}{2\sigma^4} + \frac{(X_i-\mu)^2}{\sigma^6}\right] = \frac{1}{2\sigma^4}$$

で与えられる．したがって，この場合のクラメル・ラオの不等式の下限は $\{nI(\sigma^2)\}^{-1} = 2\sigma^4/n$ である．一方，例 7.7 より，$V[S^2] = 2(n-1)\sigma^4/n^2$ である．

$$\lim_{n\to\infty} \frac{\{nI(\sigma^2)\}^{-1}}{V[S^2]} = \lim_{n\to\infty} \frac{2\sigma^4/n}{2(n-1)\sigma^4/n^2} = \lim_{n\to\infty} \frac{n}{n-1} = 1$$

であるから，標本数 n が大きいとき，$V[S^2]$ はクラメル・ラオの不等式の下限にほぼ一致する． ∎

◆問 7.12 $X_1, \cdots, X_n$ ($n \geq 3$) を指数分布 $Exp(\lambda)$ からの無作為標本とする．例 7.8 より，母数 λ の最尤推定量は $\hat{\lambda} = n/\sum_{i=1}^{n} X_i$ により与えられる．このとき
(1) $E[\hat{\lambda}]$ と $V[\hat{\lambda}]$ を求めよ．
(2) $\hat{\lambda}$ が λ の一致推定量であることを示せ．
(3) フィッシャー情報量 $I(\lambda)$ を求めよ．
(4) $\lim_{n\to\infty} \{nI(\lambda)\}^{-1}/V[\hat{\lambda}] = 1$ が成り立つことを示せ．

また，最尤推定量の便利な性質の1つとして，「母数の変換に関する不変性」とよばれる次の性質がある．すなわち，母数 θ の最尤推定量を $\hat{\theta}$ とするとき，θ の関数 $\xi = \xi(\theta)$ の最尤推定量は $\hat{\xi} = \xi(\hat{\theta})$ で与えられる．

【例 7.11】 例 7.8 の条件の下で，母数 $\xi = 1/\lambda$ の最尤推定量を求めてみよう．指数分布 $Exp(\lambda)$ の平均は $1/\lambda$ であるから ξ は母平均である．例 7.8 より，λ の最尤推定量は $\hat{\lambda} = 1/\bar{X}$ で与えられる．したがって，最尤推定量の母数の変換に関する不変性より，母平均 $\xi = 1/\lambda$ の最尤推定量は $\hat{\xi} = 1/\hat{\lambda} = \bar{X}$，すなわち X の標本平均で与えられる． ∎

◆問 7.13 問 7.10 の条件の下で，母標準偏差 $\sigma = \sqrt{\sigma^2}$ の最尤推定量を求めよ．

7.6 区 間 推 定

推定量は確率変数であるから推定値にはばらつきがあり，未知母数を1つの値で推定する点推定においては，推定誤差が生じることは避けがたい．特に，推定量が連続型確率変数である場合には，推定値が未知母数に完全に一致する確率はゼロであり，確実に推定誤差が生じることになる．そこで，未知母数を1つの値で推定するのではなく，未知母数の値を含むと思われる区間を求めることを考える．

信 頼 区 間

定義 7.5 未知母数 θ をもつ母集団分布からの無作為標本を $X_1, \cdots, X_n$ とし，α を $0 \leq \alpha \leq 1$ を満たす定数とする．統計量 $T_1 = T_1(X_1, \cdots, X_n)$ と統計量

$T_2 = T_2(X_1, \cdots, X_n)$ が

$$P\{T_1 \leq \theta \leq T_2\} \geq 1 - \alpha$$

を満たすとする．このとき，区間 $[T_1, T_2]$ を，母数 θ に対する**信頼係数** (confidence coefficient) $1 - \alpha$ の**信頼区間** (confidence interval) という．

$[T_1, T_2]$ が母数 θ に対する信頼係数 $1-\alpha$ の信頼区間であるということは，T_1, T_2 が確率変数であることを考慮すると，無作為標本を抽出して信頼区間を作ることを何回も繰り返したとき，それらの信頼区間のうちの少なくとも $100(1-\alpha)\%$ は，母数 θ を含んでいるということを意味する．

具体的に信頼区間を構成する方法の 1 つを紹介する．

手順 1. 無作為標本 $X_1, \cdots, X_n$ と母数 θ の関数 $Q = Q(X_1, \cdots, X_n, \theta)$ を，その分布が未知母数に依存しないように定める[*1)]．

手順 2. 定数 q_1 と q_2 を

$$P\{q_1 \leq Q \leq q_2\} = 1 - \alpha$$

を満たすように定める[*2)]．

手順 3. 統計量 $T_1 = T_1(X_1, \cdots, X_n)$ と $T_2 = T_2(X_1, \cdots, X_n)$ を，同値関係

$$q_1 \leq Q \leq q_2 \Leftrightarrow T_1 \leq \theta \leq T_2$$

を満たすように定める．

手順 4. この同値関係から，$P\{T_1 \leq \theta \leq T_2\} = 1 - \alpha$ が成り立つ．したがって，区間 $[T_1, T_2]$ は θ に対する信頼係数 $1-\alpha$ の信頼区間である．

【例 7.12】（母平均の区間推定 (母分散既知の場合)） 上の手順に従って，正規母集団 $N(\mu, \sigma^2)$ における母平均 μ に対する信頼区間を構成してみよう．ただし，母分散 σ^2 は既知とする．

手順 1. 標本平均を $\bar{X}$ とすると，$\bar{X}$ は正規分布 $N(\mu, \sigma^2/n)$ に従う．したがって，$Q \equiv \bar{X}^* = \sqrt{n}(\bar{X} - \mu)/\sigma$ とおくと $Q \sim N(0, 1)$ であり，Q の分布は未知母数 μ に依存しない．

[*1)] θ 以外の未知母数がある場合においても，Q の分布はどの未知母数にも依存してはならない．このような Q を**ピボット** (pivot) という．

[*2)] Q の分布は未知母数に依存しないので，q_1 と q_2 の値は α の値のみに依存し，未知母数には依存しない．

手順2. $Q \sim N(0,1)$ であるから，$z(\frac{\alpha}{2})$ を標準正規分布の上側 $100\alpha/2\,\%$ 点として，$q_1 = -z(\frac{\alpha}{2}), q_2 = z(\frac{\alpha}{2})$ とおくと

$$P\{q_1 \leq Q \leq q_2\} = 1 - \alpha \tag{7.14}$$

が成り立つ．

手順3. $q_1 \leq Q \leq q_2$ を

$$\begin{aligned}
q_1 \leq Q \leq q_2 &\Leftrightarrow q_1 \leq \frac{\sqrt{n}(\bar{X} - \mu)}{\sigma} \leq q_2 \\
&\Leftrightarrow \bar{X} - q_2\frac{\sigma}{\sqrt{n}} \leq \mu \leq \bar{X} - q_1\frac{\sigma}{\sqrt{n}} \\
&\Leftrightarrow \bar{X} - z(\tfrac{\alpha}{2})\frac{\sigma}{\sqrt{n}} \leq \mu \leq \bar{X} + z(\tfrac{\alpha}{2})\frac{\sigma}{\sqrt{n}}
\end{aligned}$$

と書き直して，$T_1 = \bar{X} - z(\frac{\alpha}{2})\frac{\sigma}{\sqrt{n}}, T_2 = \bar{X} + z(\frac{\alpha}{2})\frac{\sigma}{\sqrt{n}}$ とおく．

手順4. μ に対する信頼係数 $1-\alpha$ の信頼区間は

$$[T_1, T_2] = \left[\bar{X} - z(\tfrac{\alpha}{2})\frac{\sigma}{\sqrt{n}}, \bar{X} + z(\tfrac{\alpha}{2})\frac{\sigma}{\sqrt{n}}\right]$$

で与えられる． ∎

区間 $(-\infty, \infty) = \mathbb{R}$ は常に信頼係数 1 の信頼区間であるが，この信頼区間が母数の推定として無意味であることは明白である．また，例えば，日本人成人男性の平均身長を $[1.5\,\mathrm{m}, 2\,\mathrm{m}]$ と区間推定すれば，これは経験的に考えて信頼係数 1 の信頼区間であるが，これもやはり無意味な区間推定である．一般に，信頼係数を高く設定すると信頼区間幅は広くならざるを得ない．しかし，信頼係数を固定したときには，できるだけ幅の狭い信頼区間を求めることが望まれる．

【例 7.13】 例 7.12 の手順 2 において，式 (7.14) を満たす q_1 と q_2 を $q_1 = -z(\frac{\alpha}{2})$，$q_2 = z(\frac{\alpha}{2})$ と左右対称に定めたが，必ずしもこのように左右対称に定める必要はない．Q は標準正規分布に従うので，標準正規分布の分布関数を Φ とするとき

$$\Phi(q_2) - \Phi(q_1) = 1 - \alpha \tag{7.15}$$

を満たすように q_1 と q_2 を定めれば (図 7.1 参照)，式 (7.14) が成り立つ．このとき，μ に対する信頼係数 $1-\alpha$ の信頼区間は

$$\left[\bar{X} - q_2\frac{\sigma}{\sqrt{n}}, \bar{X} - q_1\frac{\sigma}{\sqrt{n}}\right]$$

となる．この信頼区間の幅 L は，$L = \sigma(q_2 - q_1)/\sqrt{n}$ により与えられる．そこで，式 (7.15) を満たす q_1 と q_2 をどのように定めたとき，信頼区間幅 L が最短となるか考えよう．式 (7.15) の両辺を q_1 で微分することにより

$$\frac{dq_2}{dq_1}\phi(q_2) - \phi(q_1) = 0 \tag{7.16}$$

を得る．ただし，ϕ を標準正規分布の確率密度関数とする．また，$dL/dq_1 = 0$ とおくことにより

$$\frac{\sigma}{\sqrt{n}}\left(\frac{dq_2}{dq_1} - 1\right) = 0 \tag{7.17}$$

を得る．式 (7.16), (7.17) より，信頼区間幅 L が最短となるのは，$\phi(q_1) = \phi(q_2)$ のときである．すなわち，$q_1 = q_2$ または $q_1 = -q_2$ のときであるが，$q_1 = q_2$ は式 (7.15) を満たさないので不適である．一方，$q_1 = -q_2$ の場合に，式 (7.15) を満たすためには，$q_1 = -z(\frac{\alpha}{2})$, $q_2 = z(\frac{\alpha}{2})$ と定めなければならない．したがって，q_1 と q_2 をこのように左右対称に定めたときに信頼区間幅は最短となり，例 7.12 で求めた信頼区間が正当化される． ∎

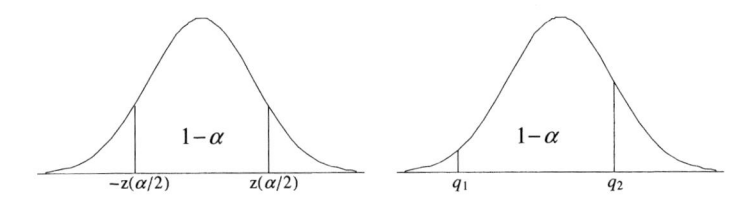

図 7.1 母平均の信頼区間における標準正規分布のパーセント点の定め方

7.7 正規母集団における区間推定

前節の例 7.12 では，正規母集団 $N(\mu, \sigma^2)$ で母分散 σ^2 が既知の場合において，母平均 μ に対する信頼係数 $1-\alpha$ の信頼区間

$$\left[\bar{X} - z(\tfrac{\alpha}{2})\frac{\sigma}{\sqrt{n}},\ \bar{X} + z(\tfrac{\alpha}{2})\frac{\sigma}{\sqrt{n}}\right] \tag{7.18}$$

を導出した．この節では，正規母集団における「母平均の区間推定」(母分散が未知の場合) と「母分散の区間推定」(母平均は既知または未知) について考える．この節を通して，$X_1, \cdots, X_n$ を正規母集団 $N(\mu, \sigma^2)$ からの無作為標本とする．

母平均の区間推定 (母分散が未知の場合)

正規母集団 $N(\mu, \sigma^2)$ において，母平均 μ と母分散 σ^2 はいずれも未知であるとする．このとき，μ に対する信頼係数 $1-\alpha$ の信頼区間を構成することを考える．標本平均を $\bar{X}$, 不偏標本分散を U^2 とするとき，$T = \sqrt{n}(\bar{X} - \mu)/U$ とおく

と，定理 6.6 より，T は自由度 $n-1$ の t 分布に従う．T の分布は未知母数 μ と σ^2 に依存しないので，T をピボットとする．そこで，$t_{n-1}(\frac{\alpha}{2})$ を自由度 $n-1$ の t 分布の上側 $100\alpha/2$ ％点とし，$t_1 = -t_{n-1}(\frac{\alpha}{2})$, $t_2 = t_{n-1}(\frac{\alpha}{2})$ とおくと，$P\{t_1 \leq T \leq t_2\} = 1 - \alpha$ が成り立つ．事象 $\{t_1 \leq T \leq t_2\}$ を

$$t_1 \leq T \leq t_2 \Leftrightarrow -t_{n-1}(\tfrac{\alpha}{2}) \leq \frac{\sqrt{n}(\bar{X}-\mu)}{U} \leq t_{n-1}(\tfrac{\alpha}{2})$$
$$\Leftrightarrow \bar{X} - t_{n-1}(\tfrac{\alpha}{2})\frac{U}{\sqrt{n}} \leq \mu \leq \bar{X} + t_{n-1}(\tfrac{\alpha}{2})\frac{U}{\sqrt{n}}$$

と変形することにより，μ に対する信頼係数 $1-\alpha$ の信頼区間は

$$\left[\bar{X} - t_{n-1}(\tfrac{\alpha}{2})\frac{U}{\sqrt{n}},\ \bar{X} + t_{n-1}(\tfrac{\alpha}{2})\frac{U}{\sqrt{n}}\right] \tag{7.19}$$

で与えられる．

【例 7.14】 正規母集団 $N(\mu, \sigma^2)$ において，μ と σ^2 はいずれも未知であるとする．この母集団から標本数 16 の無作為標本を抽出したところ，標本平均 $\bar{X} = 10.2$，不偏標本分散 $U^2 = 4.0$ の結果を得た．このとき，母平均 μ に対する信頼係数 95 ％の信頼区間を求めてみよう．$n=16, \alpha=0.05$ であるから，t 分布表より，$t_{n-1}(\frac{\alpha}{2}) = t_{15}(0.025) = 2.131$ を得る．これらの値を式 (7.19) に代入することにより，μ に対する信頼係数 95 ％の信頼区間は

$$\left[10.2 - 2.131\frac{2}{\sqrt{16}},\ 10.2 + 2.131\frac{2}{\sqrt{16}}\right] \approx [9.13, 11.27]$$

で与えられる．∎

◆**問 7.14** 10 名の日本人成人男性を無作為に選び身長 (単位 cm) を測定したところ，次のような結果を得た．

　　　170.0　169.2　183.6　166.8　168.4　178.0　167.6　166.8　161.2　172.4

母集団分布が正規分布であると仮定して，母平均に対する信頼係数 95 ％の信頼区間を求めよ．

◆**問 7.15** 標本分散を S^2 とするとき，母平均に対する信頼区間 (7.19) は

$$\left[\bar{X} - t_{n-1}(\tfrac{\alpha}{2})\frac{S}{\sqrt{n-1}},\ \bar{X} + t_{n-1}(\tfrac{\alpha}{2})\frac{S}{\sqrt{n-1}}\right]$$

と表せることを示せ．

　母平均の区間推定を，母分散が既知の式 (7.18) と未知の式 (7.19) に場合分けして考えてきた．しかし，このような場合分けをせずに，母分散が既知であっても

そのことを用いず，未知の場合の信頼区間を用いることも考えられる．例えば，例 7.14 において，$\sigma^2 = 3.8$ が既知の場合，式 (7.18) より，母平均に対する信頼係数 95％の信頼区間 $[9.27, 11.13]$ を得る．一方，$\sigma^2 = 3.8$ が既知であることを無視して，σ^2 が未知であるとして求めると，例 7.14 で求めたように，信頼区間 $[9.13, 11.27]$ が得られる．いずれの信頼区間も母平均に対する信頼係数 95％の信頼区間ではあるが，母分散が既知である場合に，そのことを無視して区間推定を行うことにどのような問題点があるのだろうか．そこで，母分散が既知の場合と未知の場合で信頼区間幅にどの程度の差があるか調べてみよう．

母分散が既知の場合の信頼区間 (7.18) の幅を L_0 とすると，$L_0 = 2\sigma z(\frac{\alpha}{2})/\sqrt{n}$ である．一方，母分散が未知の場合の信頼区間 (7.19) の幅を L とすると

$$L = \frac{2t_{n-1}(\frac{\alpha}{2})}{\sqrt{n}} U$$

であるが，これは標本標準偏差 U に依存する確率変数である．その期待値は，式 (7.2) より

$$E[L] = \frac{2t_{n-1}(\frac{\alpha}{2})}{\sqrt{n}} \frac{\sqrt{2}\,\Gamma\left(\frac{n}{2}\right)}{\sqrt{n-1}\,\Gamma\left(\frac{n-1}{2}\right)} \sigma$$

で与えられる．したがって，2 つの信頼区間幅の比を R とすると

$$R = \frac{L_0}{E[L]} = \frac{z(\frac{\alpha}{2})}{t_{n-1}(\frac{\alpha}{2})} \frac{\sqrt{n-1}\,\Gamma\left(\frac{n-1}{2}\right)}{\sqrt{2}\,\Gamma\left(\frac{n}{2}\right)}$$

を得る．例えば，$n = 2, \alpha = 0.05$ の場合は

$$R = \frac{L_0}{E[L]} = \frac{z(0.025)}{t_1(0.025)} \frac{\Gamma\left(\frac{1}{2}\right)}{\sqrt{2}\,\Gamma(1)} = \frac{1.96}{12.706} \frac{\sqrt{\pi}}{\sqrt{2}} \approx 0.193$$

となり，母分散既知の信頼区間幅は未知の場合の約 1/5 の長さであることがわかる．信頼係数が 95％と 99％ ($\alpha = 0.05, 0.01$) のそれぞれの場合に，信頼区間幅の比 $R = L_0/E[L]$ と標本数 n (≥ 2) の関係を示したものが図 7.2 である．この図から，標本数によらず，$R < 1$ であること，すなわち，母分散既知の方が信頼区間幅が狭いことがわかる．標本数が大きく ($n \geq 20$ 程度) なると信頼区間幅の違いはほとんどなくなるが，標本数が小さい ($n \leq 10$ 程度) の場合には，信頼区間幅にかなりの違いがある．したがって，標本数が小さい場合には，母分散が既知であるか否かを明確に区別して母平均の信頼区間を求めることが重要となる．

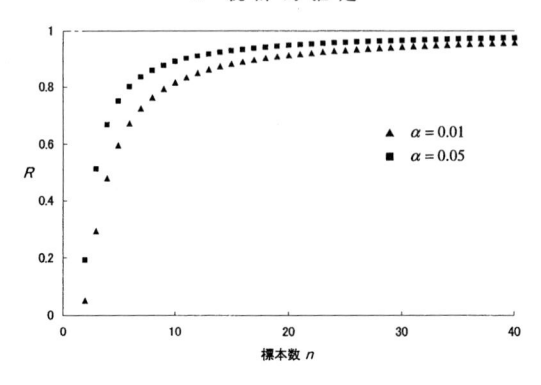

図 7.2 母平均に対する信頼区間幅の比較

母分散の区間推定（母平均が既知の場合）

正規母集団 $N(\mu,\sigma^2)$ において，母平均 μ が既知であるとする．このとき，母分散 σ^2 に対する信頼区間を構成しよう．

$$S_0^2 = \frac{1}{n}\sum_{i=1}^n (X_i - \mu)^2, \quad Y_0 = \frac{nS_0^2}{\sigma^2}$$

とおくと，$Y_0 = \sum_{i=1}^n (X_i^*)^2$ となるので，定理 3.6 より，Y_0 は自由度 n の χ^2 分布に従う．Y_0 の分布は未知母数 σ^2 に依存しないので，Y_0 をピボットとする．$f(x)$ を自由度 n の χ^2 分布の確率密度関数とするとき (式 (2.30) 参照)，$y_1 > 0$ と $y_2 > 0$ を

$$P\{y_1 \leq Y_0 \leq y_2\} = \int_{y_1}^{y_2} f(x)dx = 1 - \alpha \quad (7.20)$$

を満たすように定め，$y_1 \leq Y_0 \leq y_2$ を

$$y_1 \leq Y_0 \leq y_2 \Leftrightarrow \frac{nS_0^2}{y_2} \leq \sigma^2 \leq \frac{nS_0^2}{y_1}$$

と変形することにより，σ^2 に対する信頼係数 $1-\alpha$ の信頼区間 $[nS_0^2/y_2, nS_0^2/y_1]$ を得る．

ところで，実際に信頼区間を構成するためには，条件 (7.20) を満たす y_1 と y_2 の定め方が問題となる．信頼区間幅は $nS_0^2(y_1^{-1} - y_2^{-1})$ であるから，条件 (7.20) の下で $y_1^{-1} - y_2^{-1}$ を最小とするように y_1 と y_2 を定めればよい．このような y_1 と y_2 を数値計算などにより求めることも可能であるが，通常は左右両端の確率を等しく $\alpha/2$ ずつ取り，$y_1 = \chi_n^2(1 - \frac{\alpha}{2})$，$y_2 = \chi_n^2(\frac{\alpha}{2})$ と定める．ただし，$\chi_n^2(\frac{\alpha}{2})$

を自由度 n の χ^2 分布の上側 $100\alpha/2$ %点とする．このように y_1 と y_2 を定めると，母分散 σ^2 に対する信頼係数 $1-\alpha$ の信頼区間は

$$\left[\frac{nS_0^2}{\chi_n^2(\frac{\alpha}{2})}, \frac{nS_0^2}{\chi_n^2(1-\frac{\alpha}{2})}\right] \tag{7.21}$$

で与えられる．

母分散の区間推定（母平均が未知の場合）

母平均 μ が未知の場合における母分散 σ^2 の信頼区間を構成しよう．不偏標本分散を U^2 とし，$Y=(n-1)U^2/\sigma^2$ とおくと，定理 6.5 より，Y は自由度 $n-1$ の χ^2 分布に従う．Y の分布は未知母数 μ と σ^2 に依存しないので，Y をピボットとする．このとき，母平均が既知の場合と同様にして，母分散 σ^2 に対する信頼係数 $1-\alpha$ の信頼区間

$$\left[\frac{(n-1)U^2}{\chi_{n-1}^2(\frac{\alpha}{2})}, \frac{(n-1)U^2}{\chi_{n-1}^2(1-\frac{\alpha}{2})}\right] \tag{7.22}$$

を得る．ただし，$\chi_{n-1}^2(\frac{\alpha}{2})$ は自由度 $n-1$ の χ^2 分布の上側 $100\alpha/2$ %点を表す．

【例 7.15】 ある工場で生産される金属板の厚さ（単位 mm）は $N(\mu, \sigma^2)$ に従い，μ と σ^2 はいずれも未知であるとする．無作為に 20 個の金属板を選び，それらの厚さを調べたところ，不偏標本分散 $U^2=0.062$ の結果を得た．σ^2 に対する信頼係数 95 %の信頼区間を求めてみよう．$n=20, \alpha=0.05$ であり，χ^2 分布表より，$\chi_{19}^2(0.025)=32.85$，$\chi_{19}^2(0.975)=8.91$ を得る．これらを式 (7.22) に代入して，信頼区間 $[0.038, 0.139]$ を得る．∎

◆**問 7.16** 問 7.14 のデータから，(1) 母平均 $\mu=170.0$ が既知の場合と (2) 母平均 μ が未知の場合のそれぞれの場合において，母分散 σ^2 に対する信頼係数 95 %の信頼区間を求めよ．

7.8 母比率の区間推定

$X_1, \cdots, X_n$ をパラメータ p のベルヌーイ分布からの無作為標本とするとき，未知母数 p に対する信頼区間を構成することを考えよう．例えば，ある工場で生産される電気器具の不良品率 p が未知のとき，無作為に n 個の電気器具を取り出しそれらが不良品かどうかを検査することにより，p を区間推定する場合などである．

母数 p を点推定する際には，7.5 節で導いた最尤推定量 $\hat{p} = X/n = \frac{1}{n}\sum_{i=1}^{n} X_i$ を用いればよい．標本数 n が十分大きいことを仮定すると，二項分布の正規近似により

$$Z \equiv \frac{X - np}{\sqrt{np(1-p)}} = \frac{\sqrt{n}(\hat{p} - p)}{\sqrt{p(1-p)}}$$

は近似的に標準正規分布に従う (式 (3.30) 参照)．したがって，n が大きいとき Z の分布は未知母数 p に依存しない．そこで，Z をピボットとして信頼区間を構成しよう．標準正規分布の上側 $100\alpha/2\%$ 点を $z(\frac{\alpha}{2})$ とすると，近似的に $P\{|Z| \leq z(\frac{\alpha}{2})\} = 1 - \alpha$ が成り立つ．これを p について次のように解くことができる．

$$|Z| \leq z(\tfrac{\alpha}{2}) \Leftrightarrow n(\hat{p} - p)^2 - ap(1-p) \leq 0$$
$$\Leftrightarrow (n+a)p^2 - (2n\hat{p} + a)p + n\hat{p}^2 \leq 0$$
$$\Leftrightarrow \frac{n\hat{p} + a/2 - \sqrt{D/4}}{n+a} \leq p \leq \frac{n\hat{p} + a/2 + \sqrt{D/4}}{n+a}$$

ただし，$a = z(\frac{\alpha}{2})^2$, $D/4 = an\hat{p}(1-\hat{p}) + a^2/4 > 0$ である．したがって，p に対する信頼係数 $1 - \alpha$ の近似的な信頼区間

$$\left[\frac{n\hat{p} + a/2 - \sqrt{D/4}}{n+a},\; \frac{n\hat{p} + a/2 + \sqrt{D/4}}{n+a} \right] \tag{7.23}$$

が得られる．

ところで，この信頼区間の両端はやや複雑であるから，これらを簡便な形で近似することを考えよう．分子と分母をそれぞれ n で割ることにより，区間の両端を

$$\frac{\hat{p} + \frac{a}{2n} \pm \sqrt{\frac{a\hat{p}(1-\hat{p})}{n} + \frac{a^2}{4n^2}}}{1 + \frac{a}{n}}$$

と表すことができる．ここで，n が大きいとき，分子の $a/2n$ と分母の a/n と分子根号内の $a^2/4n^2$ は無視できるほど小さいと考えると，区間の両端は

$$\hat{p} \pm \sqrt{\frac{a\hat{p}(1-\hat{p})}{n}} = \hat{p} \pm z(\tfrac{\alpha}{2})\sqrt{\frac{\hat{p}(1-\hat{p})}{n}}$$

となり，近似的な信頼区間

$$\left[\hat{p} - z(\tfrac{\alpha}{2})\sqrt{\frac{\hat{p}(1-\hat{p})}{n}},\; \hat{p} + z(\tfrac{\alpha}{2})\sqrt{\frac{\hat{p}(1-\hat{p})}{n}} \right] \tag{7.24}$$

が得られる．計算が容易であることから，信頼区間 (7.23) よりもこの信頼区間が用いられることが多い．しかし，この信頼区間はやや粗い近似を行ったものであり，標本数があまり大きくないときにはむしろ信頼区間 (7.23) を用いた方がよい．

【例 7.16】 ある症状に対して用いられる薬Aの効果に関心があり，この症状をもつ100人の患者に対して薬Aを投与したところ60人に効果が認められた．この結果から，薬Aの有効率 p に対する信頼係数95％の信頼区間を求めてみよう．$n = 100, \hat{p} = 0.60, z(0.025) = 1.96$ を式 (7.23) と式 (7.24) に代入すると，それぞれ，$[0.502, 0.694]$，$[0.504, 0.696]$ となる．この場合には $n = 100$ と標本数が大きいので，両者にほとんど違いがない．仮に，10人の患者に投与して，6人に効果が認められたとしよう（この場合も $\hat{p} = 0.6$）．この結果から得られる信頼係数95％の信頼区間は，式 (7.23) と式 (7.24) でそれぞれ，$[0.283, 0.884]$，$[0.296, 0.904]$ となり，両者に違いが認められる． ∎

◆**問 7.17** ある内閣の支持率に関心があり，世論調査を行ったところ，有権者1000人中360人がこの内閣を支持すると答えた．この内閣の支持率に対する信頼係数95％の近似信頼区間を求めよ．

◆**問 7.18** l を正の定数とする．標本数 n が $n \geq (z(\frac{\alpha}{2})/l)^2$ を満たすならば簡便な近似信頼区間 (7.24) の区間幅が l 以下となることを示せ．

7.9 最尤推定量に基づく近似信頼区間

これまでにいくつかの信頼区間について考えてきたが，それらの信頼区間を構成するためのピボットとして，未知母数の推定量が重要な役割を果たしていた．例えば，正規母集団における母平均 μ の信頼区間（分散 σ^2 既知）の場合には，μ の最尤推定量である標本平均 $\bar{X}$ を標準化した $Q = \sqrt{n}(\bar{X} - \mu)/\sigma$ をピボットとして信頼区間を構成した．この節では，未知母数の近似的な信頼区間を最尤推定量に基づいて構成する方法について説明する．

未知母数 θ をもつ母集団分布の確率密度関数（離散型の場合は確率関数）を $f(x; \theta)$ とし，$X_1, \cdots, X_n$ をこの母集団分布からの無作為標本とする．母数 θ の最尤推定量を $\hat{\theta} = \hat{\theta}(X_1, \cdots, X_n)$ とするとき，ある正則条件の下で，最尤推定量の**漸近正規性** (asymptotic normality) とよばれる性質

$$Z \equiv \sqrt{nI(\theta)}(\hat{\theta} - \theta) \xrightarrow{D} N(0, 1) \qquad (7.25)$$

が成り立つことが知られている．ここで，$I(\theta)$ は7.3節で定義したフィッシャー

情報量である.

例えば,母集団分布がパラメータ θ のベルヌーイ分布 $B(1,\theta)$ の場合には,最尤推定量は $\hat{\theta} = \frac{1}{n}\sum_{i=1}^{n} X_i$ である (7.5 節参照). この場合のフィッシャー情報量は $I(\theta) = 1/\{\theta(1-\theta)\}$ で与えられ (問 7.19), $Z = \sqrt{n}(\hat{\theta}-\theta)/\sqrt{\theta(1-\theta)}$ となる. 前節でみたように, 二項分布の正規近似により, n が大きいとき Z は近似的に標準正規分布に従う.

◆問 7.19 母集団分布がパラメータ θ のベルヌーイ分布 $B(1,\theta)$ のとき, フィッシャー情報量が $I(\theta) = 1/\{\theta(1-\theta)\}$ で与えられることを示せ.

最尤推定量の漸近正規性により, 十分大きな n に対して $Z = \sqrt{nI(\theta)}(\hat{\theta}-\theta)$ が近似的に標準正規分布に従うとみなせるならば, 近似的に $P\{|Z| \leq z(\frac{\alpha}{2})\} = 1-\alpha$ が成り立つ. ここで, $|Z| \leq z(\frac{\alpha}{2})$ を θ について解くことにより

$$|Z| \leq z(\tfrac{\alpha}{2}) \Leftrightarrow T_1 \leq \theta \leq T_2$$

を満たす統計量 T_1 と T_2 が得られるならば, θ に対する信頼係数 $1-\alpha$ の近似的な信頼区間は $[T_1, T_2]$ で与えられる. 例えば, 母集団分布がベルヌーイ分布の場合には, このようにして得られる信頼区間が前節で求めた近似信頼区間 (7.23) である.

ところで前節では, 母集団分布がベルヌーイ分布の場合に, 近似信頼区間 (7.23) をさらに近似することにより, 簡便な近似信頼区間 (7.24) を導出した. ここでは, 一般の場合に, 最尤推定量に基づいてこのような簡便な信頼区間を構成する方法について説明する. 最尤推定量の漸近正規性 (7.25) において, フィッシャー情報量 $I(\theta)$ を $I(\hat{\theta})$ で置き換えても, 式 (7.25) と同様の結果が成り立つことが知られている. すなわち

$$Z^\circ \equiv \sqrt{nI(\hat{\theta})}\,(\hat{\theta}-\theta) \xrightarrow{D} N(0,1)$$

が成り立つ. したがって, n が十分に大きいとき, 近似的に $P\{|Z^\circ| \leq z(\frac{\alpha}{2})\} = 1-\alpha$ が成り立つ. そこで, $|Z^\circ| \leq z(\frac{\alpha}{2})$ を θ について解くと

$$|Z^\circ| \leq z(\tfrac{\alpha}{2}) \Leftrightarrow \hat{\theta} - \frac{z(\frac{\alpha}{2})}{\sqrt{nI(\hat{\theta})}} \leq \theta \leq \hat{\theta} + \frac{z(\frac{\alpha}{2})}{\sqrt{nI(\hat{\theta})}}$$

となり, 母数 θ に対する信頼係数 $1-\alpha$ の近似的な信頼区間

$$\left[\hat{\theta} - \frac{z(\frac{\alpha}{2})}{\sqrt{nI(\hat{\theta})}},\ \hat{\theta} + \frac{z(\frac{\alpha}{2})}{\sqrt{nI(\hat{\theta})}}\right] \tag{7.26}$$

が得られる．特に，母集団分布がベルヌーイ分布の場合には，$I(\hat{\theta}) = 1/\{\hat{\theta}(1-\hat{\theta})\}$ であるから，式 (7.26) から簡便な近似信頼区間 (7.24) が得られる．

【例 7.17】 母集団分布がパラメータ $\lambda = 1/\xi$ の指数分布であるとする．このとき，母平均は ξ であり，その最尤推定量は標本平均 $\hat{\xi} = \bar{X}$ で与えられる (例 7.11 参照)．また，この場合のフィッシャー情報量は，$I(\xi) = \xi^{-2}$ で与えられる．したがって，$Z = \sqrt{nI(\xi)}(\hat{\xi} - \xi) = \sqrt{n}(\hat{\xi} - \xi)/\xi$ とおくと，Z は近似的に標準正規分布に従う[*1)]．n が十分に大きく，$1 - z(\frac{\alpha}{2})/\sqrt{n} > 0$ と仮定すると

$$|Z| \leq z(\tfrac{\alpha}{2}) \Leftrightarrow \hat{\xi}\left(1 + \frac{z(\frac{\alpha}{2})}{\sqrt{n}}\right)^{-1} \leq \xi \leq \hat{\xi}\left(1 - \frac{z(\frac{\alpha}{2})}{\sqrt{n}}\right)^{-1}$$

が成り立つことから，母平均 ξ に対する信頼係数 $1 - \alpha$ の近似的な信頼区間

$$\left[\hat{\xi}\left(1 + \frac{z(\frac{\alpha}{2})}{\sqrt{n}}\right)^{-1},\ \hat{\xi}\left(1 - \frac{z(\frac{\alpha}{2})}{\sqrt{n}}\right)^{-1}\right] \tag{7.27}$$

が得られる．また，式 (7.26) より，ξ に対する簡便な近似信頼区間は

$$\left[\hat{\xi}\left(1 - \frac{z(\frac{\alpha}{2})}{\sqrt{n}}\right),\ \hat{\xi}\left(1 + \frac{z(\frac{\alpha}{2})}{\sqrt{n}}\right)\right] \tag{7.28}$$

で与えられる．

以上，指数分布の母平均 ξ に対する近似的な信頼区間を求めたが，実はこの場合には近似を用いずに正確な信頼区間を構成することも可能である．指数分布 $Exp(1/\xi)$ はガンマ分布 $G(1, 1/\xi)$ であり，ガンマ分布の再生性 (問 2.9 参照) より，$n\hat{\xi} = \sum_{i=1}^{n} X_i$ はガンマ分布 $G(n, 1/\xi)$ に従う．このとき，$Y \equiv 2n\hat{\xi}/\xi$ は自由度 $2n$ の χ^2 分布に従うので (問 7.20)，Y をピボットとして ξ に対する信頼区間を

$$\left[\frac{2n\hat{\xi}}{\chi^2_{2n}(\frac{\alpha}{2})},\ \frac{2n\hat{\xi}}{\chi^2_{2n}(1 - \frac{\alpha}{2})}\right] \tag{7.29}$$

と構成することができる． ■

◆**問 7.20** $X \sim G(n, 1/\xi)$ のとき，$Y = 2X/\xi \sim \chi^2_{2n}$ であることを示せ．

【例 7.18】 ある工場で生産される機械部品の寿命 (単位時間) は指数分布 $Exp(1/\xi)$ に従うと仮定する．無作為に n 個の部品を取り出しそれらの寿命を調べたところ，標本平

[*1)] 母分散は ξ^2 であり，$\hat{\xi}$ は標本平均であるから，これは中心極限定理に他ならない．

均 $\hat{\xi} = \bar{X} = 600$ 時間の結果を得た．$n = 10, 50, 100, 200, 300$ のそれぞれの場合に，母平均 ξ に対する信頼係数 95 % の信頼区間を式 (7.27), (7.28), (7.29) を用いて求めると，表 7.1 のようになる．

$n = 10$ の場合には，正確な信頼区間 (7.29) が [351, 1251] (351 時間以上 1251 時間以下) であるのに対して，近似信頼区間は [370, 1578] と [228, 971] であり，いずれも近似の精度はあまり良くない．$n = 100$ では，近似信頼区間 (7.27) の精度はまずまずであるが，簡便な近似信頼区間 (7.28) の精度は良くない．$n = 300$ になると，いずれの近似信頼区間も正確な信頼区間に近いものとなる． ∎

表 7.1 機械部品の平均寿命に対する 95 % 信頼区間

n	近似信頼区間 (7.27)	近似信頼区間 (7.28)	正確な信頼区間 (7.29)
10	[370, 1578]	[228, 971]	[351, 1251]
50	[470, 830]	[434, 766]	[463, 808]
100	[502, 746]	[482, 718]	[498, 737]
200	[527, 697]	[517, 683]	[525, 693]
300	[539, 677]	[532, 668]	[537, 674]

◆問 **7.21** 母集団分布がポアソン分布 $Po(\lambda)$ であるとき，λ の最尤推定量は $\hat{\lambda} = \bar{X}$ (標本平均) で与えられる (問 7.11 参照)．この最尤推定量に基づいて，λ に対する信頼係数 $1 - \alpha$ の近似信頼区間を構成せよ．

◆問 **7.22** 母数 $\theta > 0$ をもつ母集団分布の確率密度関数が

$$f(x; \theta) = \begin{cases} 2\theta x \exp(-\theta x^2), & x > 0 \\ 0, & x \leq 0 \end{cases}$$

であるとする．また，この母集団分布からの無作為標本を $X_1, \cdots, X_n$ とする．
(1) 母数 θ の最尤推定量 $\hat{\theta}$ を求めよ．
(2) フィッシャー情報量 $I(\theta)$ を求めよ．
(3) 母数 θ に対する信頼係数 $1 - \alpha$ の近似信頼区間を構成せよ．

8

統 計 的 検 定

8.1 統計的検定とは

「以前に比べて最近の大学生は学力が低下した」という説を裏付けるために，10年前に行った学力試験を最近の大学生にも実施したところ，平均点が10年前に比べて低かったとしよう．この結果から，大学生全体において10年前より学力低下していると判断できるだろうか？ ある機械部品製造会社は，「わが社の製品は他社に比べて品質のばらつきが小さい」と主張している．そこで，標本調査を行って品質に関する特性値の標本分散を比較したところ，この会社の製品の標本分散は他社製よりも小さかった．この結果は，この会社の主張の裏付けとなるだろうか？ このように，標本調査の結果に基づいて母集団に関する**仮説** (hypothesis) を評価することがしばしば必要になる．

標本調査において我々が直接知ることができるのはあくまで標本の観測値であり，それに基づいて母集団に関する仮説を評価する以上は，必ずしも正しい判断を下せるとは限らない．しかし，一定の基準を設けて，このような誤りの可能性をある程度容認した上で判断を下すことが重要となる．このための方法が**統計的検定** (statistical test) である．

【例 8.1】 1枚のコインがあり，これが正確なコインであるかを調べたい．このコインを投げたときに表の出る確率を p とする．このとき，仮説 $H_0 : p = \frac{1}{2}$ の真偽を判定したい．言い換えれば

$$\text{仮説 } H_0 : p = \frac{1}{2} \quad \text{vs.} \quad \text{仮説 } H_1 : p \neq \frac{1}{2} \tag{8.1}$$

のいずれを採択するかを決定したい．そこで，このコインを10回投げてみたところ，表が4回出たとする．表の出た回数が $10/2 = 5$ と異なるから，仮説 H_0 は偽である，すなわち，このコインには歪みがあると判断してよいだろうか？ 当然ながらそのような

判断は下せない. なぜなら, 仮説 H_0 が真であるとしても, 10 回の試行で表が 4 回出ることは十分起こり得る (この確率は約 20 % である). では, 表が 1 回しか出なかったとしたらどうだろうか. 仮説 H_0 が真であるときこの確率は約 0.1 % である. これは偶然とは考えにくい. コインは正確であるがたまたま 1 回しか出なかったと考えるよりも, むしろこのコインは歪んでいると考えた方が自然である.

ところで, 表の出た回数が 1 回のとき仮説 H_0 を偽と判断するならば, 表の出た回数が $0, 9, 10$ のときにも仮説 H_0 は偽であると判断すべきであろう. 仮説 H_0 が真であるとき, 10 回の試行で表の回数が $0, 1, 9, 10$ のいずれかである確率は約 2 % である. この確率が非常に小さいと考えるならば, 表の回数が $0, 1, 9, 10$ のいずれかである場合に, 仮説 H_0 は偽であると判断することになる. ∎

8.2 統計的検定問題

母数 θ が未知の母集団分布があるとする. また, 母数 θ の取り得る値の集合を Θ とする. このような Θ を**母数空間** (parameter space) という. 例えば, 母集団分布がパラメータ p のベルヌーイ分布の場合には $\theta = p$ であり, 母数空間は $\Theta = [0, 1] \subset \mathbb{R}$ である. 母集団分布が $N(\mu, \sigma^2)$ で μ と σ^2 が共に未知の場合には, θ は 2 次元パラメータ $\theta = (\mu, \sigma^2)$ であり, 母数空間は $\Theta = \{(\mu, \sigma^2) \mid -\infty < \mu < \infty, 0 < \sigma^2 < \infty\} \subset \mathbb{R}^2$ である.

母数空間 Θ が, 互いに排反な 2 つの部分集合 Θ_0 と Θ_1 に分割されていると仮定する. すなわち

$$\Theta = \Theta_0 \cup \Theta_1, \quad \Theta_0 \cap \Theta_1 = \emptyset$$

とする. 未知母数 θ が Θ_0 に属しているとする仮説を**帰無仮説** (null hypothesis) といい, $H_0 : \theta \in \Theta_0$ と表す. また, $H_1 : \theta \in \Theta_1$ を**対立仮説** (alternative hypothesis) という. 統計的検定では, データに基づいて

$$\text{帰無仮説 } H_0 : \theta \in \Theta_0 \quad \text{vs.} \quad \text{対立仮説 } H_1 : \theta \in \Theta_1 \tag{8.2}$$

のいずれを採択するかを判断する. 前節のコインの例では, $\theta = p$, $\Theta = [0, 1]$, $\Theta_0 = \{\frac{1}{2}\}$, $\Theta_1 = [0, \frac{1}{2}) \cup (\frac{1}{2}, 1]$ である.

H_0 を採択することを, H_0 を**受容** (accept) するという. 逆に H_0 を採択しないことを, H_0 を**棄却** (reject) するという. 無作為標本 $X_1, \cdots, X_n$ に基づいてこのような判断を下すわけであるが, その判断の基準となる統計量のことを**検定**

統計量 (test statistic) といい，$T = T(X_1, \cdots, X_n)$ で表す．コインの例では，$X_1, \cdots, X_n$ はパラメータ p のベルヌーイ分布からの無作為標本であり，表の出た回数 $T = \sum_{i=1}^n X_i$ が検定統計量である．

検定方式

無作為標本の実現値 $X_1 = x_1, \cdots, X_n = x_n$ が与えられると，検定統計量 $T = T(X_1, \cdots, X_n)$ の実現値 $t = T(x_1, \cdots, x_n)$ が求められる．したがって，T の実現値 t がどのような値のとき H_0 を受容し，どのような値のとき H_0 を棄却するかという規則を定めればよい．すなわち，集合 $C \subset \mathbb{R}$ を定めて

$$t \in C \Rightarrow H_0 \text{ を棄却}, \quad t \notin C \Rightarrow H_0 \text{ を受容}$$

と判断すればよい．無作為標本の実現値 $x_1, \cdots, x_n$ に対して，H_0 が棄却される範囲

$$R = \{(x_1, \cdots, x_n) \,|\, T(x_1, \cdots, x_n) \in C\}$$

を**棄却域** (rejection region) という．一方，H_0 が受容される範囲

$$A = \{(x_1, \cdots, x_n) \,|\, T(x_1, \cdots, x_n) \notin C\}$$

を**受容域** (acceptance region) という．

上述のように，棄却域を定めることによって検定の方式が定まる．棄却域を定めるためには，検定統計量 T としてどのような統計量を用いるか，また，検定統計量 T が与えられたときその範囲 C をどのように定めるかということが問題となる．これらの問題について議論するためには，検定方式 (棄却域) の望ましさについて考えておく必要がある．

2 種類の誤り

棄却域を $T(x_1, \cdots, x_n) \in C$ と定めたとする．このとき，2 種類の誤りの可能性がある．その 1 つは，帰無仮説 H_0 が真であるにもかかわらずそれを棄却してしまう誤りで，これを**第 1 種の誤り** (error of the first kind) という．もう 1 つは，H_0 が偽であるにもかかわらずそれを受容してしまう誤りで，これを**第 2 種の誤り** (error of the second kind) という．これらの誤りの確率を

第1種の誤りの確率 $= P\{(X_1, \cdots, X_n) \in R \,|\, H_0\}$

第2種の誤りの確率 $= P\{(X_1, \cdots, X_n) \in A \,|\, H_1\}$

と表すことができる．つまり，第1種の誤りの確率は H_0 の下で H_0 が棄却される確率であり，第2種の誤りの確率は H_1 の下で H_0 が受容される確率である．これら2種類の誤り確率が共に小さくなるように棄却域を定めることが望まれる．しかし一般には，これらを同時に小さくするような棄却域は存在しない．例えば $C = \mathbb{R}$ とすれば，データにかかわらず常に帰無仮説を棄却することになる．このとき，第2種の誤りの確率は0であるが，第1種の誤りの確率は1となってしまう．逆に $C = \emptyset$ とすると，この逆の状況になる．すなわち，棄却域を広く定めると第2種の誤りの確率は小さくなるが，第1種の誤りの確率は大きくなってしまう．逆に，棄却域を狭く定めると第1種の誤りの確率は小さくなるが，第2種の誤りの確率は大きくなってしまう．

これら2種類の誤りはいずれも誤りではあるが，その深刻さに違いがある場合が多い．例えば，ある新薬が開発されたので，実験によりその有効性を検証する場合を考えてみよう．「帰無仮説：新薬の効果なし vs. 対立仮説：新薬の効果あり」とすると，第1種の誤りは効果のない薬を効果ありと判断する誤りである．一方，第2種の誤りは効果のある薬を効果なしと判断する誤りである．この新薬を購入して服用する側からすれば，第2種に比べて第1種の方が深刻な誤りであろう．

そこで，統計的検定においては，まず第1種の誤りを重要視して，この確率はあらかじめ定められた値 α 以下でなければならないと考える．そしてその上で，第2種の誤り確率が小さな検定方式ほど望ましいと考える．第1種の誤り確率をコントロールするためにあらかじめ定められた値 α のことを**有意水準** (significance level) といい，第1種の誤り確率が α 以下である検定方式を有意水準 α の検定方式という．α としては，伝統的に5%または1%という値が用いられている．

【例 8.2】（例 8.1 の続き）　コインを10回投げたときに表の出た回数を T とし，T の実現値に基づいて判断を下すことにする．すなわち，T を検定統計量とする．また，有意水準を5%と定めることにする．このとき，正確なコインを歪んだコインと判断する第1種の誤り確率は，5%以下でなければならない．ここで問題となるのは，T がどのような値のときに帰無仮説 $H_0 : p = 1/2$ を棄却するかである．言い換えれば，棄却域 $T \in C$ の C をどのように定めるかである．この C として，次の3通りを考えてみよう．

$$C_1 = \{0, 10\}, \quad C_2 = \{0, 1, 9, 10\}, \quad C_3 = \{0, 1, 2, 8, 9, 10\}$$

例えば C_1 の場合には，表の出た回数が $0, 10$ のいずれかであるときに，帰無仮説 H_0 を棄却することになる．これらの第 1 種の誤り確率はそれぞれ $P\{T \in C_1 \mid H_0\} \approx 0.002$, $P\{T \in C_2 \mid H_0\} \approx 0.021$, $P\{T \in C_3 \mid H_0\} \approx 0.109$ となる．C_1 と C_2 の場合には第 1 種の誤り確率が 5 ％以下であるが，C_3 の場合には 5 ％を超えている．したがって，C_3 は不適である．では，C_1 と C_2 のどちらが望ましいだろうか．どちらも第 1 種の誤り確率に関する基準 (5 ％以下) はクリアしているので，第 2 種の誤り確率を比較してみよう．$C_1 \subset C_2$ であるから

$$P\{T \notin C_1 \mid H_1\} > P\{T \notin C_2 \mid H_1\}$$

が成り立ち，第 2 種の誤り確率は C_2 の方が小さい．したがって，これら 3 つの候補の中では C_2 が最も望ましい． ■

◆問 8.1　例 8.2 と同じ設定で，C_2 と $C_2' = \{0, 1, 10\}$ のどちらが望ましいかを調べよ．

検出力関数

検定統計量を T として，棄却域を $T \in C$ と定めた検定方式を考えよう．このとき，帰無仮説 H_0 が棄却される確率 $P\{T \in C\}$ は母数 θ の値に依存し，θ の関数となる．この関数 $\beta(\theta) = P\{T \in C\}$ を**検出力関数** (power function) という．検出力関数の定義域は母数空間 Θ であり，その値域は区間 $[0, 1]$ である．すなわち

$$\theta \in \Theta_0 \Rightarrow \beta(\theta) = P\{T \in C \mid H_0\} = \text{第 1 種の誤り確率}$$
$$\theta \in \Theta_1 \Rightarrow \beta(\theta) = P\{T \in C \mid H_1\} = 1 - \text{第 2 種の誤り確率}$$

であるから，検出力関数 $\beta(\theta)$ を調べることにより，いずれの誤り確率も知ることができる．有意水準 α の検定方式とは，任意の $\theta \in \Theta_0$ に対して，$\beta(\theta) \leq \alpha$ を満たす検定方式のことである．また，$\theta \in \Theta_1$ に対する $\beta(\theta)$ の値を**検出力** (power) という．すなわち，検出力とは帰無仮説が偽であるとき，それを棄却する確率のことである．

【例 8.3】（例 8.2 の続き）　C_1, C_2, C_3 以外に $C_4 = \{2\}$ を考える．C_4 は表の回数が 2 回のときにのみ帰無仮説を棄却する検定方式であり，やや不自然な感はある．T は二項分布 $B(10, p)$ に従うので，棄却域を $T \in C_i$ とする検定方式の検出力関数を $\beta_i(p)$ とすると

$$\beta_i(p) = P\{T \in C_i\} = \sum_{t \in C_i} \binom{10}{t} p^t (1-p)^{10-t}, \quad i = 1, 2, 3, 4$$

となる. $\beta_i(1/2)$ が第 1 種の誤り確率であり, 有意水準を 5％とするとき $\beta_i(1/2) \leq 0.05$ でなければならない. また, $p \neq 1/2$ に対する $\beta_i(p)$ の値が検出力である.

図 8.1 は, 検出力関数 $\beta_i(p)$, $i = 1, 2, 3, 4$ をグラフにしたものである. C_3 以外は $\beta_i(1/2) < 0.05$ であり, C_3 以外はどれも有意水準 5％の検定方式である. そこで C_3 以外を比較してみよう. 任意の $p \neq 1/2$ に対して, $\beta_1(p) < \beta_2(p)$ であるから, C_1 よりも C_2 の方が望ましい. C_2 と C_4 を比較してみると, $\beta_2(p)$ と $\beta_4(p)$ の大小関係は p の値に依存することがわかる. C_4 の検出力は C_2 に比べて概ね小さく, 特に $p > 1/2$ では 0 に近い. しかし, $p = 0.3 \sim 0.4$ の付近では, C_4 の方が C_2 より検出力が大きい. いま, p の値は完全に未知であり, 区間 $[0, 1]$ にあること以外の情報はないので, すべての $p \neq 1/2$ に対して検出力関数の大小関係が一様に成り立たない以上は, C_2 と C_4 のどちらが望ましいとも言えない. ∎

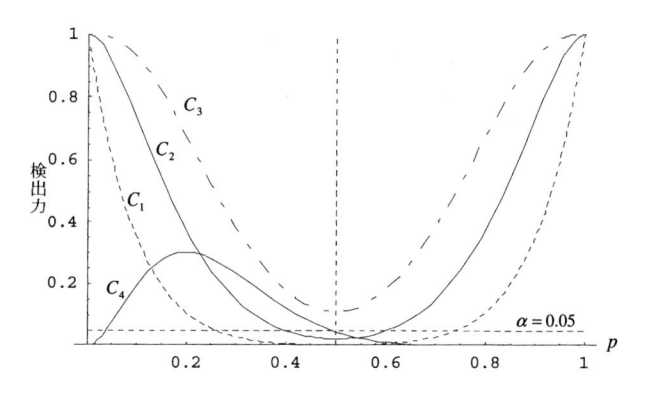

図 8.1 コインの検定の検出力関数

◆**問 8.2** コインの検定問題 (8.1) を考える. コインを 2 回投げたとき表の出た回数を T とし, $T \in \{0\}$ と $T \in \{0, 2\}$ を棄却域とする検定方式の検出力関数をそれぞれ $\beta_1(p)$, $\beta_2(p)$ とする. これらのグラフの概形を描け. また, これらの第 1 種の誤り確率の値を求めよ.

8.3 正規母集団における検定

平均に関する検定

正規母集団 $N(\mu, \sigma^2)$ において, 未知の母平均 μ に関心があるとしよう. ある与えられた値 μ_0 に対して, μ が μ_0 に等しいか, または μ が μ_0 より大きいか (あるいは小さいか) を調べたい. そこで, 次の 3 つの検定問題を考えよう.

8.3 正規母集団における検定

$$H_0 : \mu = \mu_0 \quad \text{vs.} \quad H_1 : \mu \neq \mu_0 \tag{8.3}$$

$$H_0 : \mu = \mu_0 \quad \text{vs.} \quad H_1 : \mu > \mu_0 \tag{8.4}$$

$$H_0 : \mu = \mu_0 \quad \text{vs.} \quad H_1 : \mu < \mu_0 \tag{8.5}$$

検定問題 (8.4) や (8.5) のように，対立仮説が不等式で表されるとき**片側検定** (one-sided test) という．これらを区別する場合には，検定問題 (8.4) を**右片側検定**，検定問題 (8.5) を**左片側検定** という．一方，検定問題 (8.3) のように対立仮説が帰無仮説の左右両側であるとき，**両側検定** (two-sided test) という．

例えば，A国の成人男性の平均身長 μ が未知で，B国の成人男性の平均身長 μ_0 が既知であるとする．A国とB国で平均身長に差があるかどうかを調べたい場合には，検定問題 (8.3) を両側検定することになる．ここで，A国とB国の平均身長の大小関係に関する事前情報がないことに注意する．別の例として，日本の高校3年生の平均身長 μ が未知で，高校2年生の平均身長 μ_0 が既知である場合を考えてみる．この場合にも，3年生と2年生の平均身長差に関心があり，帰無仮説として $H_0 : \mu = \mu_0$ (差がない) を設定することになる．問題は対立仮説であるが，この場合には検定を行う以前に $\mu \geq \mu_0$ であることがわかっている．したがって，対立仮説を $H_1 : \mu > \mu_0$ と設定して，片側検定を行うことになる．

さて，これらの検定問題に対して，具体的に棄却域を定めよう．区間推定のときと同様に，ここでも母分散が既知の場合と未知の場合に分けて考える．

(母分散が既知の場合)

母平均 μ に関する仮説の検定であるから，その推定量である標本平均 $\bar{X}$ に基づいて検定統計量を構成することが自然であろう．検定問題 (8.3) に対しては，$|\bar{X} - \mu_0|$ が極端に大きいとき H_0 を棄却し，検定問題 (8.4) ((8.5)) に対しては，$\bar{X} - \mu_0$ が極端に大きい (小さい) とき H_0 を棄却することにしよう．

帰無仮説 H_0 の下で $\bar{X} - \mu_0$ は $N(0, \sigma^2/n)$ に従うので，これを標準化して $Z \equiv \bar{X}^* = \sqrt{n}(\bar{X} - \mu_0)/\sigma$ とおくと，Z は $N(0,1)$ に従う．そこで，Z を検定統計量として，検定問題 (8.3) に対する棄却域を $|Z| > c_1$ とし，検定問題 (8.4) に対する棄却域を $Z > c_2$ とする．ただし，定数 c_1, c_2 はこれらの検定方式が有意水準 α の検定方式になるように定めなければならない．

まず，両側検定問題 (8.3) を考えよう．$|Z| > c_1$ を棄却域とする検定方式の検

出力関数 $\beta_1(\mu)$ は，Φ を標準正規分布の分布関数とすると

$$\beta_1(\mu) = 1 + \Phi\left(-\frac{\sqrt{n}(\mu-\mu_0)}{\sigma} - c_1\right) - \Phi\left(-\frac{\sqrt{n}(\mu-\mu_0)}{\sigma} + c_1\right) \quad (8.6)$$

で与えられる (問 8.3). 第 1 種の誤り確率 $\beta_1(\mu_0) = 1 + \Phi(-c_1) - \Phi(c_1)$ が α 以下となるためには，c_1 は $c_1 \geq z(\frac{\alpha}{2})$ を満たす必要がある (確かめよ). 一方, 検出力は c_1 が小さいほど大きくなる. したがって，$c_1 = z(\frac{\alpha}{2})$ として, 検定問題 (8.3) に対する有意水準 α の検定方式を次のように定める.

$$\text{棄却域: } |Z| > z(\tfrac{\alpha}{2}) \quad (8.7)$$

次に，右片側検定問題 (8.4) を考えよう. この検定問題に対する棄却域を $Z > c_2$ とすると，その検出力関数 $\beta_2(\mu)$ は

$$\beta_2(\mu) = 1 - \Phi\left(-\frac{\sqrt{n}(\mu-\mu_0)}{\sigma} + c_2\right) \quad (8.8)$$

で与えられる (問 8.3). 有意水準 α となるためには, 第 1 種の誤り確率 $= \beta_2(\mu_0) = 1 - \Phi(c_2) \leq \alpha$, すなわち, $c_2 \geq z(\alpha)$ でなければならない. 一方, 検出力は c_2 が小さいほど大きくなる. したがって, $c_2 = z(\alpha)$ として, 右片側検定問題 (8.4) に対する検定方式を次のように定める.

$$\text{棄却域: } Z > z(\alpha) \quad (8.9)$$

右片側検定問題 (8.4) と同様に考えて, 左片側検定問題 (8.5) に対する検定方式を次のように定める.

$$\text{棄却域: } Z < -z(\alpha) \quad (8.10)$$

図 8.2 は，両側検定 (8.7), 片側検定 (8.9), (8.10) の検出力関数を表したものである. どの検定方式も第 1 種の誤り確率は α に等しいが, $\mu > \mu_0$ の範囲では両側検定より右片側検定の方が検出力が大きい (第 2 種の誤り確率が小さい). 右片側検定においては, $\mu \geq \mu_0$ が事前情報として与えられているので, 事前情報のない両側検定に比べて $\mu > \mu_0$ の範囲で検出力が大きくなることは自然なことであろう.

◆問 **8.3** 検出力関数 $\beta_1(\mu)$ と $\beta_2(\mu)$ が, それぞれ式 (8.6) と (8.8) で与えられることを示せ.

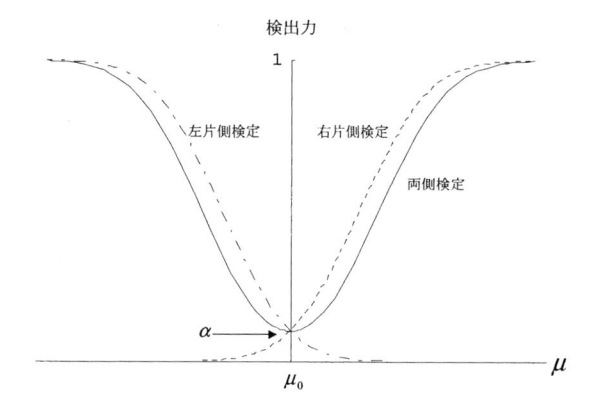

図 8.2 平均の検定の検出力関数

【例 8.4】 A国の成人男性の身長 (単位 cm) の分布は正規分布 $N(\mu, 5^2)$ であり，母平均 μ が未知であるとする．また，B国の成人男性の平均身長が 170.1 cm であることが既知であるとする．A国の成人男性 1000 人を無作為に選び身長を測定したところ，平均身長 171.9 cm であった．この結果から，A国とB国で平均身長に違いがあるといえるだろうか．

$$H_0 : \mu = 170.1 \quad \text{vs.} \quad H_1 : \mu \neq 170.1$$

を有意水準 5 ％で検定してみよう．$n = 1000, \mu_0 = 170.1, \bar{X} = 171.9, \sigma = 5$ となるので，$|Z| = \sqrt{1000}(171.9 - 170.1)/5 = 11.38 > z(0.025) = 1.96$ より H_0 は有意水準 5 ％で棄却され，A国とB国で平均身長に違いがあると判断される． ∎

【例 8.5】 ある症状に対する治療薬Aが開発された．この新薬Aは従来から用いられている治療薬Bに比べて，少なくとも同等の効果があることはわかっている．新薬Aが旧薬Bより真に有効であるかに関心がある．そこで，この症状の改善度を示すある特性値に注目して，これらの有効性を検討する．過去の経験から，この特性値の標準偏差が $\sigma = 0.09$ であり，Bを用いた場合の母平均が 2.29 であることがわかっている．Aは開発されたばかりであり，Aを用いた場合の母平均 μ は未知である．100 人の患者にAを用いてこの特性値を調べたところ，標本平均 $\bar{X} = 2.34$ であった．この結果から，AはBより真に有効であるといえるだろうか．

$$H_0 : \mu = 2.29 \quad \text{vs.} \quad H_1 : \mu > 2.29$$

を有意水準 1 ％で検定してみよう．H_0 が棄却されれば，AはBより真に有効と判断されることになる．この右片側検定問題に対して棄却域 (8.9) を用いると，$Z = \sqrt{100}\,(2.34 - 2.29)/0.09 = 5.56 > z(0.01) = 2.33$ より H_0 は有意水準 1 ％で棄却され，新薬Aは旧薬Bより有効と判断される． ∎

◆問 8.4 ある学力テストの高校生全体での得点分布は正規分布 $N(60, 10^2)$ である．ある高校で 50 人の生徒にこのテストを実施したところ，平均点 63 点であった．この学校の生徒の学力は全国水準と異なるといえるか．有意水準 5 % で検定せよ．

◆問 8.5 日本国内の 18 歳男性の身長 (単位 cm) の分布は正規分布 $N(\mu, 6^2)$ であり，母平均 μ が未知であるとする．また，17 歳男性全体の平均身長が 168.8 cm であることがわかっているとする．18 歳男性 100 人を無作為に選び身長を測定したところ，平均身長が 169.7 cm であった．この結果から，17 歳から 18 歳で身長が伸びているといえるかを，有意水準 5 % で検定せよ．

(母分散が未知の場合)

母分散 σ^2 が未知の場合に，母平均 μ に関する検定問題 (8.3), (8.4), (8.5) を考えよう．

不偏標本分散を U^2 とするとき，帰無仮説 H_0 の下で $T = \sqrt{n}(\bar{X} - \mu_0)/U$ は自由度 $n-1$ の t 分布に従う．そこで，T を検定統計量として，両側検定問題 (8.3) に対しては

$$\text{棄却域:}\ |T| > t_{n-1}(\tfrac{\alpha}{2}) \tag{8.11}$$

と定め，片側検定問題 (8.4) と (8.5) に対しては，それぞれ

$$\text{棄却域:}\ T > t_{n-1}(\alpha), \quad \text{棄却域:}\ T < -t_{n-1}(\alpha) \tag{8.12}$$

と定める．

【例 8.6】 ある車種のガソリン 1ℓ あたりの走行距離は，メーカーのカタログに 13.8 km/ℓ と記載されている．この車種の 10 台で試験走行を行ったところ，次の結果を得た (単位 km/ℓ)．

    13.7 11.6 13.9 13.9 14.2 14.9 12.0 13.4 13.8 13.0

平均走行距離はカタログに記載されている値 13.8 km/ℓ と異なるだろうか．平均走行距離を μ として

$$H_0: \mu = 13.8 \quad \text{vs.} \quad H_1: \mu \neq 13.8$$

を有意水準 5 % で検定してみよう．棄却域 (8.11) を用いると，$\bar{X} = 13.4, U = 0.998$ より，$|T| = 1.14 < t_9(0.025) = 2.262$ を得るので，帰無仮説 H_0 は有意水準 5 % で受容される．したがって，平均走行距離とカタログに記載されている値に違いがあるとはいえない．∎

◆問 8.6 20歳の日本人男性の握力の全国平均は 46.0 kg であることが知られている. ある地方で 10 人の 20 歳男性を無作為に選んで握力を調べたところ, 次の結果を得た (単位 kg).

$$46.6 \quad 38.8 \quad 51.0 \quad 59.2 \quad 58.6 \quad 62.9 \quad 31.5 \quad 47.1 \quad 57.8 \quad 40.3$$

この地方の平均握力と全国平均に違いがあるといえるか. 有意水準 5 % で検定せよ.

◆問 8.7 例 8.5 において, 母標準偏差 $\sigma = 0.09$ が未知であるとする. 20 人の患者に A を用いた結果, 標本平均 2.34, 不偏標本分散 $(0.10)^2$ であった. A は B より真に有効であるといえるか. 有意水準 1 % で検定せよ.

分散に関する検定

正規母集団 $N(\mu, \sigma^2)$ において, μ と σ^2 がいずれも未知であるとする. このとき, 母分散 σ^2 に関する次の仮説検定問題を考えよう. ただし, σ_0^2 を所与の値とする.

$$H_0 : \sigma^2 = \sigma_0^2 \quad \text{vs.} \quad H_1 : \sigma^2 \neq \sigma_0^2 \tag{8.13}$$

$$H_0 : \sigma^2 = \sigma_0^2 \quad \text{vs.} \quad H_1 : \sigma^2 > \sigma_0^2 \tag{8.14}$$

$$H_0 : \sigma^2 = \sigma_0^2 \quad \text{vs.} \quad H_1 : \sigma^2 < \sigma_0^2 \tag{8.15}$$

平均の検定のときと同様に, 式 (8.13) は分散の両側検定問題, 式 (8.14) と (8.15) は分散の片側検定問題とよばれる.

母分散 σ^2 の推定量である不偏標本分散 U^2 に基づいて検定統計量を構成しよう. $Y = (n-1)U^2/\sigma_0^2$ とおくと, H_0 の下で Y は自由度 $n-1$ の χ^2 分布に従う. そこで, Y を検定統計量として, 両側検定問題 (8.13) に対しては

$$\text{棄却域:} \ \{Y < \chi_{n-1}^2(1 - \tfrac{\alpha}{2})\} \cup \{Y > \chi_{n-1}^2(\tfrac{\alpha}{2})\} \tag{8.16}$$

と定め, 片側検定問題 (8.14) と (8.15) に対してはそれぞれ

$$\text{棄却域:} \ Y > \chi_{n-1}^2(\alpha), \quad \text{棄却域:} \ Y < \chi_{n-1}^2(1 - \alpha) \tag{8.17}$$

と定めると, これらは有意水準 α の検定方式となる.

式 (8.16) を棄却域とする検定方式の検出力関数を $\beta_1(\sigma^2)$ とし, 式 (8.17) の $Y > \chi_{n-1}^2(\alpha)$ と $Y < \chi_{n-1}^2(1-\alpha)$ を棄却域とする検定方式の検出力関数をそれ

それ $\beta_2(\sigma^2), \beta_3(\sigma^2)$ とする．また，自由度 $n-1$ の χ^2 分布の分布関数を G_{n-1} とする．このとき，これらの検出力関数は

$$\begin{cases} \beta_1(\sigma^2) = 1 + G_{n-1}\left(\frac{\sigma_0^2}{\sigma^2}\chi_{n-1}^2(1-\frac{\alpha}{2})\right) - G_{n-1}\left(\frac{\sigma_0^2}{\sigma^2}\chi_{n-1}^2(\frac{\alpha}{2})\right) \\ \beta_2(\sigma^2) = 1 - G_{n-1}\left(\frac{\sigma_0^2}{\sigma^2}\chi_{n-1}^2(\alpha)\right) \\ \beta_3(\sigma^2) = G_{n-1}\left(\frac{\sigma_0^2}{\sigma^2}\chi_{n-1}^2(1-\alpha)\right) \end{cases} \quad (8.18)$$

で与えられる (問 8.8)．図 8.3 はこれらをグラフにしたものである．この図から，いずれの検定方式も有意水準 α であること，すなわち，$\beta_1(\sigma_0^2) = \beta_2(\sigma_0^2) = \beta_3(\sigma_0^2) = \alpha$ であることを確認できる．また，平均の検定の場合と同様に，$\sigma^2 > \sigma_0^2$ ($\sigma^2 < \sigma_0^2$) の範囲では $\beta_2(\sigma^2) > \beta_1(\sigma^2)$ ($\beta_3(\sigma^2) > \beta_1(\sigma^2)$) である．

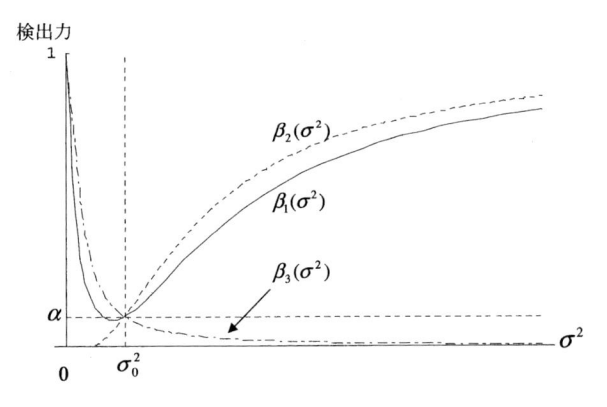

図 8.3 分散の検定の検出力関数

【例 8.7】 ある工場でジュースのビンが製造されている．この工場では，なるべく同じサイズのビンを製造したいが，実際に製造されるビンの直径には，ばらつきが生じてしまう．そこで，このばらつきを小さくするために新しい製造機械を導入した．新機械が導入される以前は，製造されるビンの直径の母標準偏差は 0.47 mm であった．新機械導入後，無作為に 30 本のビンを選んで調べたところ，標本標準偏差は $U = 0.39$ mm であった．新機械導入により，ビンの直径のばらつきが小さくなったといえるだろうか．新機械導入後のビンの直径の分布が正規分布 $N(\mu, \sigma^2)$ であることを仮定して

$$H_0 : \sigma^2 = (0.47)^2 \quad \text{vs.} \quad H_1 : \sigma^2 < (0.47)^2$$

を有意水準 5 %で検定してみよう．式 (8.17) の棄却域 $Y < \chi_{n-1}^2(1-\alpha)$ を用いると，

$Y = 29 \times (0.39)^2/(0.47)^2 = 19.97 > \chi^2_{29}(0.95) = 17.71$ となるから H_0 は受容される. したがって，新機械導入の効果があったとはいえない. ∎

◆**問 8.8** 検出力関数 $\beta_i(\sigma^2)$ $(i = 1, 2, 3)$ が式 (8.18) で与えられることを示せ.

◆**問 8.9** ある種の動物のエサAとBがある．エサAを与えた場合の体重の母標準偏差が 2.51 kg であることがわかっている．エサBを与えたときの体重の分布は正規分布であり，その平均と分散は未知であるとする．そこで，この種の動物 10 個体にエサBを与え，体重を調べたところ次の結果を得た (単位 kg).

$$22.5 \quad 13.9 \quad 23.1 \quad 23.3 \quad 24.5 \quad 27.2 \quad 15.5 \quad 21.1 \quad 22.8 \quad 19.5$$

エサAとBで体重のばらつきに違いがあるといえるかを有意水準 5％で検定せよ.

8.4 2つの正規母集団における検定

前節では，単一の正規母集団における平均や分散の検定について考えた．この節では，2つの正規母集団があるとき，それらの違いを調べることを考えよう.

例えば，ある種の植物の成長に関心があり，2つの条件の下でこの植物を育てたとする．いずれの条件の下でも植物の成長度の分布は正規分布であると仮定すると，2つの正規母集団について考えることになる．このとき，生育条件によって植物の平均的成長度に違いがあるか (2つの正規母集団の平均に違いがあるか)，または，植物の成長度のばらつきに違いがあるか (2つの正規母集団の分散に違いがあるか) などを調べたい.

2つの正規母集団 $N(\mu_1, \sigma_1^2)$ と $N(\mu_2, \sigma_2^2)$ のそれぞれから独立に，標本数 n_1 と n_2 の無作為標本を抽出したとする．また，それぞれの標本平均を $\bar{X}_1$ と $\bar{X}_2$，不偏標本分散を U_1^2 と U_2^2 で表すことにする.

平均の差に関する検定

2つの正規母集団の母平均の差に関する次の検定問題を考えよう.

$$H_0 : \mu_1 = \mu_2 \quad \text{vs.} \quad H_1 : \mu_1 \neq \mu_2 \tag{8.19}$$

$$H_0 : \mu_1 = \mu_2 \quad \text{vs.} \quad H_1 : \mu_1 > \mu_2 \tag{8.20}$$

ここでも，母分散が既知の場合と未知の場合を分けて考える.

(母分散が既知の場合)

母分散 σ_1^2 と σ_2^2 はいずれも既知であるとする．式 (8.19) と (8.20) はいずれも母平均の差 $\mu_1 - \mu_2$ に関する検定問題であるから，その推定量である $\bar{X}_1 - \bar{X}_2$ に基づいて検定を行うことにする．検定問題 (8.19) については $|\bar{X}_1 - \bar{X}_2|$ が極端に大きいとき帰無仮説を棄却し，検定問題 (8.20) については $\bar{X}_1 - \bar{X}_2$ が極端に大きいとき帰無仮説を棄却することが自然であろう．

$$Z = \frac{\bar{X}_1 - \bar{X}_2}{\sqrt{\frac{\sigma_1^2}{n_1} + \frac{\sigma_2^2}{n_2}}} \tag{8.21}$$

とおくと，H_0 の下で Z は標準正規分布に従う．そこで，検定問題 (8.19) と (8.20) に対する検定方式をそれぞれ次のように定める．

$$\text{式 (8.19) の棄却域: } |Z| > z(\tfrac{\alpha}{2}), \quad \text{式 (8.20) の棄却域: } Z > z(\alpha) \tag{8.22}$$

(母分散が未知の場合)

2つの正規母集団において，母分散 σ_1^2 と σ_2^2 はいずれも未知であるが，**等分散性**，すなわち $\sigma_1^2 = \sigma_2^2$ を仮定できる場合が多い．

等分散性を仮定し，$\sigma^2 \equiv \sigma_1^2 = \sigma_2^2$ とおく．このとき，H_0 の下で，$\bar{X}_1 - \bar{X}_2$ は $N(0, \sigma^2(1/n_1 + 1/n_2))$ に従う．また

$$\hat{\sigma}^2 = \left\{ (n_1 - 1)U_1^2 + (n_2 - 1)U_2^2 \right\} / (n_1 + n_2 - 2)$$

とおくと ($\hat{\sigma}^2$ は σ^2 の不偏推定量)，$(n_1 + n_2 - 2)\hat{\sigma}^2/\sigma^2$ は自由度 $n_1 + n_2 - 2$ の χ^2 分布に従う．したがって

$$T = \sqrt{\frac{n_1 n_2}{n_1 + n_2}} \frac{\bar{X}_1 - \bar{X}_2}{\hat{\sigma}}$$

とおくと，H_0 の下で T は自由度 $n_1 + n_2 - 2$ の t 分布に従う．そこで，検定問題 (8.19) と (8.20) に対する検定方式を，それぞれ

$$\text{式 (8.19) の棄却域: } |T| > t_{n_1+n_2-2}(\tfrac{\alpha}{2}) \tag{8.23}$$

$$\text{式 (8.20) の棄却域: } T > t_{n_1+n_2-2}(\alpha) \tag{8.24}$$

のように定める．

8.4 2つの正規母集団における検定

【例 8.8】 2つの地域AとBで,小学生の学力に差があるかを調べたい.そこで,それぞれの地域で小学生 15 人に同一の学力テストを実施したところ,A 地域では平均点 67.2,不偏標本分散 $(5.1)^2$ であり,B 地域では平均点 64.6,不偏標本分散 $(4.8)^2$ であった.A地域とB地域での得点の母集団分布はいずれも正規分布であり,それらの母分散が等しいこと (等分散性) を仮定できるとする.このとき,AとBそれぞれの母平均を μ_1, μ_2 として

$$H_0 : \mu_1 = \mu_2 \quad \text{vs.} \quad H_1 : \mu_1 \neq \mu_2$$

を有意水準 5 % で検定してみよう.棄却域 (8.23) を用いると,$n_1 = n_2 = 15$, $\bar{X}_1 = 67.2$, $\bar{X}_2 = 64.6$, $U_1^2 = (5.1)^2$, $U_2^2 = (4.8)^2$ より,$\hat{\sigma} = 4.95$ を得る.

$$|T| = \sqrt{\frac{15 \times 15}{15 + 15}} \times \frac{67.2 - 64.6}{4.95} = 1.438 < t_{28}(0.025) = 2.048$$

であるから H_0 は受容される.したがって,AとBで学力に差があるとはいえない.■

◆問 8.10 A社はある作物に対する肥料を製造しており,「わが社の肥料はライバルのB社のものより,平均的な収穫量が大きい」と主張している.そこで,等面積の 20 区画の畑の 10 区画にはA社製の肥料を,残りの 10 区画にはB社製を与えたところ,収穫量に関して下表の結果を得た (単位 t).A社製とB社製で収穫量の母分散は等しいと仮定できるとする.この実験結果からA社の主張は正しいといえるか.有意水準 5 % で検定せよ.

A社製肥料	10.0	8.4	8.8	9.6	7.7	11.2	12.1	9.5	9.0	10.1
B社製肥料	6.9	8.8	10.7	6.1	8.5	6.9	9.3	7.3	8.8	7.1

以上,母分散 σ_1^2 と σ_2^2 は未知であるが,等分散性 $\sigma_1^2 = \sigma_2^2$ が仮定できる場合について考えた.次に,等分散性を仮定できない場合について考えよう.

σ_1^2 と σ_2^2 が既知の場合には,式 (8.21) の Z を検定統計量として用いた.σ_1^2 と σ_2^2 は未知であるから,これらをそれぞれ不偏標本分散 U_1^2 と U_2^2 で推定し,式 (8.21) の Z における σ_1^2, σ_2^2 にそれぞれ U_1^2, U_2^2 を代入したものを検定統計量として用いることにする.すなわち

$$\widetilde{T} = (\bar{X}_1 - \bar{X}_2) \Big/ \sqrt{U_1^2/n_1 + U_2^2/n_2} \tag{8.25}$$

を検定統計量とする.

$$\frac{(U_1^2/n_1 + U_2^2/n_2)^2}{\nu} = \frac{U_1^4}{n_1^2(n_1-1)} + \frac{U_2^4}{n_2^2(n_2-1)} \tag{8.26}$$

とおくとき,n_1 と n_2 があまり小さくない (どちらも 10 以上) ならば,H_0 の下での $\widetilde{T}$ の分布を自由度 ν の t 分布で近似できることが知られている.そこで,母分

散が未知で等分散性を仮定できない場合には，検定問題 (8.19) と (8.20) に対する有意水準 α の検定方式をそれぞれ次のように定める．

$$\text{棄却域}: |\widetilde{T}| > t_\nu(\tfrac{\alpha}{2}), \quad \text{棄却域}: \widetilde{T} > t_\nu(\alpha) \qquad (8.27)$$

これらの検定方式を**ウェルチの検定** (Welch test) という．

【例 8.9】 2通りの生育条件AとBの下である種の植物を育てた場合に，条件Aの方が条件Bより成長効率が良いといわれている．この説が正しいかを調べたい．そこで，その他の生育条件を同一に管理し，条件AとBそれぞれの下でこの植物 10 個体ずつを一定期間育て，植物の大きさを調べたところ次の結果を得た (単位 cm)．

条件A	15.8	30.1	20.5	37.5	35.1	28.1	32.5	37.7	36.3	19.5
条件B	26.6	24.1	25.6	23.8	26.5	23.2	23.3	17.4	26.6	21.0

条件AとBの下での母平均をそれぞれ μ_1, μ_2 として

$$H_0 : \mu_1 = \mu_2 \quad \text{vs.} \quad H_1 : \mu_1 > \mu_2$$

を有意水準 5 ％で検定してみよう．標本平均と不偏標本分散を求めると，$\bar{X}_1 = 29.31$, $\bar{X}_2 = 23.81$, $U_1^2 = 65.39$, $U_2^2 = 8.41$ となる．U_1^2 と U_2^2 の値は大きく異なっており，等分散性を仮定できそうにない (実際，例 8.10 において，有意水準 1 ％でも等分散性の仮説は棄却される)．そこで，式 (8.27) の棄却域 $\widetilde{T} > t_\nu(\alpha)$ によりウェルチの検定を行う．式 (8.26) の ν の値を求めると，$\nu \approx 11.28$ を得る．小数第 1 位を四捨五入して，$\nu = 11$ と近似する．$\widetilde{T} = 2.025 > t_{11}(0.05) = 1.796$ より，H_0 は有意水準 5 ％で棄却される．したがって，Aの方がBよりも成長効率が良いと考えられる． ∎

◆**問 8.11** 式 (8.26) の ν に対して，$\min(n_1, n_2) - 1 \leq \nu \leq n_1 + n_2 - 2$ が成り立つことを示せ．

◆**問 8.12** 2つの地域AとBで，小学生の小遣い額に格差があるかを調べたい．それぞれの地域で 16 人の小学生の 1 ヵ月当たりの小遣い額 (単位 千円) を調査したところ，A地域では平均 4.3, 不偏標本分散 0.9, B地域では平均 6.1, 不偏標本分散 3.1 であった．両地域の平均小遣い額に格差があるといえるか．有意水準 5 ％で検定せよ．ただし，両地域での小遣い額に等分散性を仮定できないものとする．

分散比に関する検定

2つの正規母集団 $N(\mu_1, \sigma_1^2)$, $N(\mu_2, \sigma_2^2)$ において，母平均と母分散はすべて未知であるとする．このとき，母分散に関する検定問題

$$H_0 : \sigma_1^2 = \sigma_2^2 \quad \text{vs.} \quad H_1 : \sigma_1^2 \neq \sigma_2^2 \qquad (8.28)$$

$$H_0 : \sigma_1^2 = \sigma_2^2 \quad \text{vs.} \quad H_1 : \sigma_1^2 > \sigma_2^2 \tag{8.29}$$

を考えよう．

2つの正規母集団のそれぞれから独立に標本数 n_1, n_2 の無作為標本を抽出したときの不偏標本分散をそれぞれ U_1^2, U_2^2 とし，$F = U_1^2/U_2^2$ とおく．検定問題 (8.28) に対しては，F の実現値が極端に大きいかまたは小さいとき H_0 を棄却し，検定問題 (8.29) に対しては，F の実現値が極端に大きいとき H_0 を棄却することにする．H_0 の下で，F は自由度 $(n_1 - 1, n_2 - 1)$ の F 分布に従う．そこで，検定問題 (8.28) の検定方式を

$$\text{棄却域：} \{F < f_{n_1-1, n_2-1}(1 - \tfrac{\alpha}{2})\} \cup \{F > f_{n_1-1, n_2-1}(\tfrac{\alpha}{2})\} \tag{8.30}$$

によって，検定問題 (8.29) の検定方式を

$$\text{棄却域：} F > f_{n_1-1, n_2-1}(\alpha) \tag{8.31}$$

によって定める．

【例 8.10】 例 8.9 において，条件AとBの下での植物の大きさの母分散をそれぞれ σ_1^2, σ_2^2 とするとき，検定問題 (8.28) を有意水準 1 % で検定してみよう．両側検定問題であるから，式 (8.30) の棄却域を用いる．$F = 65.39/8.41 = 7.77 > f_{9,9}(0.005) = 6.54$ より，等分散性の帰無仮説 $H_0 : \sigma_1^2 = \sigma_2^2$ は棄却される． ∎

◆**問 8.13** 問 8.12 において，地域AとBで等分散性を仮定できるかを有意水準 5 % で検定せよ．

8.5 母比率の検定

8.1 節および 8.2 節の例 8.2 において，コインの検定問題 (8.1) について考えた．この節では，これを一般化した検定問題について考えよう．

(単一のベルヌーイ母集団の場合)

$X_1, \cdots, X_n$ をパラメータ p のベルヌーイ母集団からの無作為標本とするとき，母数 p に関する検定問題

$$H_0 : p = p_0 \quad \text{vs.} \quad H_1 : p \neq p_0 \tag{8.32}$$

$$H_0 : p = p_0 \quad \text{vs.} \quad H_1 : p > p_0 \tag{8.33}$$

$$H_0 : p = p_0 \quad \text{vs.} \quad H_1 : p < p_0 \tag{8.34}$$

を考える．ただし，p_0 $(0 < p_0 < 1)$ を所与の値とする．コインの検定問題 (8.1) は，検定問題 (8.32) において $p_0 = 1/2$ とした場合に相当する．

7.5 節でみたように，$X = \sum_{i=1}^{n} X_i$ とおくとき，母数 p の最尤推定量は $\hat{p} = X/n$ により与えられる．検定問題 (8.32) に対しては $|\hat{p} - p_0|$ が極端に大きいとき帰無仮説 H_0 を棄却し，検定問題 (8.33) ((8.34)) に対しては $\hat{p} - p_0$ が極端に大きい (小さい) とき H_0 を棄却することが自然であろう．

標本数 n が十分に大きい場合を考えよう．H_0 の下で X は二項分布 $B(n, p_0)$ に従うので，二項分布の正規近似により，n が十分に大きいとき，H_0 の下で $\sqrt{n}(\hat{p} - p_0)/\sqrt{p_0(1-p_0)}$ は近似的に標準正規分布に従う．そこで，検定問題 (8.32), (8.33), (8.34) に対する検定方式をそれぞれ

$$\text{棄却域: } \sqrt{n}|\hat{p} - p_0|/\sqrt{p_0(1-p_0)} > z(\tfrac{\alpha}{2}) \tag{8.35}$$

$$\text{棄却域: } \sqrt{n}(\hat{p} - p_0)/\sqrt{p_0(1-p_0)} > z(\alpha) \tag{8.36}$$

$$\text{棄却域: } \sqrt{n}(\hat{p} - p_0)/\sqrt{p_0(1-p_0)} < -z(\alpha) \tag{8.37}$$

と定めると，これらは近似的な有意水準 α の検定方式となる．ここで

$$\xi = \sqrt{\frac{p_0(1-p_0)}{p(1-p)}}, \quad \delta = \frac{\sqrt{n}(p - p_0)}{\sqrt{p(1-p)}}$$

とおくと，棄却域 (8.35) の近似的な検出力関数は

$$\begin{aligned}
\beta_1(p) &= P\{\sqrt{n}|\hat{p} - p_0|/\sqrt{p_0(1-p_0)} > z(\tfrac{\alpha}{2})\} \\
&= P\left\{\frac{\sqrt{n}(\hat{p} - p)}{\sqrt{p(1-p)}} < -\xi z(\tfrac{\alpha}{2}) - \delta \text{ または } \frac{\sqrt{n}(\hat{p} - p)}{\sqrt{p(1-p)}} > \xi z(\tfrac{\alpha}{2}) - \delta\right\} \\
&= 1 - \Phi\bigl(\xi z(\tfrac{\alpha}{2}) - \delta\bigr) + \Phi\bigl(-\xi z(\tfrac{\alpha}{2}) - \delta\bigr)
\end{aligned}$$

で与えられる．また，棄却域 (8.36) と (8.37) の近似的な検出力関数は，それぞれ

$$\beta_2(p) = 1 - \Phi\bigl(\xi z(\alpha) - \delta\bigr), \quad \beta_3(p) = \Phi\bigl(-\xi z(\alpha) - \delta\bigr) \tag{8.38}$$

で与えられる (問 8.14)．図 8.4 は，$p_0 = 1/2$, $n = 30$, $\alpha = 0.05$ の場合に，これらの検出力関数をグラフにしたものである．

8.5 母比率の検定

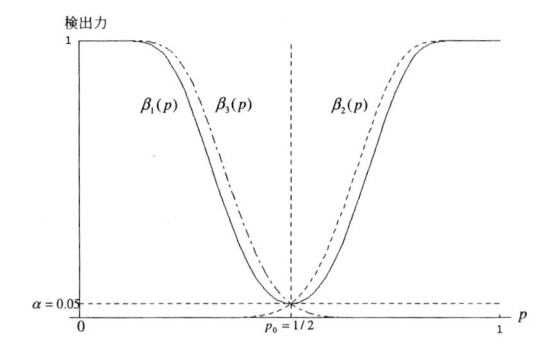

図 8.4 母比率の検定の検出力関数

【例 8.11】 ある政党の全国での支持率が 10 %であることがわかっている．この政党の支持者が比較的多いといわれているある地域で，有権者 900 人を無作為に選びこの政党を支持するかを尋ねたところ，108 人が支持すると答えた．この地域での支持率は全国と比べて高いといえるだろうか．この地域での支持率を p として

$$H_0 : p = 0.1 \quad \text{vs.} \quad H_1 : p > 0.1$$

を有意水準 5 %で検定してみよう．式 (8.36) の棄却域を用いる．$n = 900$, $p_0 = 0.1$, $\hat{p} = 108/900 = 0.12$ となるので，$\sqrt{n}(\hat{p} - p_0)/\sqrt{p_0(1 - p_0)} = 2.0 > z(0.05) = 1.645$ より H_0 は有意水準 5 %で棄却され，この地域での支持率は全国と比べて高いといえる． ∎

◆問 **8.14** 棄却域 (8.36) と (8.37) の近似的な検出力関数が式 (8.38) で与えられることを示せ．

◆問 **8.15** あるコインを 400 回投げたところ，表が 184 回出たとする．このコインに歪みがあるといえるかを有意水準 5 %で検定せよ．

◆問 **8.16** あるテレビ番組は 10 %以上の視聴率を期待されているが，今回の調査 (標本数 1000) で視聴率は 9.3 %(推定値) に落ち込んでしまった．この番組の視聴率が本当に 10 %を割り込んだといえるかを有意水準 5%で検定せよ．

(2 つのベルヌーイ母集団の場合)

8.4 節で 2 つの正規母集団を考えたのと同様に，2 つのベルヌーイ母集団を比較することを考えよう．すなわち，パラメータ p_1 と p_2 のベルヌーイ母集団があるとき，検定問題

$$H_0 : p_1 = p_2 \quad \text{vs.} \quad H_1 : p_1 \neq p_2 \tag{8.39}$$

$$H_0 : p_1 = p_2 \quad \text{vs.} \quad H_1 : p_1 > p_2 \tag{8.40}$$

を考える.

パラメータ p_1 のベルヌーイ母集団とパラメータ p_2 のベルヌーイ母集団のそれぞれから独立に標本数 n_1, n_2 の無作為標本を抽出したとする.また,このときの母比率 p_1 と p_2 の最尤推定量をそれぞれ $\hat{p}_1, \hat{p}_2$ で表すことにする.単一のベルヌーイ母集団のときと同様に,$|\hat{p}_1 - \hat{p}_2|$ が極端に大きいとき検定問題 (8.39) の H_0 を棄却し,$\hat{p}_1 - \hat{p}_2$ が極端に大きいとき検定問題 (8.40) の H_0 を棄却することが自然であろう.

$$Z = \frac{\hat{p}_1 - \hat{p}_2}{\sqrt{(1/n_1 + 1/n_2)\tilde{p}(1-\tilde{p})}}, \quad \tilde{p} = \frac{n_1}{n_1 + n_2}\hat{p}_1 + \frac{n_2}{n_1 + n_2}\hat{p}_2$$

とおく.このとき,n_1 と n_2 が十分大きいならば,H_0 の下で Z は近似的に標準正規分布に従う.そこで,検定問題 (8.39) と (8.40) に対する検定方式をそれぞれ

$$\text{式 (8.39) の棄却域:} \ |Z| > z(\tfrac{\alpha}{2}), \quad \text{式 (8.40) の棄却域:} \ Z > z(\alpha) \tag{8.41}$$

のように定めると,これらは近似的に有意水準 α の検定方式となる.

【例 8.12】 男性と女性それぞれ 200 人を無作為に選び,あるタレントを好きかと尋ねたところ,男性 150 人,女性 170 人が好きと答えた.このタレントの好感度に男女差があるだろうか.好感をもつ男性の母比率を p_1,女性の母比率を p_2 として,検定問題 (8.39) を有意水準 5 %で検定してみよう.$n_1 = n_2 = 200, \hat{p}_1 = 150/200, \hat{p}_2 = 170/200$ となるので,$\tilde{p} = 0.8$ を得る.$|Z| = 2.5 > z(0.025) = 1.96$ より $H_0 : p_1 = p_2$ は棄却され,好感度に男女差があるといえる.

◆問 8.17 インフルエンザワクチンの効果に関心があり,ある病院で調査したところ,ワクチン接種者 119 人中 9 人,非接種者 277 人中 53 人がインフルエンザに罹ったことが判明した.ワクチンの効果があるといえるかを有意水準 1 %で検定せよ.

8.6 相関係数の検定

身長と体重,数学の得点と化学の得点など,2 つの特性の関連性を調べたい場合がある.このような関連性を測る尺度の 1 つとして,相関係数がある.この節では,母集団分布が 2 次元正規分布である場合に,相関係数に関する仮説を検定することを考えよう.

8.6 相関係数の検定

無相関帰無仮説 $H_0 : \rho = 0$

2つの変量 X と Y の母集団分布が2次元正規分布 (例 3.5 参照) であるとする. すなわち, 2次元確率変数 (X, Y) の同時確率密度関数が式 (3.11) で与えられるとする. また, 母平均ベクトル $\boldsymbol{\mu}$ と母共分散行列 Σ は, いずれも未知であるとする. X と Y の相関係数を ρ で表すと, 例 3.5 において示したように, X と Y が独立であることと $\rho = 0$ (無相関) であることは同値である. したがって, X と Y が独立 (無相関) であるか, または X と Y が正 (負) の相関をもつかを調べるためには, 検定問題

$$H_0 : \rho = 0 \quad \text{vs.} \quad H_1 : \rho \neq 0 \tag{8.42}$$

$$H_0 : \rho = 0 \quad \text{vs.} \quad H_1 : \rho > (<) 0 \tag{8.43}$$

を考えればよい.

$(X_1, Y_1)^\top, \cdots, (X_n, Y_n)^\top$ をこの2次元正規母集団からの無作為標本とするとき, 母相関係数 ρ の最尤推定量を導出しよう. 記法の混乱を避けるため, $\tau_X = \sigma_X^2$, $\tau_Y = \sigma_Y^2$ とおく. このとき, 未知母数は母平均 μ_X と μ_Y, 母分散 τ_X と τ_Y, 母相関係数 ρ の5つであり, 対数尤度関数は

$$\begin{aligned}L(\mu_X, \mu_Y, \tau_X, \tau_Y, \rho) =& -n \log(2\pi) - \frac{n}{2} \left\{ \log \tau_X + \log \tau_Y + \log(1 - \rho^2) \right\} \\& - \frac{1}{2(1-\rho^2)} \sum_{i=1}^n \left\{ \left(\frac{x_i - \mu_X}{\sqrt{\tau_X}} \right)^2 + \left(\frac{y_i - \mu_Y}{\sqrt{\tau_Y}} \right)^2 \right. \\& \left. - 2\rho \left(\frac{x_i - \mu_X}{\sqrt{\tau_X}} \right) \left(\frac{y_i - \mu_Y}{\sqrt{\tau_Y}} \right) \right\}\end{aligned}$$

で与えられる. これを最大にするためには, 次の連立方程式を解けばよい.

$$\frac{\partial L}{\partial \mu_X} = \frac{n}{1-\rho^2} \left\{ \frac{\bar{x} - \mu_X}{\tau_X} - \rho \frac{\bar{y} - \mu_Y}{\tau_Y} \right\} = 0 \tag{8.44}$$

$$\frac{\partial L}{\partial \mu_Y} = \frac{n}{1-\rho^2} \left\{ \frac{\bar{y} - \mu_Y}{\tau_Y} - \rho \frac{\bar{x} - \mu_X}{\tau_X} \right\} = 0 \tag{8.45}$$

$$\begin{aligned}\frac{\partial L}{\partial \tau_X} = \frac{1}{2\tau_X} \Bigg\{ &-n + \frac{1}{1-\rho^2} \sum_{i=1}^n \left(\frac{x_i - \mu_X}{\sqrt{\tau_X}} \right)^2 \\&- \frac{\rho}{1-\rho^2} \sum_{i=1}^n \left(\frac{x_i - \mu_X}{\sqrt{\tau_X}} \right) \left(\frac{y_i - \mu_Y}{\sqrt{\tau_Y}} \right) \Bigg\} = 0 \end{aligned} \tag{8.46}$$

$$\frac{\partial L}{\partial \tau_Y} = \frac{1}{2\tau_Y} \left\{ -n + \frac{1}{1-\rho^2} \sum_{i=1}^{n} \left(\frac{y_i - \mu_Y}{\sqrt{\tau_Y}} \right)^2 \right.$$
$$\left. - \frac{\rho}{1-\rho^2} \sum_{i=1}^{n} \left(\frac{x_i - \mu_X}{\sqrt{\tau_X}} \right) \left(\frac{y_i - \mu_Y}{\sqrt{\tau_Y}} \right) \right\} = 0 \qquad (8.47)$$

$$\frac{\partial L}{\partial \rho} = \frac{\rho}{1-\rho^2} \left[n - \frac{1}{1-\rho^2} \sum_{i=1}^{n} \left\{ \left(\frac{x_i - \mu_X}{\sqrt{\tau_X}} \right)^2 + \left(\frac{y_i - \mu_Y}{\sqrt{\tau_Y}} \right)^2 \right\} \right.$$
$$\left. + \frac{1+\rho^2}{\rho(1-\rho^2)} \sum_{i=1}^{n} \left(\frac{x_i - \mu_X}{\sqrt{\tau_X}} \right) \left(\frac{y_i - \mu_Y}{\sqrt{\tau_Y}} \right) \right] = 0 \qquad (8.48)$$

式 (8.44), (8.45) より

$$\mu_X = \bar{x}, \quad \mu_Y = \bar{y} \qquad (8.49)$$

を得る．また，$2\tau_X \times (8.46) + 2\tau_Y \times (8.47) + \frac{1-\rho^2}{\rho} \times (8.48)$ を計算することにより

$$\rho = \frac{1}{n} \sum_{i=1}^{n} \left(\frac{x_i - \mu_X}{\sqrt{\tau_X}} \right) \left(\frac{y_i - \mu_Y}{\sqrt{\tau_Y}} \right) \qquad (8.50)$$

を得る．これを式 (8.46) と (8.47) に代入すると

$$\tau_X = \frac{1}{n} \sum_{i=1}^{n} (x_i - \mu_X)^2, \quad \tau_Y = \frac{1}{n} \sum_{i=1}^{n} (y_i - \mu_Y)^2 \qquad (8.51)$$

となる．そこで，式 (8.49) と (8.51) を式 (8.50) に代入すると

$$\rho = \frac{\sum_{i=1}^{n}(x_i - \bar{x})(y_i - \bar{y})}{\sqrt{\{\sum_{i=1}^{n}(x_i - \bar{x})^2\}\{\sum_{i=1}^{n}(y_i - \bar{y})^2\}}} \qquad (8.52)$$

を得る (式 (5.12) 参照)．最後に，式 (8.52) において実現値 (x_i, y_i) を確率変数 (X_i, Y_i) で置き換えることにより，ρ の最尤推定量

$$R = \frac{\sum_{i=1}^{n}(X_i - \bar{X})(Y_i - \bar{Y})}{\sqrt{\{\sum_{i=1}^{n}(X_i - \bar{X})^2\}\{\sum_{i=1}^{n}(Y_i - \bar{Y})^2\}}} \qquad (8.53)$$

を得る (式 (2.104) と比較せよ)．

ρ の推定量である R に基づいて検定を行うことにする．検定問題 (8.42) については $|R|$ の実現値が 1 に近いとき，検定問題 (8.43) については R の実現値が 1 (-1) に近いとき H_0 を棄却するのが自然であろう．

$$T = \frac{\sqrt{n-2}\,R}{\sqrt{1-R^2}} \tag{8.54}$$

とおくと, T は $-1 < R < 1$ において R の単調増加関数 (図 8.5 の左図) であるから, $|R|$ が 1 に近くなるに伴い $|T|$ は大きくなる. 同様に, R が 1 (-1) に近くなるに伴って T は大きく (小さく) なる. したがって, 検定問題 (8.42) については $|T|$ が極端に大きいとき, 検定問題 (8.43) については T が極端に大きい (小さい) とき H_0 を棄却することにする.

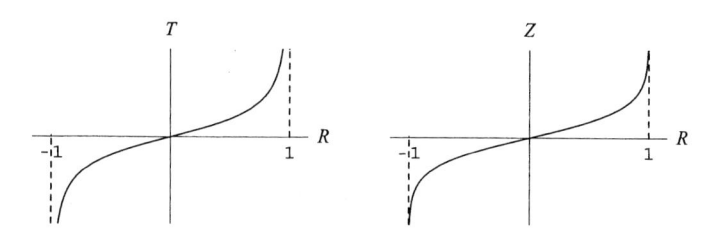

図 8.5 標本相関係数 R の T 変換 (8.54) と Z 変換 (8.59)

H_0 の下で, T は自由度 $n-2$ の t 分布に従うことが知られている. そこで, 検定問題 (8.42) と (8.43) に対する検定方式を

式 (8.42) の棄却域: $|T| > t_{n-2}\left(\frac{\alpha}{2}\right)$ $\tag{8.55}$

式 (8.43) の棄却域: $T > t_{n-2}(\alpha)$ $(T < -t_{n-2}(\alpha))$ $\tag{8.56}$

のように定める.

【例 8.13】 常識的に考えれば, 身長と体重の間に負の相関があることはないであろう. では, これらの間に正の相関があるといえるだろうか. 25 人の学生を無作為に選び身長と体重を測定したところ, 標本相関係数 $R = 0.48$ であった. 身長と体重の母相関係数を ρ として, $H_0 : \rho = 0$ vs. $H_1 : \rho > 0$ を有意水準 5 % で検定してみよう. $T = 2.624 > t_{23}(0.05) = 1.714$ より H_0 は棄却される. したがって, 身長と体重に正の相関がある. ∎

◆問 8.18 ある小学校で, 10 人の児童を無作為に選び, 算数と国語の学力テストを実施したところ下の結果を得た. 算数と国語の学力に相関があるといえるかを有意水準 5 % で検定せよ.

児童	1	2	3	4	5	6	7	8	9	10
算数	31	56	60	46	60	37	49	54	80	17
国語	55	78	53	58	69	64	70	53	62	68

帰無仮説 $H_0 : \rho = \rho_0$

以上の議論を一般化して，ρ がある特定の値 ρ_0 に等しいかどうかを検定することを考える．すなわち，所与の値 ρ_0 $(-1 < \rho_0 < 1)$ に対して，検定問題

$$H_0 : \rho = \rho_0 \quad \text{vs.} \quad H_1 : \rho \neq \rho_0 \tag{8.57}$$

$$H_0 : \rho = \rho_0 \quad \text{vs.} \quad H_1 : \rho > (<) \rho_0 \tag{8.58}$$

を考える．$\rho_0 = 0$ の場合についてはすでに検定方式が与えられたので，ここでは $\rho_0 \neq 0$ の場合について考えよう．この場合には標本相関係数の分布は非常に複雑で，$\rho_0 = 0$ の場合のように t 分布を用いることができない．そこで，標本数 n が十分に大きいことを仮定して，近似的な有意水準 α の検定方式を与えることにする．

R は最尤推定量であるから，標本数 n が大きいとき近似的に正規分布に従う．実際，W_R を

$$W_R = \frac{\sqrt{n-1}(R - \rho_0)}{1 - \rho_0^2}$$

と定義すると，n が十分に大きいとき，H_0 の下で W_R は近似的に標準正規分布に従う．しかし，この近似の精度はあまり良くない．言い換えれば，十分な近似精度を得るためにはかなり大きな標本数が必要となる．そこで，近似の精度を改善するために，R と ρ_0 を

$$Z = \frac{1}{2} \log \left(\frac{1+R}{1-R} \right), \quad \xi_0 = \frac{1}{2} \log \left(\frac{1+\rho_0}{1-\rho_0} \right) \tag{8.59}$$

と変換し (この変換は**フィッシャーの Z 変換** (Fisher's Z-transform) とよばれる)

$$W_Z = \sqrt{n-3} \left\{ Z - \xi_0 - \frac{\rho_0}{2(n-1)} \right\} \tag{8.60}$$

とおく．標本数 n がある程度大きい $(n \geq 10)$ とき，H_0 の下で W_Z は近似的に標準正規分布に従うことが知られている．

図 8.6 は，$\rho_0 = 1/4$ の場合に，W_R と W_Z の正確な確率密度関数と標準正規分布の確率密度関数を比較したものである．$n = 10$ と $n = 20$ のいずれの場合においても，W_R に比べて W_Z が標準正規分布に近く，近似精度が改善されていることがわかる．特に，$n = 10$ の場合には改善の度合いが顕著である．

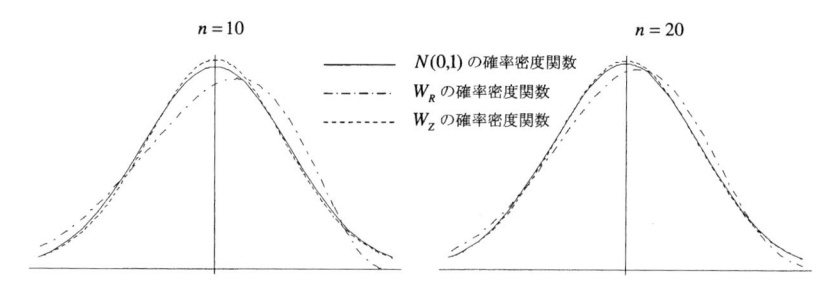

図 8.6 W_R と W_Z の確率密度関数 ($\rho_0 = 1/4$)

式 (8.59) の Z は R の単調増加関数であるから (図 8.5 の右図参照), W_Z も R の単調増加関数である. したがって, $|W_Z|$ が極端に大きいとき検定問題 (8.57) の H_0 を棄却し, W_Z が極端に大きい (小さい) とき検定問題 (8.58) の H_0 を棄却すればよい. そこで

$$\text{式 (8.57) の棄却域: } |W_Z| > z(\tfrac{\alpha}{2}) \tag{8.61}$$

$$\text{式 (8.58) の棄却域: } W_Z > z(\alpha) \quad (W_Z < -z(\alpha)) \tag{8.62}$$

と定めると, これらは近似的に有意水準 α の検定方式となる.

【例 8.14】 父親の身長とその娘の身長の母相関係数は, 全国的にみて 0.5 であると仮定する. ある地方で 30 組の父親と娘を無作為に選び身長を測定したところ, 標本相関係数 0.34 であった. 父親と娘の身長の相関に関して, この地方は特異な地方であるといえるだろうか. この地方での母相関係数を ρ として, $H_0 : \rho = 0.5$ vs. $H_1 : \rho \neq 0.5$ を棄却域 (8.61) を用いて有意水準 5 %で検定してみよう. $\rho_0 = 0.5$, $R = 0.34$, $\xi_0 = 0.549$, $Z = 0.354$ となるので, $|W_Z| = 1.06 < z(0.025) = 1.96$ より H_0 は受容され, この地方が特異な地方であるとはいえない. ∎

◆問 8.19 プロ野球において, チームの勝率と防御率の間の母相関係数が 0.7 であることがわかっている. 一方, 高校野球におけるこれらの母相関係数は未知であるとする. そこで, 高校野球 50 チームを無作為に選びこれらを調べたところ, 標本相関係数 0.57 であった. チームの勝率と防御率の相関がプロ野球と高校野球で異なるといえるかを有意水準 5 %で検定せよ.

8.7 検定と区間推定

仮説検定と区間推定は, 表裏一体の関係にある. この節では, これらの関係に

ついて考えよう．

ある母集団分布において母数 θ が未知であるとし，$X_1,\cdots,X_n$ をこの母集団分布からの無作為標本とする．このとき，未知母数 θ が任意に固定された値 θ_0 に等しいかどうかを検定することを考える．すなわち，検定問題

$$H_0: \theta = \theta_0 \quad \text{vs.} \quad H_1: \theta \neq \theta_0 \tag{8.63}$$

を考える．この検定問題に対する有意水準 α の検定方式の受容域を A とすると

$$P\{(X_1,\cdots,X_n) \in A \,|\, H_0: \theta = \theta_0\} \geq 1-\alpha \tag{8.64}$$

が成り立つ．この事象を θ_0 について解くことにより，次の不等式を満たす統計量 T_1, T_2 が得られるとする．

$$T_1(X_1,\cdots,X_n) \leq \theta_0 \leq T_2(X_1,\cdots,X_n) \tag{8.65}$$

このとき，式 (8.64) より

$$P\{T_1(X_1,\cdots,X_n) \leq \theta_0 \leq T_2(X_1,\cdots,X_n) \,|\, \theta = \theta_0\} \geq 1-\alpha$$

が成り立ち，区間 $[T_1, T_2]$ は母数 θ に対する信頼係数 $1-\alpha$ の信頼区間となる．

逆に，母数 θ に対する信頼係数 $1-\alpha$ の信頼区間 $[T_1, T_2]$ が与えられたとする．このとき，受容域を式 (8.65) で定めれば，これは検定問題 (8.63) に対する有意水準 α の検定方式となる．すなわち，検定問題 (8.63) を検定したい場合には，θ に対する信頼区間 $[T_1, T_2]$ に θ_0 が含まれているとき H_0 を受容し，そうでないとき H_0 を棄却すればよい．

【例 8.15】 正規母集団 $N(\mu,\sigma^2)$ (μ: 未知, σ^2: 既知) における母平均 μ に対する検定問題 (8.3) を考えよう．棄却域は式 (8.7) で与えられる．したがって受容域は

$$A = \left\{(X_1,\cdots,X_n) \,\left|\, \frac{\sqrt{n}|\bar{X}-\mu_0|}{\sigma} \leq z(\tfrac{\alpha}{2})\right.\right\}$$

で与えられ

$$P\{(X_1,\cdots,X_n) \in A \,|\, H_0: \mu = \mu_0\} = 1-\alpha$$

が成り立つ．この事象を μ_0 について解くと

$$\bar{X} - z(\tfrac{\alpha}{2})\frac{\sigma}{\sqrt{n}} \leq \mu_0 \leq \bar{X} + z(\tfrac{\alpha}{2})\frac{\sigma}{\sqrt{n}}$$

となり，母平均 μ に対する信頼係数 $1-\alpha$ の信頼区間

$$\left[\bar{X} - z(\tfrac{\alpha}{2})\frac{\sigma}{\sqrt{n}}, \bar{X} + z(\tfrac{\alpha}{2})\frac{\sigma}{\sqrt{n}}\right]$$

を得る (例 7.12 参照).

【例 8.16】 例 7.15 について考える．金属板の厚さの分散 σ^2 について

$$H_0 : \sigma^2 = 0.05 \quad \text{vs.} \quad H_1 : \sigma^2 \neq 0.05$$

を有意水準 5 ％で検定したい．これは，式 (8.13) の検定問題であるから，棄却域 (8.16) を用いればよい．標本数 $n = 20$, 不偏標本分散 $U^2 = 0.062$ より，$\chi^2_{19}(0.975) = 8.906 < Y = 23.56 < \chi^2_{19}(0.025) = 32.85$ となるので H_0 は受容される．一方，信頼区間を用いて検定を行ってみよう．例 7.15 において，σ^2 に対する信頼係数 95 ％の信頼区間 $[0.038, 0.139]$ を得ている．$\sigma^2 = 0.05$ はこの信頼区間に含まれるので，やはり H_0 は受容される．

【例 8.17】 母相関係数 ρ の区間推定を考えよう．このためには，検定問題 (8.57) に対する受容域を考えればよい．標本相関係数を R として，Z と ξ_0 を式 (8.59) のようにおき，W_Z を式 (8.60) で定義する．このとき，検定問題 (8.57) に対する棄却域は (近似的な有意水準 α の) 式 (8.61) で与えられる．したがって，受容域は $|W_Z| \leq z(\tfrac{\alpha}{2})$ である．この受容域を

$$Z - \frac{z(\tfrac{\alpha}{2})}{\sqrt{n-3}} \leq \frac{1}{2}\log\frac{1+\rho_0}{1-\rho_0} + \frac{\rho_0}{2(n-1)} \leq Z + \frac{z(\tfrac{\alpha}{2})}{\sqrt{n-3}}$$

と表現することできる．$|\rho_0| \leq 1$ であるから，n が十分に大きいとき，上の不等式中の項 $\rho_0/\{2(n-1)\}$ は非常に小さい．そこで，この項を無視することにすると

$$Z - \frac{z(\tfrac{\alpha}{2})}{\sqrt{n-3}} \leq \frac{1}{2}\log\frac{1+\rho_0}{1-\rho_0} \leq Z + \frac{z(\tfrac{\alpha}{2})}{\sqrt{n-3}}$$

を得る．これを ρ_0 について解くと

$$\frac{e^{2(Z-\nu)} - 1}{e^{2(Z-\nu)} + 1} \leq \rho_0 \leq \frac{e^{2(Z+\nu)} - 1}{e^{2(Z+\nu)} + 1}$$

を得る．ただし，$\nu \equiv z(\tfrac{\alpha}{2})/\sqrt{n-3}$ とする．したがって，母相関係数に対する信頼係数 $1-\alpha$ の近似信頼区間は

$$\left[\frac{e^{2(Z-\nu)} - 1}{e^{2(Z-\nu)} + 1}, \frac{e^{2(Z+\nu)} - 1}{e^{2(Z+\nu)} + 1}\right] \tag{8.66}$$

で与えられる．例 8.13 の場合に，身長と体重の母相関係数に対する信頼係数 95 ％の近似信頼区間を求めてみよう．$n = 25, R = 0.48$ より $Z = 0.523, \nu = 0.418$ となるので，(8.66) より近似信頼区間 $[0.10, 0.74]$ を得る．

◆問 8.20 正規母集団 $N(\mu, \sigma^2)$ (μ と σ^2 はいずれも未知) において，母平均 μ に対する検定問題 (8.3) を考えることにより，μ に対する信頼係数 $1-\alpha$ の信頼区間を構成せよ．また，それが式 (7.19) に一致することを確認せよ．

◆問 8.21 ある工場で生産される電球の寿命は指数分布 $Exp(1/\xi)$ に従い，その母平均 ξ は未知であるとする．無作為に 15 個の電球を選び，それらの寿命を調べたところ，平均寿命 3450 時間であった．式 (7.29) を用いて，ξ に対する信頼係数 95 % の信頼区間を求めよ．また

$$H_0 : \xi = 2000 \quad \text{vs.} \quad H_1 : \xi \neq 2000$$

を有意水準 5 % で検定せよ．

◆問 8.22 問 8.19 において，高校野球におけるチーム勝率と防御率の母相関係数に対する信頼係数 95 % の近似信頼区間を求めよ．

8.8 尤度比検定

前節までは，合理的と思われる検定統計量を直観的に定義し，それに基づく検定方式を定めた．例えば，母平均に関する検定問題においては，その推定量である標本平均を検定統計量とすることが自然であると考えた．この節では，与えられた検定問題に対して，合理的な検定方式を機械的に導出するための一般的方法の 1 つである尤度比検定について説明する．

定義 8.1 母集団分布の確率密度関数または確率関数を $f(x; \theta)$ とし，母数空間を Θ とする．また，Θ は $\Theta = \Theta_0 \cup \Theta_1$, $\Theta_0 \cap \Theta_1 = \emptyset$ と 2 つに分割されているとする．このとき，検定問題

$$H_0 : \theta \in \Theta_0 \quad \text{vs.} \quad H_1 : \theta \in \Theta_1 \tag{8.67}$$

において，無作為標本の実現値 $X_1 = x_1, \cdots, X_n = x_n$ の θ に関する尤度関数

$$l(\theta; x_1, \cdots, x_n) = \prod_{i=1}^{n} f(x_i; \theta)$$

に対して

$$\lambda(x_1, \cdots, x_n) = \frac{\max_{\theta \in \Theta_0} l(\theta; x_1, \cdots, x_n)}{\max_{\theta \in \Theta} l(\theta; x_1, \cdots, x_n)}$$

を**尤度比** (likelihood ratio) という．

直観的には，尤度関数 $l(\theta;x_1,\cdots,x_n)$ は無作為標本の実現値 $X_1=x_1,\cdots,X_n=x_n$ が与えられたときの母数 θ の尤もらしさを表していると考えられるので，尤度比 $\lambda(x_1,\cdots,x_n)$ は，帰無仮説の下で尤もらしいと思われる母数の値と，全母数空間の下で尤もらしいと思われる母数の値を比較するものである．定義から明らかに $0<\lambda(x_1,\cdots,x_n)\leq 1$ である．尤度比 $\lambda(x_1,\cdots,x_n)$ が 1 に近いときには，帰無仮説と全母数空間にあまり違いがなく，逆に尤度比が 0 に近いときにはこれらに違いがあるものと考えられる．したがって，尤度比の値が極端に小さいとき帰無仮説 H_0 を棄却する検定方式を**尤度比検定** (likelihood ratio test) という．

【例 8.18】 正規母集団 $N(\mu,\sigma^2)$ (μ と σ^2 はいずれも未知) において，与えられた μ_0 に対して

$$H_0:\mu=\mu_0 \quad \text{vs.} \quad H_1:\mu\neq\mu_0 \tag{8.68}$$

を検定する場合を考えよう．この場合には，全母数空間 $\Theta=\{(\mu,\sigma^2)\,|\,\mu\in\mathbb{R},\sigma^2>0\}$，帰無仮説の母数空間 $\Theta_0=\{(\mu_0,\sigma^2)\,|\,\sigma^2>0\}$ であり，尤度関数は

$$l(\mu,\sigma^2;x_1,\cdots,x_n)=(2\pi)^{-\frac{n}{2}}\sigma^{-n}\exp\left\{-\frac{1}{2\sigma^2}\sum_{i=1}^n(x_i-\mu)^2\right\} \tag{8.69}$$

で与えられる．尤度比を求めるために，まず全母数空間 Θ における尤度関数の最大値 (尤度比の分母) を求めよう．全母数空間において尤度関数を最大にする母数は最尤推定量であるから，問 7.10 より，$\mu=\bar{x}=\frac{1}{n}\sum_{i=1}^n x_i$, $\sigma^2=s^2=\frac{1}{n}\sum_{i=1}^n(x_i-\bar{x})^2$ のとき尤度関数 (8.69) は最大となる．したがって

$$\max_{(\mu,\sigma^2)\in\Theta}l(\mu,\sigma^2;x_1,\cdots,x_n)=(2\pi)^{-\frac{n}{2}}s^{-n}e^{-n/2}$$

を得る．

次に，帰無仮説の母数空間 Θ_0 における尤度関数の最大値 (尤度比の分子) を求めよう．Θ_0 においては，μ は $\mu=\mu_0$ に固定されているので，σ^2 が $0<\sigma^2<\infty$ を動くときの $l(\mu_0,\sigma^2;x_1,\cdots,x_n)$ の最大値を求めればよい．$\sigma^2=s_0^2=\frac{1}{n}\sum_{i=1}^n(x_i-\mu_0)^2$ のとき，$l(\mu_0,\sigma^2;x_1,\cdots,x_n)$ は最大となるので

$$\max_{(\mu,\sigma^2)\in\Theta_0}l(\mu,\sigma^2;x_1,\cdots,x_n)=(2\pi)^{-\frac{n}{2}}s_0^{-n}e^{-n/2}$$

を得る．したがって，尤度比は

$$\lambda(x_1,\cdots,x_n)=\left(\frac{s_0}{s}\right)^{-n}=\left\{1+\frac{(\bar{x}-\mu_0)^2}{s^2}\right\}^{-n/2}$$

で与えられる．ここで，$t=t(x_1,\cdots,x_n)=\sqrt{n-1}\,(\bar{x}-\mu_0)/s$ とおくと

$$\lambda(x_1,\cdots,x_n) = \left(1 + \frac{t^2}{n-1}\right)^{-n/2} \tag{8.70}$$

と表せるので,尤度比は t^2 の単調減少関数であることがわかる.尤度比が極端に小さいことは t^2 が極端に大きいこと,すなわち,$|t|$ が極端に大きいことと同値である.したがって,$|t|$ の値が極端に大きいときに帰無仮説を棄却すればよい.$t = t(x_1,\cdots,x_n)$ における実現値 $x_1,\cdots,x_n$ を確率変数 $X_1,\cdots,X_n$ で置き換えて,$T \equiv t(X_1,\cdots,X_n) = \sqrt{n-1}(\bar{X}-\mu_0)/S$ とおくと,H_0 の下で T は自由度 $n-1$ の t 分布に従う.したがって,棄却域を $|T| > t_{n-1}(\frac{\alpha}{2})$ と定めると,これは有意水準 α の検定方式となる.このように,尤度比検定の考え方を用いて,以前に定めた棄却域 (8.11) を導くことができた.∎

◆問 **8.23** 正規母集団 $N(\mu,\sigma^2)$ (μ: 未知,σ^2: 既知) において,検定問題 (8.68) を検定する場合の尤度比を求めよ.また,尤度比検定の考え方を用いて棄却域 (8.7) を導け.

◆問 **8.24** 問 8.23 で求めた尤度比を Λ と表すとき,$-2\log\Lambda$ が自由度 1 の χ^2 分布に従うことを示せ.

9

応　　用

9.1 回帰分析への応用

　表 9.1 には，指輪の値段とそのダイヤモンドの大きさに関するデータが示されている．このとき，ダイヤモンドの大きさが変化したとき価格はどう変化するのか？　ダイヤモンドが 0.5 カラットのとき指輪の価格はいくらになるのか？　といった問題を調べるにはどうしたらよいであろうか．このような変数間の関係を調べるとき，**回帰分析** (regression analysis) とよばれる方法が用いられる．この節では，2 つの変数間に線形関係を想定した回帰分析の方法について説明を行う．

表 9.1 指輪の値段 (香港ドル) とダイヤモンドの大きさ (カラット)

値段	大きさ	値段	大きさ	値段	大きさ	値段	大きさ
223	0.12	338	0.16	443	0.18	655	0.25
298	0.15	332	0.16	468	0.18	675	0.25
323	0.15	353	0.17	419	0.18	642	0.25
315	0.15	346	0.17	325	0.18	663	0.26
316	0.15	318	0.17	485	0.19	693	0.26
287	0.15	350	0.17	498	0.20	720	0.27
322	0.15	355	0.17	483	0.21	823	0.28
342	0.16	350	0.17	595	0.23	860	0.29
328	0.16	345	0.17	553	0.23	918	0.32
336	0.16	352	0.17	595	0.23	919	0.32
339	0.16	438	0.18	678	0.25	945	0.33
345	0.16	462	0.18	750	0.25	1086	0.35

出典: http://www.amstat.org/publications/jse/datasets/diamond.dat

線形回帰モデル

　指輪のデータの散布図が図 9.1 に示されている．この図から，指輪の値段 (y_i) とダイヤモンドの大きさ (x_i) は，ある直線のまわりに散らばっていることがうか

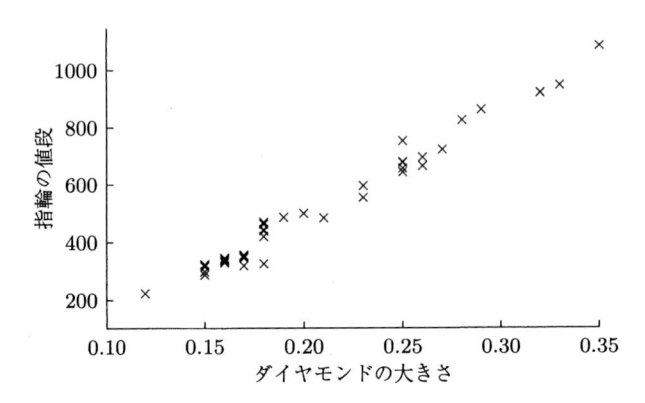

図 9.1 ダイヤモンドの大きさと指輪の値段の散布図

がえる.そこで,y_i と x_i の間に線形関係を想定し

$$y_i = \mu + \beta x_i, \quad i = 1, \cdots, n \tag{9.1}$$

と表すことにする (ただし,n はデータ数を表す).しかし,y_i と x_i の関係を表すのに式 (9.1) では不十分である.なぜなら,ダイヤモンドの大きさが同じであっても指輪の値段は異なっており,両者の間には厳密な線形関係はないからである.そこで,式 (9.1) の代わりに

$$y_i = \mu + \beta x_i + u_i, \quad i = 1, \cdots, n \tag{9.2}$$

を考えることにする.ここで,u_i は偶然的変動を表す確率変数で**誤差項** (error term) とよばれる.誤差項が確率変数であるから,明らかに y_i もまた確率変数である.

一般に,式 (9.2) で与えられる y_i と x_i の確率的な関係式のことを**線形回帰モデル** (linear regression model) あるいは単に**回帰モデル** (regression model) という.回帰モデルでは,右辺の x_i によって y_i の変動を説明していることから,x_i を**説明変数** (explanatory variable) といい,y_i を**被説明変数** (explained variable) とよぶ.また,μ と β は未知母数を表し,**回帰係数** (regression coefficient) とよばれる.

通常,回帰モデルに対しては

仮定 1. x_i は確率変数ではなく,固定された値である

仮定 2. $E[u_i] = 0 \ (i = 1, \cdots, n)$

仮定 3. $V[u_i] = \sigma^2$ $(i = 1, \cdots, n)$

仮定 4. $C[u_i, u_j] = 0$ $(i \neq j,\ i, j = 1, \cdots, n)$

が仮定される．仮定 1〜3 より，y_i の平均と分散は

$$E[y_i] = \mu + \beta x_i, \quad V[y_i] = \sigma^2 \tag{9.3}$$

と表される．また，y_i の平均 $\mu + \beta x_i$ のことを**回帰直線** (regression line) という．

◆**問 9.1** 式 (9.3) が成立することを示せ．

最小二乗法

n 組の観測値 $\{(x_i, y_i)\}_{i=1}^n$ が与えられたとき，未知である回帰係数 μ, β を推定することを考える．μ と β の推定値をそれぞれ $\hat{\mu}$, $\hat{\beta}$ と表すとき

$$\hat{y}_i = \hat{\mu} + \hat{\beta} x_i \tag{9.4}$$

を**推定回帰直線** (estimated regression line) とよび，$\hat{y}_i$ を**予測値** (predicted value) とよぶ．また，観測値と予測値の差

$$e_i = y_i - \hat{y}_i, \quad i = 1, \cdots, n \tag{9.5}$$

を**残差** (residual) という (図 9.2)．残差は予測誤差を表すので，回帰係数を推定する 1 つの方法として，この誤差をなるべく小さくするように $\hat{\mu}$ と $\hat{\beta}$ を選ぶことが考えられる．そこで，次のような関数 $S(\hat{\mu}, \hat{\beta})$ を定義することにする．

$$S(\hat{\mu}, \hat{\beta}) = \sum_{i=1}^n (y_i - \hat{\mu} - \hat{\beta} x_i)^2 \tag{9.6}$$

この $S(\hat{\mu}, \hat{\beta})$ を最小にする $\hat{\mu}$ と $\hat{\beta}$ を求める方法を**最小二乗法** (least squares method) という．

$S(\hat{\mu}, \hat{\beta})$ の最小化のための (必要) 条件は

$$\frac{\partial S(\hat{\mu}, \hat{\beta})}{\partial \hat{\mu}} = 0 \quad \text{かつ} \quad \frac{\partial S(\hat{\mu}, \hat{\beta})}{\partial \hat{\beta}} = 0 \tag{9.7}$$

で与えられる．式 (9.6), (9.7) より

$$\begin{cases} \sum_{i=1}^n (y_i - \hat{\mu} - \hat{\beta} x_i) = 0 \\ \sum_{i=1}^n x_i (y_i - \hat{\mu} - \hat{\beta} x_i) = 0 \end{cases} \tag{9.8}$$

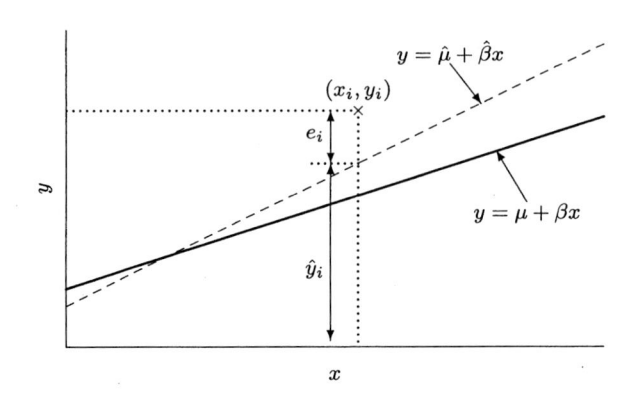

図 9.2 残差と予測値

を得る．式 (9.8) を整理すると，**正規方程式** (normal equation) とよばれる次の連立方程式が得られる (確かめよ)．

$$\begin{cases} \sum_{i=1}^n y_i = n\hat{\mu} + \hat{\beta}\sum_{i=1}^n x_i \\ \sum_{i=1}^n x_i y_i = \hat{\mu}\sum_{i=1}^n x_i + \hat{\beta}\sum_{i=1}^n x_i^2 \end{cases} \quad (9.9)$$

正規方程式 (9.9) を行列表示すると

$$\begin{pmatrix} \sum_{i=1}^n y_i \\ \sum_{i=1}^n x_i y_i \end{pmatrix} = \begin{pmatrix} n & \sum_{i=1}^n x_i \\ \sum_{i=1}^n x_i & \sum_{i=1}^n x_i^2 \end{pmatrix} \begin{pmatrix} \hat{\mu} \\ \hat{\beta} \end{pmatrix}$$

となる．逆行列を用いて $\hat{\mu}$ と $\hat{\beta}$ について解くと

$$\begin{pmatrix} \hat{\mu} \\ \hat{\beta} \end{pmatrix} = \begin{pmatrix} n & \sum_{i=1}^n x_i \\ \sum_{i=1}^n x_i & \sum_{i=1}^n x_i^2 \end{pmatrix}^{-1} \begin{pmatrix} \sum_{i=1}^n y_i \\ \sum_{i=1}^n x_i y_i \end{pmatrix}$$
$$= \frac{1}{n\sum_{i=1}^n x_i^2 - (\sum_{i=1}^n x_i)^2} \begin{pmatrix} \sum_{i=1}^n x_i^2 & -\sum_{i=1}^n x_i \\ -\sum_{i=1}^n x_i & n \end{pmatrix} \begin{pmatrix} \sum_{i=1}^n y_i \\ \sum_{i=1}^n x_i y_i \end{pmatrix}$$

を得る．ここで，$\bar{x} = \frac{1}{n}\sum_{i=1}^n x_i$, $\bar{y} = \frac{1}{n}\sum_{i=1}^n y_i$ と表して整理すると，回帰係数の推定値は

$$\hat{\beta} = \frac{\sum_{i=1}^n (x_i - \bar{x})(y_i - \bar{y})}{\sum_{i=1}^n (x_i - \bar{x})^2} \quad (9.10)$$
$$\hat{\mu} = \bar{y} - \hat{\beta}\bar{x} \quad (9.11)$$

で与えられる．

以上のようにして求められた $\hat{\mu}$ と $\hat{\beta}$ の値のことを**最小二乗推定値** (least squares estimate) とよぶ．また，式 (9.10), (9.11) の y_i を実現値ではなく確率変数とみなしたとき，$\hat{\mu}, \hat{\beta}$ を**最小二乗推定量** (least squares estimator) という．

正規方程式 (9.9) より，最小二乗法から計算される残差 e_i は

$$\sum_{i=1}^{n} e_i = 0, \quad \sum_{i=1}^{n} x_i e_i = 0$$

を満たすことがわかる (確かめよ)．また，式 (9.11) より，最小二乗法によって推定された推定回帰直線は点 $(\bar{x}, \bar{y})$ を必ず通ることもわかる．

【例 9.1】 表 9.1 のデータから，指輪の価格を被説明変数，ダイヤモンドの大きさを説明変数として最小二乗法を行うと，$\hat{\mu} = -259.6, \hat{\beta} = 3721.0$ を得る．図 9.3 は推定回帰直線を示している． ∎

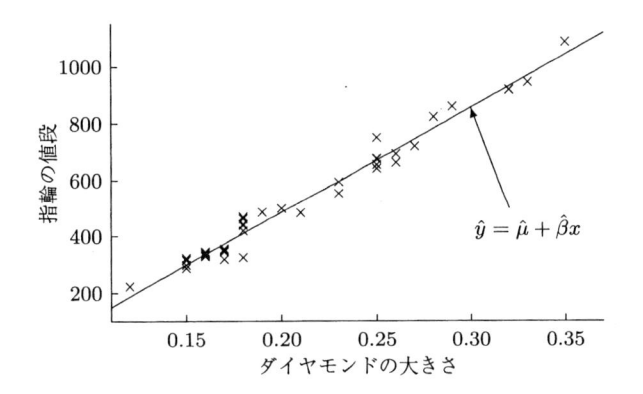

図 9.3 ダイヤモンドの大きさと指輪の値段の推定回帰直線

◆**問 9.2** 残差 $\{e_i\}$ に対して，$\sum_{i=1}^{n} e_i \hat{y}_i = 0$ が成り立つことを示せ．

推定量の性質

最小二乗推定量の性質を調べるために，まず $\hat{\mu}$ と $\hat{\beta}$ を誤差項 u_i によって表すことにする．回帰モデル (9.2) において，両辺の標本平均を取ると

$$\bar{y} = \mu + \beta \bar{x} + \bar{u}$$

を得る．ここで，$\bar{u} = \frac{1}{n} \sum_{i=1}^{n} u_i$ である．式 (9.2) の両辺から $\bar{y}$ を引くと

$$y_i - \bar{y} = \beta(x_i - \bar{x}) + (u_i - \bar{u})$$

となる．これを式 (9.10) に代入すると，$w_i \equiv (x_i - \bar{x})/\sum_{i=1}^{n}(x_i - \bar{x})^2$ を用いて

$$\hat{\beta} = \beta + \sum_{i=1}^{n} w_i u_i \tag{9.12}$$

を得る (確かめよ)．同様に，$\hat{\mu}$ についても

$$\hat{\mu} = \bar{y} - \hat{\beta}\bar{x} = \mu + \beta\bar{x} + \bar{u} - \hat{\beta}\bar{x} = \mu - (\hat{\beta} - \beta)\bar{x} + \bar{u} \tag{9.13}$$

を得る．

仮定 1 から w_i は非確率変数であり，仮定 2 より $E[u_i] = 0$ であるから

$$E[\hat{\beta}] = \beta, \quad E[\hat{\mu}] = \mu$$

が成り立つ (確かめよ)．すなわち，最小二乗推定量は回帰係数の不偏推定量であることがわかる．

$\hat{\beta}$ の分散は

$$\begin{aligned}
V[\hat{\beta}] &= V\left[\beta + \sum_{i=1}^{n} w_i u_i\right] = E\left[\left(\sum_{i=1}^{n} w_i u_i\right)^2\right] \\
&= \sum_{i=1}^{n}\sum_{j=1}^{n} w_i w_j E[u_i u_j] = \sum_{i=1}^{n} w_i^2 E[u_i^2] \\
&= \sigma^2 \sum_{i=1}^{n} w_i^2 = \sigma^2 \sum_{i=1}^{n}\left\{\frac{x_i - \bar{x}}{\sum_{i=1}^{n}(x_i - \bar{x})^2}\right\}^2 \\
&= \sigma^2 \frac{\sum_{i=1}^{n}(x_i - \bar{x})^2}{\left\{\sum_{i=1}^{n}(x_i - \bar{x})^2\right\}^2} = \frac{\sigma^2}{\sum_{i=1}^{n}(x_i - \bar{x})^2}
\end{aligned} \tag{9.14}$$

で与えられる．$\hat{\mu}$ の分散は，式 (9.13) より

$$\begin{aligned}
V[\hat{\mu}] &= E\left[(\hat{\mu} - \mu)^2\right] = E\left[\left\{-(\hat{\beta} - \beta)\bar{x} + \bar{u}\right\}^2\right] \\
&= E\left[(\hat{\beta} - \beta)^2 \bar{x}^2 - 2(\hat{\beta} - \beta)\bar{x}\bar{u} + \bar{u}^2\right] \\
&= \bar{x}^2 E\left[(\hat{\beta} - \beta)^2\right] - 2\bar{x} E\left[(\hat{\beta} - \beta)\bar{u}\right] + E[\bar{u}^2]
\end{aligned}$$

と表すことができる．ここで，右辺第 1 項は $\bar{x}^2 V[\hat{\beta}]$ であり，第 3 項は標本平均の分散であるから σ^2/n である．第 2 項に関しては

$$E\left[(\hat{\beta}-\beta)\bar{u}\right] = E\left[\frac{\sum_{i=1}^n (x_i-\bar{x})u_i}{\sum_{i=1}^n (x_i-\bar{x})^2}\frac{1}{n}\sum_{i=1}^n u_i\right]$$

$$= \frac{1}{n\sum_{i=1}^n (x_i-\bar{x})^2} E\left[\sum_{i=1}^n (x_i-\bar{x})u_i \sum_{j=1}^n u_j\right]$$

$$= \frac{1}{n\sum_{i=1}^n (x_i-\bar{x})^2} \sum_{i=1}^n \sum_{j=1}^n (x_i-\bar{x})E[u_i u_j]$$

$$= \frac{1}{n\sum_{i=1}^n (x_i-\bar{x})^2} \sigma^2 \sum_{i=1}^n (x_i-\bar{x}) = 0$$

となる．したがって，次式を得る．

$$V[\hat{\mu}] = \bar{x}^2 V[\hat{\beta}] + \frac{\sigma^2}{n} = \sigma^2\left\{\frac{\bar{x}^2}{\sum_{i=1}^n (x_i-\bar{x})^2} + \frac{1}{n}\right\} = \frac{\sigma^2 \sum_{i=1}^n x_i^2}{n\sum_{i=1}^n (x_i-\bar{x})^2} \quad (9.15)$$

◆問 9.3　$\hat{\mu}$ と $\hat{\beta}$ の共分散が

$$C[\hat{\mu},\hat{\beta}] = -\frac{\sigma^2 \bar{x}}{\sum_{i=1}^n (x_i-\bar{x})^2} \quad (9.16)$$

となることを示せ．

ガウス・マルコフの定理

回帰モデルにおける β の推定量 $\tilde{\beta}$ が

$$\tilde{\beta} = \sum_{i=1}^n c_i y_i$$

と表されるとき，$\tilde{\beta}$ は**線形推定量** (linear estimator) であるという (以下の議論は μ についても同様に成り立つ)．さらに，線形推定量 $\tilde{\beta}$ が $E[\tilde{\beta}] = \beta$ を満たすとき，すなわち不偏推定量であるとき，$\tilde{\beta}$ は**線形不偏推定量** (linear unbiased estimator) であるという．最小二乗推定量 $\hat{\beta}$ は

$$\hat{\beta} = \frac{\sum_{i=1}^n (x_i-\bar{x})(y_i-\bar{y})}{\sum_{i=1}^n (x_i-\bar{x})^2} = \frac{\sum_{i=1}^n (x_i-\bar{x})y_i}{\sum_{i=1}^n (x_i-\bar{x})^2} = \sum_{i=1}^n w_i y_i$$

と書き直すことができるので線形推定量である．また，前節の議論から最小二乗推定量は線形不偏推定量である．

最小二乗推定量 $\hat{\beta}$ は，線形不偏推定量の中で最も分散の小さい推定量，つまり **最良線形不偏推定量** (BLUE; best linear unbiased estimator) であることをが知られている．これを，**ガウス・マルコフの定理** (Gauss-Markov theorem) とよぶ．

定理 9.1（ガウス・マルコフの定理） 仮定 1～4 のもとで，最小二乗推定量 $\hat{\beta}$ は最良線形不偏推定量である．

証明 任意の線形推定量を $\tilde{\beta} = \sum_{i=1}^{n} c_i y_i$ で表す．この推定量が，線形不偏推定量であるため条件をまず考えることにする．$E[u_i] = 0$ $(i=1,\cdots,n)$ より

$$E[\tilde{\beta}] = \mu \sum_{i=1}^{n} c_i + \beta \sum_{i=1}^{n} c_i x_i$$

であるから，$E[\tilde{\beta}] = \beta$ であるためには，c_i は条件 $\sum_{i=1}^{n} c_i = 0$, $\sum_{i=1}^{n} c_i x_i = 1$ を満たさなければならない．ここで

$$d_i = c_i - \frac{x_i - \bar{x}}{\sum_{i=1}^{n}(x_i - \bar{x})^2} = c_i - w_i$$

とおくと，c_i に関するこの条件の下で

$$\sum_{i=1}^{n} d_i^2 = \sum_{i=1}^{n} c_i^2 - \frac{1}{\sum_{i=1}^{n}(x_i - \bar{x})^2}$$

が成り立つ (確かめよ) ので

$$\sum_{i=1}^{n} c_i^2 = \sum_{i=1}^{n} d_i^2 + \frac{1}{\sum_{i=1}^{n}(x_i - \bar{x})^2}$$

を得る．したがって

$$\begin{aligned} V[\tilde{\beta}] &= V\left[\sum_{i=1}^{n} c_i y_i\right] = \sum_{i=1}^{n} c_i^2 V[y_i] \\ &= \sigma^2 \left\{\sum_{i=1}^{n} d_i^2 + \frac{1}{\sum_{i=1}^{n}(x_i - \bar{x})^2}\right\} \geq \frac{\sigma^2}{\sum_{i=1}^{n}(x_i - \bar{x})^2} = V[\hat{\beta}] \end{aligned}$$

が成り立つ．すなわち，$\hat{\beta}$ は線形不偏推定量の中で最も小さい分散をもつことが示された． ∎

分散の推定量

誤差項の分散 σ^2 の推定量には

9.1 回帰分析への応用

$$s^2 = \frac{1}{n-2}\sum_{i=1}^{n}e_i^2 \tag{9.17}$$

が用いられる．また，s^2 の正の平方根 $s = \sqrt{s^2}$ を**回帰の標準誤差**とよぶ．σ^2 の推定量 s^2 は不偏推定量である．このことを示すために，まず

$$u_i = y_i - \mu - \beta x_i = (\hat{\mu} - \mu) + (\hat{\beta} - \beta)x_i + e_i, \quad i = 1, \cdots, n$$

と書き直す．この式の両辺を 2 乗してすべて加え合わせると

$$\sum_{i=1}^{n} u_i^2 = n(\hat{\mu} - \mu)^2 + (\hat{\beta} - \beta)^2 \sum_{i=1}^{n} x_i^2 + \sum_{i=1}^{n} e_i^2 + 2n(\hat{\mu} - \mu)(\hat{\beta} - \beta)\bar{x}$$

を得る (確かめよ)．両辺の期待値を取ると

$$E\left[\sum_{i=1}^{n} u_i^2\right] = nV[\hat{\mu}] + V[\hat{\beta}]\sum_{i=1}^{n} x_i^2 + 2n\bar{x}C[\hat{\mu}, \hat{\beta}] + E\left[\sum_{i=1}^{n} e_i^2\right]$$

が導出される (確かめよ)．$E[\sum_{i=1}^{n} u_i^2] = n\sigma^2$，最小二乗推定量の分散，共分散を代入して整理すると

$$E\left[\sum_{i=1}^{n} e_i^2\right] = (n-2)\sigma^2 \tag{9.18}$$

となるから，式 (9.17) より，$E[s^2] = \sigma^2$ であることがわかる (確かめよ)．

最小二乗推定量 $\hat{\mu}$ と $\hat{\beta}$ の分散は，それぞれ

$$V[\hat{\mu}] = \frac{\sigma^2 \sum_{i=1}^{n} x_i^2}{n\sum_{i=1}^{n}(x_i - \bar{x})^2}, \quad V[\hat{\beta}] = \frac{\sigma^2}{\sum_{i=1}^{n}(x_i - \bar{x})^2}$$

であった．最小二乗推定量の精度を評価するにはこれらの値が必要であるが，いずれも σ^2 に依存している．そこで，σ^2 をその推定量 s^2 で置き換えた

$$\hat{V}[\hat{\mu}] = \frac{s^2 \sum_{i=1}^{n} x_i^2}{n\sum_{i=1}^{n}(x_i - \bar{x})^2}, \quad \hat{V}[\hat{\beta}] = \frac{s^2}{\sum_{i=1}^{n}(x_i - \bar{x})^2}$$

を用いる．$\hat{V}[\hat{\mu}]$ と $\hat{V}[\hat{\beta}]$ の正の平方根を**標準誤差** (standard error) といい

$$s_{\hat{\mu}} = \sqrt{\hat{V}[\hat{\mu}]}, \quad s_{\hat{\beta}} = \sqrt{\hat{V}[\hat{\beta}]}$$

と表す．$E[s^2] = \sigma^2$ より

$$E[\hat{V}[\hat{\mu}]] = V[\hat{\mu}], \quad E[\hat{V}[\hat{\beta}]] = V[\hat{\beta}]$$

が成り立つ．

【例 9.2】（例 9.1 の続き） 回帰の標準誤差は $s \approx 31.8$ となる．また，回帰係数の標準誤差は $s_{\hat{\mu}} \approx 17.3$, $s_{\hat{\beta}} \approx 81.8$ となる． ∎

回帰係数の区間推定

式 (9.12), (9.13) から，$\hat{\mu}$ と $\hat{\beta}$ は誤差項 u_i の線形結合として表すことができた．ここで，仮定 1～4 に加えて $u_i \sim N(0, \sigma^2)$ $(i = 1, \cdots, n)$ を仮定すると，定理 3.4 より，$\hat{\mu}$ と $\hat{\beta}$ は正規分布に従う．これまでに求めた最小二乗推定量の平均と分散を用いて，$\hat{\mu}, \hat{\beta}$ は $\hat{\mu} \sim N(\mu, V[\hat{\mu}])$, $\hat{\beta} \sim N(\beta, V[\hat{\beta}])$ に従うことがわかる．証明は行わないが，σ^2 の推定量 s^2 に対しては

$$\frac{(n-2)s^2}{\sigma^2} \sim \chi^2_{n-2}$$

が成り立つ（さらに，$\hat{\mu}, \hat{\beta}$ は s^2 と独立であることも証明できる）．したがって，$\hat{\mu}$ に対して

$$\frac{(\hat{\mu} - \mu)/\sqrt{V[\hat{\mu}]}}{\sqrt{\frac{(n-2)s^2}{\sigma^2}/(n-2)}} = \frac{\hat{\mu} - \mu}{s\sqrt{\frac{\sum_{i=1}^n x_i^2}{n \sum_{i=1}^n (x_i - \bar{x})^2}}} = \frac{\hat{\mu} - \mu}{s_{\hat{\mu}}} \sim t_{n-2} \qquad (9.19)$$

が成り立つ．同様に，$\hat{\beta}$ に対しても

$$\frac{(\hat{\beta} - \beta)/\sqrt{V[\hat{\beta}]}}{\sqrt{\frac{(n-2)s^2}{\sigma^2}/(n-2)}} = \frac{\hat{\beta} - \beta}{s/\sqrt{\sum_{i=1}^n (x_i - \bar{x})^2}} = \frac{\hat{\beta} - \beta}{s_{\hat{\beta}}} \sim t_{n-2} \qquad (9.20)$$

を得る．式 (9.19), (9.20) を用いて，μ と β の信頼区間を求めることができる．いま，$t_{n-2}(\frac{\alpha}{2})$ を自由度 $n-2$ の t 分布の上側 $100\alpha/2$%点とする．すなわち

$$P\left\{-t_{n-2}(\tfrac{\alpha}{2}) \leq \frac{\hat{\beta} - \beta}{s_{\hat{\beta}}} \leq t_{n-2}(\tfrac{\alpha}{2})\right\} = 1 - \alpha$$

とする．この式を書き直すと

$$P\left\{\hat{\beta} - t_{n-2}(\tfrac{\alpha}{2}) s_{\hat{\beta}} \leq \beta \leq \hat{\beta} + t_{n-2}(\tfrac{\alpha}{2}) s_{\hat{\beta}}\right\} = 1 - \alpha$$

を得る．したがって，β の信頼係数 $1 - \alpha$ の信頼区間は

$$\left[\hat{\beta} - t_{n-2}(\tfrac{\alpha}{2}) s_{\hat{\beta}},\ \hat{\beta} + t_{n-2}(\tfrac{\alpha}{2}) s_{\hat{\beta}}\right]$$

となる．同様に，μ の信頼係数 $1-\alpha$ の信頼区間は

$$\left[\hat{\mu} - t_{n-2}(\tfrac{\alpha}{2})s_{\hat{\mu}},\ \hat{\mu} + t_{n-2}(\tfrac{\alpha}{2})s_{\hat{\mu}}\right]$$

となる．

回帰係数の仮説検定

次の仮説を検定することを考えよう．

$$H_0: \beta = \beta_0 \quad \text{vs.} \quad H_1: \beta \neq \beta_0$$

帰無仮説 H_0 が正しいとすれば，式 (9.20) から

$$\frac{\hat{\beta} - \beta_0}{s_{\hat{\beta}}} \sim t_{n-2} \tag{9.21}$$

が成立する．したがって，検定の手順は以下のとおりである（これらの検定手順は，μ についてもまったく同様である）．

手順 1. 検定統計量の値 $(\hat{\beta}-\beta_0)/s_{\hat{\beta}}$ を計算する．

手順 2. 有意水準 α を定めて，t 分布表から自由度 $n-2$ に対応した $100\alpha/2$ ％点の値 $t_{n-2}(\tfrac{\alpha}{2})$ を求める．

手順 3. t 分布表から求めた値と検定統計量の値を比較する．もし $|(\hat{\beta}-\beta_0)/s_{\hat{\beta}}| > t_{n-2}(\tfrac{\alpha}{2})$ であれば，有意水準 α で帰無仮説 $H_0: \beta = \beta_0$ を棄却する．そうでなければ，帰無仮説を採択する．

特に，回帰係数の検定の中で，$H_0: \beta = 0$ vs. $H_1: \beta \neq 0$ は特別の意味をもつ．なぜなら，この帰無仮説は「説明変数が被説明変数に何の影響も与えない」ということを意味するからである．この仮説を検定するには，式 (9.21) の β_0 の値を 0 とした検定統計量 $\hat{\beta}/s_{\hat{\beta}}$ を用いる．この検定統計量の値のことを t 値 (t-value) という（μ についても同様に t 値という）．

【例 9.3】（例 9.1 の続き） β の t 値は $3721.0/81.8 \approx 45.5$ であるから，帰無仮説 $H_0: \beta = 0$ は棄却される．また，$H_0: \beta = 3500, H_1: \beta \neq 3500$ の仮説検定を考えたとき，検定統計量の値は $(3721.0 - 3500)/81.8 \approx 2.7$ となるので，有意水準 5 ％で仮説は棄却される．∎

決 定 係 数

式 (9.5) より，残差平方和は

$$\sum_{i=1}^{n} e_i^2 = \sum_{i=1}^{n}(y_i - \bar{y})^2 - \sum_{i=1}^{n}(\hat{y}_i - \bar{y})^2 - 2\sum_{i=1}^{n}(\hat{y}_i - \bar{y})e_i$$

で与えられる (確かめよ)．ここで，残差の性質から

$$\sum_{i=1}^{n}(\hat{y}_i - \bar{y})e_i = \sum_{i=1}^{n}\hat{y}_i e_i - \bar{y}\sum_{i=1}^{n} e_i = 0$$

となるので

$$\sum_{i=1}^{n}(y_i - \bar{y})^2 = \sum_{i=1}^{n}(\hat{y}_i - \bar{y})^2 + \sum_{i=1}^{n} e_i^2 \tag{9.22}$$

を得る．式 (9.22) において，左辺は y_i の全変動を表し，右辺第 1 項は $\hat{y}_i$ (推定回帰直線) で説明される部分，右辺第 2 項は $\hat{y}_i$ で説明されない部分を表すと解釈できる．そこで，回帰直線の当てはまりの良さを示す指標として，**決定係数**を

$$R^2 = \frac{\sum_{i=1}^{n}(\hat{y}_i - \bar{y})^2}{\sum_{i=1}^{n}(y_i - \bar{y})^2} = 1 - \frac{\sum_{i=1}^{n} e_i^2}{\sum_{i=1}^{n}(y_i - \bar{y})^2}$$

によって定義する．式 (9.22) より，$0 \leq R^2 \leq 1$ が成り立つ (確かめよ)．R^2 の値が 1 に近ければ x_i は y_i の変動のかなりの部分を説明しており，回帰直線の当てはまりは良いと判断できる．逆に 0 に近ければ，x_i は y_i の変動を少ししか説明しておらず，当てはまりは悪いことになる．また，決定係数は

$$R^2 = \left(\frac{\sum_{i=1}^{n}(\hat{y}_i - \bar{y})(y_i - \bar{y})}{\sqrt{\sum_{i=1}^{n}(y_i - \bar{y})^2 \sum_{i=1}^{n}(\hat{y}_i - \bar{y})^2}}\right)^2 \tag{9.23}$$

と表すことができる．式 (9.23) は，R^2 が y_i と $\hat{y}_i$ との相関係数の 2 乗となっていることを示している．

【例 9.4】（例 9.1 の続き） 決定係数を求めると，$R^2 = 0.973$ となる．■

◆**問 9.4** 式 (9.23) が成り立つことを示せ．

9.2 多項分布と χ^2 適合度検定

ベルヌーイ試行では，1 回の試行における可能な結果は 2 通りであった．また，ベルヌーイ試行を独立に繰り返した場合に，一方の結果が生起した総回数の分布が二項分布であった．この節ではベルヌーイ試行を一般化して，1 回の試行にお

9.2 多項分布と χ^2 適合度検定

いて可能な結果が全部で $k\ (\geq 2)$ 通りある場合を考えよう．確率空間 $(\Omega, \mathcal{F}, P)$ は適切に定義されているものとする．

k 通りの結果 (事象) を $A_1, \cdots, A_k\ (\in \mathcal{F})$ で表し，$p_1 = P(A_1), \cdots, p_k = P(A_k)$ とおく．$\bigcup_{i=1}^{k} A_i = \Omega$ より，$\sum_{i=1}^{k} p_i = 1$ が成り立つ．この試行を n 回独立に繰り返したとき，結果 A_i の生起回数を X_i とする．このとき，$\{X_i = x_i, i = 1, \cdots, k\}$ という事象が起こる確率を考えよう．ただし，$x_i \geq 0\ (i = 1, \cdots, k)$，$\sum_{i=1}^{k} x_i = n$ とする．

n 回の繰り返し試行において，ある特定の順序でこの事象が起こる確率は $p_1^{x_1} \cdots p_k^{x_k}$ であり，この順序を変えた組合せの数は $n!/(x_1! \cdots x_k!)$ 通りある．したがって

$$P\{X_1 = x_1, \cdots, X_k = x_k\} = \frac{n!}{x_1! \cdots x_k!} p_1^{x_1} \cdots p_k^{x_k} \tag{9.24}$$

を得る．多項定理により，$\sum_{i=1}^{k} x_i = n$ を満たす $x_i \geq 0\ (i = 1, \cdots, k)$ のすべてについて右辺の和を取ると 1 となること，すなわち

$$\sum_{\sum_{i=1}^{k} x_i = n,\, x_1 \geq 0, \cdots, x_k \geq 0} \frac{n!}{x_1! \cdots x_k!} p_1^{x_1} \cdots p_k^{x_k} = 1 \tag{9.25}$$

が成り立つ．明らかに，$k = 2$ のとき，式 (9.24) は二項分布の確率関数 (2.15) と一致する．

◆**問 9.5** 式 (9.25) が成り立つことを示せ．

一般に，k 次元確率変数ベクトル $\boldsymbol{X} = (X_1, \cdots, X_k)^\top$ の同時確率関数が式 (9.24) で与えられるとき，$\boldsymbol{X}$ はパラメータ $n,\ \boldsymbol{p} = (p_1, \cdots, p_k)^\top$ の**多項分布** (multinomial distribution) に従うという．多項分布の平均，分散，共分散は，それぞれ

$$E[X_i] = np_i, \quad V[X_i] = np_i(1 - p_i), \quad C[X_i, X_j] = -np_i p_j,\ i \neq j \tag{9.26}$$

で与えられる．

◆**問 9.6** 多項分布の平均，分散，共分散が式 (9.26) で与えられることを示せ．

【例 9.5】 日本人全体で，血液型 O，A，B，AB の割合は 30，40，20，10％であると仮定する．無作為に 10 人を選んだとき，血液型 O，A，B，AB の人数をそれぞれ X_O, X_A, X_B, X_{AB} とすると，$\boldsymbol{X} = (X_O, X_A, X_B, X_{AB})^\top$ はパラメータ $n = 10$，

$\boldsymbol{p} = (0.3, 0.4, 0.2, 0.1)^\top$ の多項分布に従う. 例えば, $\boldsymbol{X} = (4,4,1,1)^\top$ である確率は, 式 (9.24) より $10!/(4!4!1!1!) \times (0.3)^4 (0.4)^4 (0.2)^1 (0.1)^1 \approx 0.0261$ となる. ∎

【例 9.6】 あるサイコロを 1 回投げたとき目 i が出る確率を p_i とする. ただし, このサイコロには歪みがある可能性があり, $p_1 = \cdots = p_6 = 1/6$ とは限らず, これらの値は未知であるとする. このサイコロを繰り返し n 回投げたとき, 目 i が出た回数を X_i とすると, $\boldsymbol{X} = (X_1, \cdots, X_6)^\top$ はパラメータ $n, \boldsymbol{p} = (p_1, \cdots, p_6)^\top$ の多項分布に従う. この多項分布において, パラメータ n は既知であるが, パラメータ $\boldsymbol{p}$ は未知である. このサイコロが公正かどうかを調べるためには, $\boldsymbol{X}$ の実現値に基づいて

$$H_0 : p_1 = \cdots = p_6 = 1/6 \quad \text{vs.} \quad H_1 : \text{not } H_0 \tag{9.27}$$

を検定すればよい. H_0 が正しいとすれば, 各 i に対して, X_i の実現値 (目 i の観測度数) は $E[X_i] = n/6$ (目 i の期待度数) に近い値となることが期待される. したがって, $X_i - n/6 = $ 観測度数 − 期待度数 は, 「観測結果と帰無仮説 H_0 のズレ」を表すものと考えられる. ∎

k 次元確率ベクトル $\boldsymbol{X} = (X_1, \cdots, X_k)^\top$ はパラメータ $n, \boldsymbol{p} = (p_1, \cdots, p_k)^\top$ の多項分布に従い, パラメータ $\boldsymbol{p}$ は未知であるとする. このとき, 検定問題

$$H_0 : p_i = p_{0i}, \quad i = 1, \cdots k \quad \text{vs.} \quad H_1 : \text{not } H_0 \tag{9.28}$$

を考える. ただし, $p_{0i} > 0 \; (i = 1, \cdots, k)$ は所与であり, $\sum_{i=1}^k p_{0i} = 1$ を満たすものとする. $k = 6, p_{01} = \cdots = p_{06} = 1/6$ の場合が検定問題 (9.27) である.

帰無仮説 H_0 の下で, 各 i に対して, X_i の期待値 (期待度数) は $E[X_i] = np_{0i}$ である. ゆえに, 観測度数 − 期待度数 $= X_i - np_{0i} \; (i = 1, \cdots, k)$ は「観測結果と帰無仮説のズレ」を表すものと考えられる. これらは正負いずれにもなり得るので, これらを 2 乗した $(X_i - np_{0i})^2 \; (i = 1, \cdots, k)$ が全体として大きいほど, 観測結果と帰無仮説にズレがあると考える. ところで, $(X_i - np_{0i})^2$ は np_{0i} が大きいほど大きな値を取りやすいので, $(X_i - np_{0i})^2 / (np_{0i})$ と基準化し, 全体としてのズレを

$$Q = \sum_{i=1}^k \frac{(X_i - np_{0i})^2}{np_{0i}} = \sum_{i=1}^k \frac{(観測度数 - 期待度数)^2}{期待度数} \tag{9.29}$$

で評価する.

帰無仮説 H_0 の下で, n が十分に大きいとき, Q は近似的に自由度 $k-1$ の χ^2

分布に従うことが知られている[*1]．そこで，検定問題 (9.28) に対する有意水準 α の検定方式を

$$\text{棄却域: } Q > \chi^2_{k-1}(\alpha) \tag{9.30}$$

と定める．この検定方式は，χ^2 **適合度検定** (χ^2-goodness-of-fit test) とよばれる．

【例 9.7】 あるサイコロを繰り返し 600 回投げたところ，1 が 105 回，2 が 82 回，3 が 91 回，4 が 118 回，5 が 110 回，6 が 94 回であった．この結果からこのサイコロに歪みがあるといえるだろうか．検定問題 (9.27) を有意水準 5 % で検定してみよう．

サイコロの目	1	2	3	4	5	6	計
観測度数	105	82	91	118	110	94	600
期待度数	100	100	100	100	100	100	600

式 (9.29) より，$Q = 8.90 < \chi^2_5(0.05) = 11.07$ となるので帰無仮説は受容され，このサイコロに歪みがあるとはいえない． ∎

◆**問 9.7** メンデル (Mendel) の理論によると，エンドウの交配によって，2 つの遺伝素質「形 (まる形，しわ形)」と「色 (黄色，緑色)」が雑種第 2 代に現れる割合は

まる形黄色 : まる形緑色 : しわ形黄色 : しわ形緑色 $= 9 : 3 : 3 : 1$

となる．実際に交配実験を行ったところ，下表の結果を得た．この実験結果がメンデルの理論に適合しているといえるかを有意水準 5 % で検定せよ．

特徴	まる形黄色	まる形緑色	しわ形黄色	しわ形緑色	計
観測度数	704	256	232	88	1280

9.3 分布型の検定

無作為標本が与えられたとき，それをある母集団分布からの無作為標本とみなせるかどうかという問題を考える．まず，次の例から始めよう．

【例 9.8】 あるメーカーに寄せられた 1 日当たりのクレーム件数を過去 1 年分集計したところ，下表を得た．1 日当たりのクレーム件数はポアソン分布に従っているとみなせるだろうか．

[*1] 一般の $k\ (\geq 2)$ に対する証明は本書の範囲を超えている．$k = 2$ のときは $Q = \left((X_1 - np_{01})/\sqrt{np_{01}(1-p_{01})}\right)^2$ となるので，帰無仮説 $H_0 : p_1 = p_{01}$ の下で，X_1 は二項分布 $B(n, p_{01})$ に従う．二項分布の正規近似より，十分大きな n に対して，$Z = (X_1 - np_{01})/\sqrt{np_{01}(1-p_{01})} \sim N(0,1)$ となり，$Q = Z^2$ は近似的に自由度 1 の χ^2 分布に従うことが確認できる．

クレーム件数	0	1	2	3	4	5以上	計
日数	64	97	128	65	11	0	365

1日当たりのクレーム件数 Y に対して $\{0\}, \{1\}, \cdots, \{4\}, \{5以上\}$ の6通りの結果を想定し，$p_i = P\{Y = i\}$ $(i = 0, 1, 2, 3, 4)$, $p_5 = P\{Y \geq 5\}$ とおく．また，過去1年間におけるクレーム件数の各日数を，$X_i = \{Y = i の日数\}$ $(i = 0, 1, 2, 3, 4)$, $X_5 = \{Y \geq 5 の日数\}$ とおく．このとき，$\boldsymbol{X} = (X_0, X_1, \cdots, X_5)^\top$ はパラメータ $n = 365$, $\boldsymbol{p} = (p_0, \cdots, p_5)^\top$ の多項分布に従う．上表で与えられた集計結果は，$\boldsymbol{X}$ の実現値，すなわち観測度数を表している．

ここで，1日当たりのクレーム件数がポアソン分布 $Po(\lambda)$ に従うと仮定し

$$p_{0i}(\lambda) = \begin{cases} \dfrac{\lambda^i}{i!} e^{-\lambda}, & i = 0, 1, 2, 3, 4 \\ 1 - \displaystyle\sum_{j=0}^{4} \dfrac{\lambda^j}{j!} e^{-\lambda}, & i = 5 \end{cases} \tag{9.31}$$

とおく．この仮定の下では，$\boldsymbol{X}$ はパラメータ $n = 365$, $\boldsymbol{p}_0(\lambda) = (p_{00}(\lambda), \cdots, p_{05}(\lambda))^\top$ の多項分布に従うことになる．したがって，$\boldsymbol{X}$ の実現値に基づいて，帰無仮説 $H_0 : \boldsymbol{p} = \boldsymbol{p}_0(\lambda)$ を検定することにより，クレーム件数がポアソン分布に従うかどうかを調べることができる．

度数分布表から，標本平均の値は $\bar{Y} \approx 1.622$ である．クレーム件数がポアソン分布に従うと仮定すると，そのパラメータの最尤推定量は標本平均で与えられるので（問 7.11 参照），λ の最尤推定値は $\hat{\lambda} = 1.622$ である．式 (9.31) より，$\boldsymbol{p}_0(1.622)$ は

i	0	1	2	3	4	5以上	計
$p_{0i}(1.622)$	0.198	0.320	0.260	0.140	0.057	0.025	1

で与えられる．したがって，帰無仮説 H_0 の下での期待度数は

クレーム件数	0	1	2	3	4	5以上	計
観測度数	64	97	128	65	11	0	365
期待度数	72.1	116.9	94.8	51.3	20.8	9.1	365

となる．χ^2 適合度検定のときと同様に，式 (9.29) で定義される Q の値を求めると，$Q = 33.29$ を得る．式 (9.30) より，χ^2 適合度検定では自由度 $k - 1$ の χ^2 分布を用いるが，後述するように，この場合には自由度 $k - 2$ の χ^2 分布を用いなければならないので，$k = 6$, $Q = 33.29 > \chi_4^2(0.05) = 9.49$ より，有意水準5％で帰無仮説 H_0 は棄却される．したがって，クレーム件数がポアソン分布に従うとみなすことはできない． ∎

次にこの例を一般化しよう．すなわち，母集団分布を s 個の母数をもつある分布とみなすことができるかを調べたいとする．例 9.8 では，ポアソン分布（1個の

母数 λ をもつ) とみなすことができるかを調べた.別の例としては,母集団分布を正規分布 (2個の母数をもつ) とみなすことができるかを調べたい場合などがある.

標本数 n の無作為標本を k 個 $(k > s+1)$ の階級 $C_1, \cdots, C_k$ に分類し,階級 C_i $(i = 1, \cdots, k)$ に属す標本の個数を X_i とする.また,$p_i = P\{$ 各標本が階級 C_i に入る $\}$ とおく.このとき,$\boldsymbol{X} = (X_1, X_2, \cdots, X_k)^\top$ はパラメータ n, $\boldsymbol{p} = (p_1, p_2, \cdots, p_k)^\top$ の多項分布に従う.

母集団分布として仮定する確率分布の母数を $\boldsymbol{\theta} = (\theta_1, \cdots, \theta_s)^\top$ とし,その確率密度関数 (あるいは確率関数) を $f(y : \boldsymbol{\theta})$ とする.また,$i = 1, \cdots, k$ に対して

$$p_{0i}(\boldsymbol{\theta}) = \begin{cases} \int_{C_i} f(y : \boldsymbol{\theta}) dy, & \text{母集団分布が連続型の場合} \\ \sum_{y \in C_i} f(y : \boldsymbol{\theta}), & \text{母集団分布が離散型の場合} \end{cases}$$

とおく.もし母集団分布がこの仮定された分布と一致しているならば,$\boldsymbol{X}$ はパラメータ n, $\boldsymbol{p}_0(\boldsymbol{\theta}) = (p_{01}(\boldsymbol{\theta}), \cdots, p_{0k}(\boldsymbol{\theta}))^\top$ の多項分布に従う.そこで,$\boldsymbol{X}$ の実現値に基づいて,帰無仮説

$$H_0 : \boldsymbol{p} = \boldsymbol{p}_0(\boldsymbol{\theta}) \tag{9.32}$$

を検定することにより,仮定された分布が正しいかどうかを調べる.

無作為標本に基づく $\boldsymbol{\theta}$ の最尤推定量を $\hat{\boldsymbol{\theta}}$ とする.H_0 の下で $E[X_i] = np_{0i}(\boldsymbol{\theta})$ であるから,H_0 の下での X_i の期待度数は $np_{0i}(\hat{\boldsymbol{\theta}})$ で与えられる.χ^2 適合度検定のときと同様にして

$$Q = \sum_{i=1}^{k} \frac{(X_i - np_{0i}(\hat{\boldsymbol{\theta}}))^2}{np_{0i}(\hat{\boldsymbol{\theta}})} = \sum_{i=1}^{k} \frac{(観測度数 - 期待度数)^2}{期待度数}$$

とおくと,H_0 の下で,Q は近似的に自由度 $k-1-s$ の χ^2 分布に従うことが知られている.ここで,自由度が $k-1$ ではなく $k-1-s$ であることに注意しよう.したがって,帰無仮説 (9.32) に対する有意水準 α の検定方式を

$$棄却域 : Q > \chi^2_{k-1-s}(\alpha)$$

によって定めることができる.

◆問 **9.8** 標本数 $n = 300$ のデータの標本平均は 10.0,標本分散は $(4.0)^2$ であるとする.また,このデータから次の度数分布表を得た.母集団分布は正規分布とみなせるか.有意水準 5 %で検定せよ.

階級	$(-\infty, 2.5]$	$(2.5, 5]$	$(5, 7.5]$	$(7.5, 10]$
観測度数	7	20	64	75

	$(10, 12.5]$	$(12.5, 15]$	$(15, 17.5]$	$(17.5, \infty)$	計
	62	37	24	11	300

9.4 分割表の検定

【例 9.9】 問 8.17 のインフルエンザワクチンの効果に関する調査結果を次の表の形に整理できる.

	罹った	罹らなかった	計
ワクチン接種	9	110	119
ワクチン非接種	53	224	277
計	62	334	396

この表は「計」の部分を除けば, 2 行 2 列の行列の形をしている. このような表を 2×2 **分割表** (2×2 contingency table) という.

【例 9.10】 ある大学において, 統計学の履修者 400 人を対象に,「統計学の成績 (A,B,C,D の 4 段階)」と「全 15 回の講義への出席回数 (11 回以上, 6 回以上 11 回未満, 6 回未満の 3 段階)」を調査した結果を, 次の表のように整理した.

	11 回以上	6 回以上 11 回未満	6 回未満	計
A	48	24	8	80
B	80	48	32	160
C	40	40	20	100
D	12	24	24	60
計	180	136	84	400

これは 4×3 分割表である.

例 9.9 と例 9.10 で共通するところは, いずれも 2 つの特性に注目した調査結果であることである. 例 9.9 では「ワクチン接種」と「インフルエンザの罹病」という 2 つの特性であり, 例 9.10 では「成績」と「出席回数」である.

ある試行を行った結果が, 特性 A について $A_1, \cdots, A_r$ の r 通りに分類され, 特性 B について $B_1, \cdots, B_s$ の s 通りに分類されると仮定する. この試行を独立に n 回繰り返した場合の結果を, 次の表のように整理することができる.

9.4 分割表の検定

	B_1	B_2	$\cdots$	B_s	計
A_1	X_{11}	X_{12}	$\cdots$	X_{1s}	$X_{1\cdot}$
A_2	X_{21}	X_{22}	$\cdots$	X_{2s}	$X_{2\cdot}$
$\vdots$	$\vdots$	$\vdots$	$\ddots$	$\vdots$	$\vdots$
A_r	X_{r1}	X_{r2}	$\cdots$	X_{rs}	$X_{r\cdot}$
計	$X_{\cdot 1}$	$X_{\cdot 2}$	$\cdots$	$X_{\cdot s}$	n

このような表を,$r \times s$ 分割表 ($r \times s$ contingency table) という.X_{ij} は $A_i \cap B_j$ という結果(事象)が起こった回数を表す.また,$X_{i\cdot} = \sum_{j=1}^{s} X_{ij}$ と $X_{\cdot j} = \sum_{i=1}^{r} X_{ij}$ は,それぞれ A_i と B_j の起こった総回数を示している (添字にある · は,その添字について和を取ったことを意味する).このような試行を1回行うとき,$A_i \cap B_j$ という事象が起こる確率を p_{ij} で表すことにする.すなわち,$p_{ij} = P(A_i \cap B_j)$ とおく.また,$p_{i\cdot} = \sum_{j=1}^{s} p_{ij}, p_{\cdot j} = \sum_{i=1}^{r} p_{ij}$ とおくと,$p_{i\cdot} = P(A_i), p_{\cdot j} = P(B_j)$ である.

ここでは,2つの特性 A と B が独立かどうかを調べよう.例 9.9 の場合には,「A:ワクチン接種」と「B:インフルエンザの罹病」が独立であるかを調べることを意味する.特性 A と B が独立ということは,定義 1.6 より,すべての i,j に対して $P(A_i \cap B_j) = P(A_i)P(B_j)$ が成り立つことである.したがって,特性 A と B が独立かどうかを調べるためには,帰無仮説

$$H_0 : \text{すべての } i,j \text{ に対して} \quad p_{ij} = p_{i\cdot} \times p_{\cdot j} \tag{9.33}$$

を検定すればよい.

帰無仮説 H_0 の下で,母数 p_{ij} の最尤推定量を求めておこう.

$$\boldsymbol{X} = (X_{11}, \cdots, X_{1s}, X_{21}, \cdots, X_{2s}, \cdots, X_{r1}, \cdots, X_{rs})^\top$$

とおくと,H_0 の下で $\boldsymbol{X}$ はパラメータ $n, \boldsymbol{p}^{(0)} = (p_{11}^{(0)}, \cdots, p_{1s}^{(0)}, p_{21}^{(0)}, \cdots, p_{2s}^{(0)}, \cdots, p_{r1}^{(0)}, \cdots, p_{rs}^{(0)})$ の多項分布に従う.ただし,$p_{ij}^{(0)} = p_{i\cdot} p_{\cdot j}$ とする.したがって,$\boldsymbol{X}$ の実現値 $\boldsymbol{x}$ に対して,H_0 の下での対数尤度関数は

$$\begin{aligned}L(\boldsymbol{p}^{(0)}; \boldsymbol{x}) &= \log \frac{n}{\prod_{i=1}^{r} \prod_{j=1}^{s} x_{ij}!} + \sum_{i=1}^{r} \sum_{j=1}^{s} x_{ij} \log p_{ij}^{(0)} \\ &= \log \frac{n}{\prod_{i=1}^{r} \prod_{j=1}^{s} x_{ij}!} + \sum_{i=1}^{r} x_{i\cdot} \log p_{i\cdot} + \sum_{j=1}^{s} x_{\cdot j} \log p_{\cdot j}\end{aligned} \tag{9.34}$$

で与えられる.これを $\sum_{i=1}^{r} p_{i\cdot} = 1, \sum_{j=1}^{s} p_{\cdot j} = 1$ の制約の下で最大化することにより,H_0 の下での最尤推定量 $\hat{p}_{i\cdot} = X_{i\cdot}/n, \hat{p}_{\cdot j} = X_{\cdot j}/n$ を得る (問 9.9 参照).

帰無仮説 H_0 の下では，$E[X_{ij}] = np_{ij} = np_{i\cdot}p_{\cdot j}$ であるから，H_0 の下での X_{ij} の期待度数は $n\hat{p}_{i\cdot}\hat{p}_{\cdot j} = X_{i\cdot}X_{\cdot j}/n$ となる．χ^2 適合度検定と同様に

$$Q = \sum_{i=1}^{r}\sum_{j=1}^{s} \frac{(X_{ij} - X_{i\cdot}X_{\cdot j}/n)^2}{X_{i\cdot}X_{\cdot j}/n} \tag{9.35}$$

によって観測値と帰無仮説のズレを評価する．標本数 n が大きいとき，H_0 の下で Q は近似的に自由度 $(r-1)(s-1)$ の χ^2 分布に従うことが知られている．そこで，有意水準 α の検定方式を

$$棄却域: Q > \chi^2_{(r-1)(s-1)}(\alpha) \tag{9.36}$$

と定める．

【例 9.11】 例 9.9 において，「ワクチン接種」と「インフルエンザの罹病」が独立かどうかを調べてみよう．分割表に期待度数を記入すると次のようになる (括弧内が期待度数を表す)．例えば，「接種」かつ「罹った」の欄では，期待度数 $= 119 \times 62/396 \approx 18.6$ である．

	罹った	罹らなかった	計
ワクチン接種	9 (18.6)	110 (100.4)	119
ワクチン非接種	53 (43.4)	224 (233.6)	277
計	62	334	396

式 (9.35) より

$$Q = \frac{(9 - 18.6)^2}{18.6} + \cdots + \frac{(224 - 233.9)^2}{233.9} = 8.44$$

を得る．$r = s = 2$ より χ^2 分布の自由度は $(r-1)(s-1) = 1$ となるので，$\chi^2_1(0.01) = 6.63$ より「ワクチン接種」と「インフルエンザの罹病」が独立であるという帰無仮説は有意水準 1 % で棄却され，これらに関連があると判断される． ∎

◆**問 9.9** $\sum_{i=1}^{r} p_{i\cdot} = 1$, $\sum_{j=1}^{s} p_{\cdot j} = 1$ の制約の下で，対数尤度関数 (9.34) は $p_{i\cdot} = x_{i\cdot}/n$, $p_{\cdot j} = x_{\cdot j}/n$ のとき最大となることを示せ．

◆**問 9.10** 例 9.10 において，成績と出席回数の独立性を有意水準 1 % で検定せよ．

A

付 表

標準正規分布表：$X \sim N(0, 1)$

$$\alpha = P\{X > z(\alpha)\} = \int_{z(\alpha)}^{\infty} \frac{1}{\sqrt{2\pi}} \exp\left(-\frac{1}{2}x^2\right) dx$$

$z(\alpha)$	0.00	0.01	0.02	0.03	0.04	0.05	0.06	0.07	0.08	0.09
0.0	0.5000	0.4960	0.4920	0.4880	0.4840	0.4801	0.4761	0.4721	0.4681	0.4641
0.1	0.4602	0.4562	0.4522	0.4483	0.4443	0.4404	0.4364	0.4325	0.4286	0.4247
0.2	0.4207	0.4168	0.4129	0.4090	0.4052	0.4013	0.3974	0.3936	0.3897	0.3859
0.3	0.3821	0.3783	0.3745	0.3707	0.3669	0.3632	0.3594	0.3557	0.3520	0.3483
0.4	0.3446	0.3409	0.3372	0.3336	0.3300	0.3264	0.3228	0.3192	0.3156	0.3121
0.5	0.3085	0.3050	0.3015	0.2981	0.2946	0.2912	0.2877	0.2843	0.2810	0.2776
0.6	0.2743	0.2709	0.2676	0.2643	0.2611	0.2578	0.2546	0.2514	0.2483	0.2451
0.7	0.2420	0.2389	0.2358	0.2327	0.2296	0.2266	0.2236	0.2206	0.2177	0.2148
0.8	0.2119	0.2090	0.2061	0.2033	0.2005	0.1977	0.1949	0.1922	0.1894	0.1867
0.9	0.1841	0.1814	0.1788	0.1762	0.1736	0.1711	0.1685	0.1660	0.1635	0.1611
1.0	0.1587	0.1562	0.1539	0.1515	0.1492	0.1469	0.1446	0.1423	0.1401	0.1379
1.1	0.1357	0.1335	0.1314	0.1292	0.1271	0.1251	0.1230	0.1210	0.1190	0.1170
1.2	0.1151	0.1131	0.1112	0.1093	0.1075	0.1056	0.1038	0.1020	0.1003	0.0985
1.3	0.0968	0.0951	0.0934	0.0918	0.0901	0.0885	0.0869	0.0853	0.0838	0.0823
1.4	0.0808	0.0793	0.0778	0.0764	0.0749	0.0735	0.0721	0.0708	0.0694	0.0681
1.5	0.0668	0.0655	0.0643	0.0630	0.0618	0.0606	0.0594	0.0582	0.0571	0.0559
1.6	0.0548	0.0537	0.0526	0.0516	0.0505	0.0495	0.0485	0.0475	0.0465	0.0455
1.7	0.0446	0.0436	0.0427	0.0418	0.0409	0.0401	0.0392	0.0384	0.0375	0.0367
1.8	0.0359	0.0351	0.0344	0.0336	0.0329	0.0322	0.0314	0.0307	0.0301	0.0294
1.9	0.0287	0.0281	0.0274	0.0268	0.0262	0.0256	0.0250	0.0244	0.0239	0.0233
2.0	0.0228	0.0222	0.0217	0.0212	0.0207	0.0202	0.0197	0.0192	0.0188	0.0183
2.1	0.0179	0.0174	0.0170	0.0166	0.0162	0.0158	0.0154	0.0150	0.0146	0.0143
2.2	0.0139	0.0136	0.0132	0.0129	0.0125	0.0122	0.0119	0.0116	0.0113	0.0110
2.3	0.0107	0.0104	0.0102	0.0099	0.0096	0.0094	0.0091	0.0089	0.0087	0.0084
2.4	0.0082	0.0080	0.0078	0.0075	0.0073	0.0071	0.0069	0.0068	0.0066	0.0064
2.5	0.0062	0.0060	0.0059	0.0057	0.0055	0.0054	0.0052	0.0051	0.0049	0.0048
2.6	0.0047	0.0045	0.0044	0.0043	0.0041	0.0040	0.0039	0.0038	0.0037	0.0036
2.7	0.0035	0.0034	0.0033	0.0032	0.0031	0.0030	0.0029	0.0028	0.0027	0.0026
2.8	0.0026	0.0025	0.0024	0.0023	0.0023	0.0022	0.0021	0.0021	0.0020	0.0019
2.9	0.0019	0.0018	0.0018	0.0017	0.0016	0.0016	0.0015	0.0015	0.0014	0.0014
3.0	0.0013	0.0013	0.0013	0.0012	0.0012	0.0011	0.0011	0.0011	0.0010	0.0010
3.1	0.0010	0.0009	0.0009	0.0009	0.0008	0.0008	0.0008	0.0008	0.0007	0.0007
3.2	0.0007	0.0007	0.0006	0.0006	0.0006	0.0006	0.0006	0.0005	0.0005	0.0005
3.3	0.0005	0.0005	0.0005	0.0004	0.0004	0.0004	0.0004	0.0004	0.0004	0.0003
3.4	0.0003	0.0003	0.0003	0.0003	0.0003	0.0003	0.0003	0.0003	0.0003	0.0002

t 分布表：$X \sim t_n$

$$\alpha = P\{X > t_n(\alpha)\}$$

$n \backslash \alpha$	0.100	0.050	0.025	0.010	0.005
1	3.078	6.314	12.706	31.821	63.657
2	1.886	2.920	4.303	6.965	9.925
3	1.638	2.353	3.182	4.541	5.841
4	1.533	2.132	2.776	3.747	4.604
5	1.476	2.015	2.571	3.365	4.032
6	1.440	1.943	2.447	3.143	3.707
7	1.415	1.895	2.365	2.998	3.499
8	1.397	1.860	2.306	2.896	3.355
9	1.383	1.833	2.262	2.821	3.250
10	1.372	1.812	2.228	2.764	3.169
11	1.363	1.796	2.201	2.718	3.106
12	1.356	1.782	2.179	2.681	3.055
13	1.350	1.771	2.160	2.650	3.012
14	1.345	1.761	2.145	2.624	2.977
15	1.341	1.753	2.131	2.602	2.947
16	1.337	1.746	2.120	2.583	2.921
17	1.333	1.740	2.110	2.567	2.898
18	1.330	1.734	2.101	2.552	2.878
19	1.328	1.729	2.093	2.539	2.861
20	1.325	1.725	2.086	2.528	2.845
21	1.323	1.721	2.080	2.518	2.831
22	1.321	1.717	2.074	2.508	2.819
23	1.319	1.714	2.069	2.500	2.807
24	1.318	1.711	2.064	2.492	2.797
25	1.316	1.708	2.060	2.485	2.787
26	1.315	1.706	2.056	2.479	2.779
27	1.314	1.703	2.052	2.473	2.771
28	1.313	1.701	2.048	2.467	2.763
29	1.311	1.699	2.045	2.462	2.756
30	1.310	1.697	2.042	2.457	2.750
40	1.303	1.684	2.021	2.423	2.704
60	1.296	1.671	2.000	2.390	2.660
120	1.289	1.658	1.980	2.358	2.617

χ^2 分布表：$X \sim \chi_n^2$

$$\alpha = P\{X > \chi_n^2(\alpha)\}$$

$n\backslash\alpha$	0.990	0.975	0.950	0.500	0.250	0.100	0.050	0.025	0.010
1	0.00	0.00	0.00	0.45	1.32	2.71	3.84	5.02	6.63
2	0.02	0.05	0.10	1.39	2.77	4.61	5.99	7.38	9.21
3	0.11	0.22	0.35	2.37	4.11	6.25	7.81	9.35	11.34
4	0.30	0.48	0.71	3.36	5.39	7.78	9.49	11.14	13.28
5	0.55	0.83	1.15	4.35	6.63	9.24	11.07	12.83	15.09
6	0.87	1.24	1.64	5.35	7.84	10.64	12.59	14.45	16.81
7	1.24	1.69	2.17	6.35	9.04	12.02	14.07	16.01	18.48
8	1.65	2.18	2.73	7.34	10.22	13.36	15.51	17.53	20.09
9	2.09	2.70	3.33	8.34	11.39	14.68	16.92	19.02	21.67
10	2.56	3.25	3.94	9.34	12.55	15.99	18.31	20.48	23.21
11	3.05	3.82	4.57	10.34	13.70	17.28	19.68	21.92	24.72
12	3.57	4.40	5.23	11.34	14.85	18.55	21.03	23.34	26.22
13	4.11	5.01	5.89	12.34	15.98	19.81	22.36	24.74	27.69
14	4.66	5.63	6.57	13.34	17.12	21.06	23.68	26.12	29.14
15	5.23	6.26	7.26	14.34	18.25	22.31	25.00	27.49	30.58
16	5.81	6.91	7.96	15.34	19.37	23.54	26.30	28.85	32.00
17	6.41	7.56	8.67	16.34	20.49	24.77	27.59	30.19	33.41
18	7.01	8.23	9.39	17.34	21.60	25.99	28.87	31.53	34.81
19	7.63	8.91	10.12	18.34	22.72	27.20	30.14	32.85	36.19
20	8.26	9.59	10.85	19.34	23.83	28.41	31.41	34.17	37.57
21	8.90	10.28	11.59	20.34	24.93	29.62	32.67	35.48	38.93
22	9.54	10.98	12.34	21.34	26.04	30.81	33.92	36.78	40.29
23	10.20	11.69	13.09	22.34	27.14	32.01	35.17	38.08	41.64
24	10.86	12.40	13.85	23.34	28.24	33.20	36.42	39.36	42.98
25	11.52	13.12	14.61	24.34	29.34	34.38	37.65	40.65	44.31
26	12.20	13.84	15.38	25.34	30.43	35.56	38.89	41.92	45.64
27	12.88	14.57	16.15	26.34	31.53	36.74	40.11	43.19	46.96
28	13.56	15.31	16.93	27.34	32.62	37.92	41.34	44.46	48.28
29	14.26	16.05	17.71	28.34	33.71	39.09	42.56	45.72	49.59
30	14.95	16.79	18.49	29.34	34.80	40.26	43.77	46.98	50.89
40	22.16	24.43	26.51	39.34	45.62	51.81	55.76	59.34	63.69
60	37.48	40.48	43.19	59.33	66.98	74.40	79.08	83.30	88.38
120	86.92	91.57	95.70	119.33	130.05	140.23	146.57	152.21	158.95

F分布表: $X \sim F_{n_1, n_2}$

$$\alpha = P\{X > f_{n_1, n_2}(\alpha)\}$$

α	$n_2\backslash n_1$	1	2	3	4	5	6	7	8	9	10
0.050	5	6.61	5.79	5.41	5.19	5.05	4.95	4.88	4.82	4.77	4.74
0.025		10.01	8.43	7.76	7.39	7.15	6.98	6.85	6.76	6.68	6.62
0.010		16.26	13.27	12.06	11.39	10.97	10.67	10.46	10.29	10.16	10.05
0.005		22.78	18.31	16.53	15.56	14.94	14.51	14.20	13.96	13.77	13.62
0.050	6	5.99	5.14	4.76	4.53	4.39	4.28	4.21	4.15	4.10	4.06
0.025		8.81	7.26	6.60	6.23	5.99	5.82	5.70	5.60	5.52	5.46
0.010		13.75	10.92	9.78	9.15	8.75	8.47	8.26	8.10	7.98	7.87
0.005		18.63	14.54	12.92	12.03	11.46	11.07	10.79	10.57	10.39	10.25
0.050	7	5.59	4.74	4.35	4.12	3.97	3.87	3.79	3.73	3.68	3.64
0.025		8.07	6.54	5.89	5.52	5.29	5.12	4.99	4.90	4.82	4.76
0.010		12.25	9.55	8.45	7.85	7.46	7.19	6.99	6.84	6.72	6.62
0.005		16.24	12.40	10.88	10.05	9.52	9.16	8.89	8.68	8.51	8.38
0.050	8	5.32	4.46	4.07	3.84	3.69	3.58	3.50	3.44	3.39	3.35
0.025		7.57	6.06	5.42	5.05	4.82	4.65	4.53	4.43	4.36	4.30
0.010		11.26	8.65	7.59	7.01	6.63	6.37	6.18	6.03	5.91	5.81
0.005		14.69	11.04	9.60	8.81	8.30	7.95	7.69	7.50	7.34	7.21
0.050	9	5.12	4.26	3.86	3.63	3.48	3.37	3.29	3.23	3.18	3.14
0.025		7.21	5.71	5.08	4.72	4.48	4.32	4.20	4.10	4.03	3.96
0.010		10.56	8.02	6.99	6.42	6.06	5.80	5.61	5.47	5.35	5.26
0.005		13.61	10.11	8.72	7.96	7.47	7.13	6.88	6.69	6.54	6.42
0.050	10	4.96	4.10	3.71	3.48	3.33	3.22	3.14	3.07	3.02	2.98
0.025		6.94	5.46	4.83	4.47	4.24	4.07	3.95	3.85	3.78	3.72
0.010		10.04	7.56	6.55	5.99	5.64	5.39	5.20	5.06	4.94	4.85
0.005		12.83	9.43	8.08	7.34	6.87	6.54	6.30	6.12	5.97	5.85
0.050	15	4.54	3.68	3.29	3.06	2.90	2.79	2.71	2.64	2.59	2.54
0.025		6.20	4.77	4.15	3.80	3.58	3.41	3.29	3.20	3.12	3.06
0.010		8.68	6.36	5.42	4.89	4.56	4.32	4.14	4.00	3.89	3.80
0.005		10.80	7.70	6.48	5.80	5.37	5.07	4.85	4.67	4.54	4.42
0.050	20	4.35	3.49	3.10	2.87	2.71	2.60	2.51	2.45	2.39	2.35
0.025		5.87	4.46	3.86	3.51	3.29	3.13	3.01	2.91	2.84	2.77
0.010		8.10	5.85	4.94	4.43	4.10	3.87	3.70	3.56	3.46	3.37
0.005		9.94	6.99	5.82	5.17	4.76	4.47	4.26	4.09	3.96	3.85
0.050	30	4.17	3.32	2.92	2.69	2.53	2.42	2.33	2.27	2.21	2.16
0.025		5.57	4.18	3.59	3.25	3.03	2.87	2.75	2.65	2.57	2.51
0.010		7.56	5.39	4.51	4.02	3.70	3.47	3.30	3.17	3.07	2.98
0.005		9.18	6.35	5.24	4.62	4.23	3.95	3.74	3.58	3.45	3.34
0.050	40	4.08	3.23	2.84	2.61	2.45	2.34	2.25	2.18	2.12	2.08
0.025		5.42	4.05	3.46	3.13	2.90	2.74	2.62	2.53	2.45	2.39
0.010		7.31	5.18	4.31	3.83	3.51	3.29	3.12	2.99	2.89	2.80
0.005		8.83	6.07	4.98	4.37	3.99	3.71	3.51	3.35	3.22	3.12
0.050	50	4.03	3.18	2.79	2.56	2.40	2.29	2.20	2.13	2.07	2.03
0.025		5.34	3.97	3.39	3.05	2.83	2.67	2.55	2.46	2.38	2.32
0.010		7.17	5.06	4.20	3.72	3.41	3.19	3.02	2.89	2.78	2.70
0.005		8.63	5.90	4.83	4.23	3.85	3.58	3.38	3.22	3.09	2.99

α	$n_2\backslash n_1$	12	15	20	25	30	40	50	60	80	100
0.050	5	4.68	4.62	4.56	4.52	4.50	4.46	4.44	4.43	4.41	4.41
0.025		6.52	6.43	6.33	6.27	6.23	6.18	6.14	6.12	6.10	6.08
0.010		9.89	9.72	9.55	9.45	9.38	9.29	9.24	9.20	9.16	9.13
0.005		13.38	13.15	12.90	12.76	12.66	12.53	12.45	12.40	12.34	12.30
0.050	6	4.00	3.94	3.87	3.83	3.81	3.77	3.75	3.74	3.72	3.71
0.025		5.37	5.27	5.17	5.11	5.07	5.01	4.98	4.96	4.93	4.92
0.010		7.72	7.56	7.40	7.30	7.23	7.14	7.09	7.06	7.01	6.99
0.005		10.03	9.81	9.59	9.45	9.36	9.24	9.17	9.12	9.06	9.03
0.050	7	3.57	3.51	3.44	3.40	3.38	3.34	3.32	3.30	3.29	3.27
0.025		4.67	4.57	4.47	4.40	4.36	4.31	4.28	4.25	4.23	4.21
0.010		6.47	6.31	6.16	6.06	5.99	5.91	5.86	5.82	5.78	5.75
0.005		8.18	7.97	7.75	7.62	7.53	7.42	7.35	7.31	7.25	7.22
0.050	8	3.28	3.22	3.15	3.11	3.08	3.04	3.02	3.01	2.99	2.97
0.025		4.20	4.10	4.00	3.94	3.89	3.84	3.81	3.78	3.76	3.74
0.010		5.67	5.52	5.36	5.26	5.20	5.12	5.07	5.03	4.99	4.96
0.005		7.01	6.81	6.61	6.48	6.40	6.29	6.22	6.18	6.12	6.09
0.050	9	3.07	3.01	2.94	2.89	2.86	2.83	2.80	2.79	2.77	2.76
0.025		3.87	3.77	3.67	3.60	3.56	3.51	3.47	3.45	3.42	3.40
0.010		5.11	4.96	4.81	4.71	4.65	4.57	4.52	4.48	4.44	4.41
0.005		6.23	6.03	5.83	5.71	5.62	5.52	5.45	5.41	5.36	5.32
0.050	10	2.91	2.85	2.77	2.73	2.70	2.66	2.64	2.62	2.60	2.59
0.025		3.62	3.52	3.42	3.35	3.31	3.26	3.22	3.20	3.17	3.15
0.010		4.71	4.56	4.41	4.31	4.25	4.17	4.12	4.08	4.04	4.01
0.005		5.66	5.47	5.27	5.15	5.07	4.97	4.90	4.86	4.80	4.77
0.050	15	2.48	2.40	2.33	2.28	2.25	2.20	2.18	2.16	2.14	2.12
0.025		2.96	2.86	2.76	2.69	2.64	2.59	2.55	2.52	2.49	2.47
0.010		3.67	3.52	3.37	3.28	3.21	3.13	3.08	3.05	3.00	2.98
0.005		4.25	4.07	3.88	3.77	3.69	3.58	3.52	3.48	3.43	3.39
0.050	20	2.28	2.20	2.12	2.07	2.04	1.99	1.97	1.95	1.92	1.91
0.025		2.68	2.57	2.46	2.40	2.35	2.29	2.25	2.22	2.19	2.17
0.010		3.23	3.09	2.94	2.84	2.78	2.69	2.64	2.61	2.56	2.54
0.005		3.68	3.50	3.32	3.20	3.12	3.02	2.96	2.92	2.86	2.83
0.050	30	2.09	2.01	1.93	1.88	1.84	1.79	1.76	1.74	1.71	1.70
0.025		2.41	2.31	2.20	2.12	2.07	2.01	1.97	1.94	1.90	1.88
0.010		2.84	2.70	2.55	2.45	2.39	2.30	2.25	2.21	2.16	2.13
0.005		3.18	3.01	2.82	2.71	2.63	2.52	2.46	2.42	2.36	2.32
0.050	40	2.00	1.92	1.84	1.78	1.74	1.69	1.66	1.64	1.61	1.59
0.025		2.29	2.18	2.07	1.99	1.94	1.88	1.83	1.80	1.76	1.74
0.010		2.66	2.52	2.37	2.27	2.20	2.11	2.06	2.02	1.97	1.94
0.005		2.95	2.78	2.60	2.48	2.40	2.30	2.23	2.18	2.12	2.09
0.050	50	1.95	1.87	1.78	1.73	1.69	1.63	1.60	1.58	1.54	1.52
0.025		2.22	2.11	1.99	1.92	1.87	1.80	1.75	1.72	1.68	1.66
0.010		2.56	2.42	2.27	2.17	2.10	2.01	1.95	1.91	1.86	1.82
0.005		2.82	2.65	2.47	2.35	2.27	2.16	2.10	2.05	1.99	1.95

B

問 の 解 答

第1章

◆問 1.1　例 1.9 と同様にして，$P(B_1\mid A)\approx 0.009804$ を得る．

◆問 1.2　コインの表 (head) を H，裏 (tail) を T で表すと，$A=\{HH,TH\}$，$B=\{HT,TH\}$，$A\cap B=\{TH\}$ となる．$P(A)P(B)=\frac{1}{2}\times\frac{1}{2}=\frac{1}{4}=P(A\cap B)$ が成り立つので，事象 A と B は独立である．

◆問 1.3　事象 A,B,C が独立であれば，$P((A\cup B)\cap C)=P((A\cap C)\cup(B\cap C))=P(A\cap C)+P(B\cap C)-P((A\cap C)\cap(B\cap C))=P(A\cap C)+P(B\cap C)-P(A\cap B\cap C)=P(A)P(C)+P(B)P(C)-P(A)P(B)P(C)=(P(A)+P(B)-P(A)P(B))P(C)=(P(A)+P(B)-P(A\cap B))P(C)=P(A\cup B)P(C)$ となるので，事象 $A\cup B$ と C も独立となる．

第2章

◆問 2.1　$\{\omega:\min\{X(\omega),Y(\omega)\}\leq x\}=\{\omega:X(\omega)\leq x\}\cup\{\omega:Y(\omega)\leq x\}\in\mathcal{F}$

◆問 2.2　$X\sim B(n,p)$ のとき，$\sum_{i=0}^{n}\binom{n}{i}p^i(1-p)^i=(p+1-p)^n=1$；$X\sim Ge(p)$ のとき，$\sum_{i=1}^{\infty}(1-p)^{i-1}p=p/\{1-(1-p)\}=p/p=1$；$X\sim Po(\lambda)$ のとき，$\sum_{i=0}^{\infty}(\lambda^i/i!)\,e^{-\lambda}=e^{\lambda}e^{-\lambda}=e^0=1$

◆問 2.3
1) 部分積分により，$\alpha>1$ に対して，$\Gamma(\alpha)=\left[-x^{\alpha-1}e^{-x}\right]_0^{\infty}+(\alpha-1)\int_0^{\infty}x^{\alpha-2}e^{-x}dx=(\alpha-1)\Gamma(\alpha-1)$
2) $\Gamma(1)=\int_0^{\infty}e^{-x}dx=1$
3) 式 (2.26) において，変数変換 $x:=y^2$ を行うと $\Gamma(\alpha)=2\int_0^{\infty}y^{2\alpha-1}e^{-y^2}dy$ を得る．ここで，$\alpha=\frac{1}{2}$ とおくと $\Gamma(\frac{1}{2})=2\int_0^{\infty}e^{-y^2}dy=\int_{-\infty}^{\infty}e^{-y^2}dy=\sqrt{\pi}$

◆問 2.4　変数変換 $x:=u^2,y:=v^2$ を用いて

B. 問 の 解 答　　　　　　　　　　　　　　　　　193

$$\Gamma(\alpha)\Gamma(\beta) = \int_0^\infty x^{\alpha-1}e^{-x}dx \int_0^\infty y^{\beta-1}e^{-y}dy$$
$$= 4\int_0^\infty u^{2\alpha-1}e^{-u^2}du \int_0^\infty v^{2\beta-1}e^{-v^2}dv$$
$$= 4\int_0^\infty \int_0^\infty u^{2\alpha-1}v^{2\beta-1}e^{-(u^2+v^2)}dudv$$

が導かれる．ここで, (u,v) を $u := r\cos\theta, v := r\sin\theta$ によって極座標 (r,θ) に変換すると，二重積分は単積分の積に分解されて $\Gamma(\alpha)\Gamma(\beta) = 4\int_0^{\pi/2} \cos^{2\alpha-1}\theta \sin^{2\beta-1}\theta\, d\theta \int_0^\infty r^{2(\alpha+\beta)-1}e^{-r^2}dr$ を得る (確かめよ)．ここで, さらに変数変換 $s := \cos^2\theta, t := r^2$ を行うと, $\Gamma(\alpha)\Gamma(\beta) = \int_0^1 s^{\alpha-1}(1-s)^{\beta-1}ds \int_0^\infty t^{\alpha+\beta-1}e^{-t}dt = \mathrm{B}(\alpha,\beta)\Gamma(\alpha+\beta)$ が導かれるから (確かめよ), $\mathrm{B}(\alpha,\beta) = \Gamma(\alpha)\Gamma(\beta)/\Gamma(\alpha+\beta)$ を得る．

◆問 2.5　式 (2.33) と命題 2.2 の性質 1) より, $k = 1, \cdots, n$ に対して

$$I(k,n) \equiv P\{X \leq p\} = \frac{n!}{(k-1)!(n-k)!}\int_0^p x^{k-1}(1-x)^{n-k}dx$$

とおくと, 部分積分と $I(n,n) = p^n$ によって, $I(k,n) = \binom{n}{k}p^k(1-p)^{n-k} + I(k+1,n) = \binom{n}{k}p^k(1-p)^{n-k} + \cdots + \binom{n}{n-1}p^{n-1}(1-p) + I(n,n) = \sum_{i=k}^n \binom{n}{i}p^i(1-p)^{n-i} = P\{Y \geq k\}$ が成り立つ．

◆問 2.6　例 2.1 と同様にして

$$\{\omega : \mathbf{1}_A(\omega) \leq x, \mathbf{1}_B(\omega) \leq y\} = \begin{cases} \emptyset, & x < 0 \text{ または } y < 0 \\ A^c \cap B^c, & 0 \leq x < 1, 0 \leq y < 1 \\ B^c, & x \geq 1, 0 \leq y < 1 \\ A^c, & 0 \leq x < 1, y \geq 1 \\ \Omega, & x \geq 1, y \geq 1 \end{cases}$$

を得る．A と B が独立なとき, A^c と B^c も独立となるから, $P(A^c \cap B^c) = P(A^c)P(B^c)$ が成り立つ．したがって, $P(A) = p, P(B) = q$ とおくと, $(\mathbf{1}_A, \mathbf{1}_B)$ の同時分布関数は

$$F(x,y) = P\{\mathbf{1}_A \leq x, \mathbf{1}_B \leq y\}$$
$$= \begin{cases} 0, & x < 0 \text{ または } y < 0 \\ (1-p)(1-q), & 0 \leq x < 1, 0 \leq y < 1 \\ 1-q, & x \geq 1, 0 \leq y < 1 \\ 1-p, & 0 \leq x < 1, y \geq 1 \\ 1, & x \geq 1, y \geq 1 \end{cases}$$

となる．この式を式 (2.12) と比較すると, 任意の $(x,y) \in \mathbb{R}^2$ に対して $F(x,y) = F_{\mathbf{1}_A}(x)F_{\mathbf{1}_B}(y)$ が成り立ち, $\mathbf{1}_A$ と $\mathbf{1}_B$ は独立であることが確かめられた．

◆問 2.7　X と Y は独立ゆえ, 式 (2.42) より $f(x,y) = f_X(x)f_Y(y)$ がすべての $(x,y) \in$

$\mathbb{R}^2$ に対して成り立つ. 式 (2.67) に $g(x,y) = |xy| = |x||y|$ を代入すると, $E[|X|]$, $E[|Y|] < \infty$ より, $E[|XY|] = \int\int |x||y|f_X(x)f_Y(y)dxdy = \int |x|f_X(x)dx \int |y|f_Y(y)dy = E[|X|]E[|Y|] < \infty$ が成り立つ. したがって, X, Y の期待値が存在するならば XY の期待値も存在するので, 同様にして $E[XY] = E[X]E[Y]$ を得る.

◆問 2.8 $X \sim Ge(p)$ のとき
$$m_X(t) = \sum_{i=1}^{\infty} e^{ti}(1-p)^{i-1}p = pe^t \sum_{i=1}^{\infty} \{(1-p)e^t\}^{i-1} = \frac{pe^t}{1-(1-p)e^t}$$
を得る. $m_X(t)$ は $t < -\log(1-p)$ を満たす t に対して存在する.

◆問 2.9 式 (2.79), (2.80) より
$$m_{S_n}(t) = \prod_{i=1}^{n}\left(\frac{\lambda}{\lambda-t}\right)^{\alpha_i} = \left(\frac{\lambda}{\lambda-t}\right)^{\sum_{i=1}^{n}\alpha_i}$$
を得る. したがって, $S_n \sim G\left(\sum_{i=1}^{n}\alpha_i, \lambda\right)$ が成り立つ.

◆問 2.10 $X_1, \cdots, X_n$ が互いに独立であれば, 確率変数列 $e^{t_1 X_1}, \cdots, e^{t_n X_n}$ も互いに独立であるので, 式 (2.82) より, $m_X(\boldsymbol{t}) = E\left[\prod_{i=1}^{n} e^{t_i X_i}\right] = \prod_{i=1}^{n} E\left[e^{t_i X_i}\right] = \prod_{i=1}^{n} m_{X_i}(t_i)$ を得る.

◆問 2.11 期待値の線形性を用いて, $V[aX+b] = E\left[(aX+b-E[aX+b])^2\right] = E\left[(aX+b-(aE[X]+b))^2\right] = E\left[a^2(X-E[X])^2\right] = a^2 V[X]$ を得る.

◆問 2.12 $X \sim Ge(p)$ のとき, 問 2.8 の結果より
$$m_X^{(1)}(t) = \frac{pe^t}{\{1-(1-p)e^t\}^2} = \frac{m_X(t)}{1-(1-p)e^t}$$
$$m_X^{(2)}(t) = \frac{m_X^{(1)}(t)\{1-(1-p)e^t\} + m_X(t)(1-p)e^t}{\{1-(1-p)e^t\}^2}$$
となるので, $E[X] = m_X^{(1)}(0) = 1/p$ を用いて, $E[X^2] = m_X^{(2)}(0) = (2-p)/p^2$ を得る. したがって, 式 (2.86) より, $V[X] = (1-p)/p^2$ を得る.

◆問 2.13 $X \sim G(\alpha, \lambda)$ のとき, 式 (2.79) より
$$m_X^{(1)}(t) = \frac{\alpha}{\lambda-t}\left(\frac{\lambda}{\lambda-t}\right)^{\alpha} = \frac{\alpha}{\lambda-t}m_X(t)$$
$$m_X^{(2)}(t) = \frac{\alpha}{\lambda-t}\left\{m_X^{(1)}(t) + \frac{m_X(t)}{\lambda-t}\right\}$$
となるので, $E[X] = m_X^{(1)}(0) = \alpha/\lambda$ を用いて, $E[X^2] = m_X^{(2)}(0) = (\alpha/\lambda)^2 + \alpha/\lambda^2$ を得る. したがって, 式 (2.86) より, $V[X] = \alpha/\lambda^2$ を得る ($\lambda = 1$ のときは, ガンマ関数の定義より, $E[X^k] = \Gamma(\alpha+k)/\Gamma(\alpha)$ $(k \geq 1)$ が成り立つため, 計算が容易で

ある).

$X \sim Beta(\alpha, \beta)$ のとき,ベータ関数の定義より

$$E[X^k] = \frac{\mathrm{B}(\alpha+k, \beta)}{\mathrm{B}(\alpha, \beta)} = \frac{\Gamma(\alpha+k)\Gamma(\alpha+\beta)}{\Gamma(\alpha)\Gamma(\alpha+\beta+k)}, \quad k \geq 1$$

が成り立つ. $k=2$ のとき,命題 2.2 の性質 1) を用いて,$E[X^2] = \alpha(\alpha+1)/\{(\alpha+\beta)(\alpha+\beta+1)\}$ が導かれるので,$E[X] = \alpha/(\alpha+\beta)$ と式 (2.86) より $V[X] = \alpha\beta/\{(\alpha+\beta)^2(\alpha+\beta+1)\}$ を得る.

◆問 2.14 $X \sim U(0,1)$ のとき,式 (2.57), (2.92), (2.78) より,$E[X] = 1/2$, $\sigma[X] = 1/2\sqrt{3}$, $m_X(t) = (e^t - 1)/t$ となるので,X^* の積率母関数は $m_{X^*}(t) = E[e^{tX^*}] = E[e^{2\sqrt{3}t(X-\frac{1}{2})}] = e^{-\sqrt{3}t}E[e^{2\sqrt{3}tX}] = e^{-\sqrt{3}t}m_X(2\sqrt{3}t) = (e^{\sqrt{3}t} - e^{-\sqrt{3}t})/2\sqrt{3}t$ で与えられる.したがって,式 (2.78) より,$X^* \sim U(-\sqrt{3}, \sqrt{3})$ が導かれる.

◆問 2.15 X と Y が互いに独立ならば X^* と Y^* も互いに独立となるので,$\rho[X,Y] = E[X^*Y^*] = E[X^*]E[Y^*] = 0$ となり,X と Y は無相関であることが示された.

第 3 章

◆問 3.1 $X_i \sim N(\mu_i, \sigma_i^2)$ $(i=1,\cdots,n)$ のとき,$c_i X_i \sim N(c_i\mu_i, c_i^2\sigma_i^2)$ であることに注意すると,式 (2.80), (3.6) より,$m_{\sum_{i=1}^n c_i X_i}(t) = \prod_{i=1}^n m_{c_i X_i}(t) = \prod_{i=1}^n \exp\{c_i\mu_i t + \frac{1}{2}c_i^2\sigma_i^2 t^2\} = \exp\{\left(\sum_{i=1}^n c_i\mu_i\right) t + \frac{1}{2}\left(\sum_{i=1}^n c_i^2\sigma_i^2\right) t^2\}$ を得る.したがって,$\sum_{i=1}^n c_i X_i \sim N\left(\sum_{i=1}^n c_i\mu_i, \sum_{i=1}^n c_i^2\sigma_i^2\right)$ が成り立つ.

◆問 3.2 $X \sim \chi_n^2 = G(\frac{n}{2}, \frac{1}{2})$ のとき,式 (2.79) より,$m_X(t) = (1-2t)^{n/2}$ を得る.また,問 2.13 の解答より,$E[X] = n$, $V[X] = 2n$ を得る.

◆問 3.3 式 (3.16) に対して,**スターリングの公式** (Stirling's formula) $\Gamma(x+1) \sim \sqrt{2\pi x}x^x e^{-x}$ $(x \to \infty)$ を用いればよい.

◆問 3.4 略

◆問 3.5 $X \sim B(100, 0.2)$ のとき,$E[X] = 20$, $\sigma[X] = \sqrt{16} = 4$ となるので,正規近似は $P\{16 \leq X \leq 22\} = P\{X \leq 22\} - P\{X \leq 15\} \approx \Phi((22-20)/4) - \Phi((15-20)/4) = \Phi(0.5) - \Phi(-1.25) \approx 0.585813$ となり,連続補正は $P\{16 \leq X \leq 22\} \approx \Phi(0.625) - \Phi(-1.125) \approx 0.603720$ となる.

◆問 3.6 $X \sim Po(16)$ のとき,$E[X] = 16$, $\sigma[X] = \sqrt{16} = 4$ となるので,正規近似は $P\{12 \leq X \leq 20\} = P\{X \leq 20\} - P\{X \leq 11\} \approx \Phi((20-16)/4) - \Phi((11-16)/4) = \Phi(1) - \Phi(-1.25) \approx 0.735695$ となり,連続補正は $P\{12 \leq X \leq 20\} \approx \Phi(1.125) - \Phi(-1.125) \approx 0.739411$ となる.

第4章

◆問 4.1　$X \sim G(\alpha, \lambda)$ のとき, 式 (2.25) より X の故障率は $\lambda(t) = t^{\alpha-1} e^{-\lambda t} / \int_t^\infty x^{\alpha-1} e^{-\lambda x} dx$ $(t \geq 0)$ で与えられる. したがって $\lambda(t)^{-1} = \int_t^\infty \left(\frac{x}{t}\right)^{\alpha-1} e^{-\lambda(x-t)} dx = \int_0^\infty \left(1 + \frac{y}{t}\right)^{\alpha-1} e^{-\lambda y} dy$ を得る. ここで, 変数変換 $y := x - t$ を用いた. $\lambda(t)^{-1}$ は, $\alpha > 1$ ($\alpha < 1, \alpha = 1$) のとき, t に関して減少 (増加, 一定値) 関数であるから, $\lambda(t)$ はその逆の性質をもち, したがって, X の分布関数は $\alpha > 1$ のとき IFR, $\alpha < 1$ のとき DFR, $\alpha = 1$ のとき CFR であることが証明された.

◆問 4.2　式 (2.63), (4.9) より, $E[L(k\,|\,n)] = \sum_{i=k}^{n} \binom{n}{i} \int_0^\infty e^{-i\lambda x} \left(1 - e^{-\lambda x}\right)^{n-i} dx$ と書き表せる. ここで $I(i,n) \equiv \int_0^\infty e^{-i\lambda x} \left(1 - e^{-\lambda x}\right)^{n-i} dx$ $(i = 1, \cdots, n)$ とおくと, 部分積分と $I(n,n) = 1/(n\lambda)$ によって

$$I(i,n) = \frac{n-i}{i} I(i+1, n) = \frac{n-i}{i} \frac{n-(i+1)}{i+1} \cdots \frac{1}{n-1} I(n,n)$$
$$= \frac{I(n,n)}{\binom{n-1}{i-1}} = \frac{1}{\binom{n}{i} i \lambda}$$

と表せるので, 式 (4.10) が成り立つ.

第5章

◆問 5.1　階級数を 6 とすると, 度数分布表は次のようになる.

階級	階級値	度数	相対度数	累積度数	相対累積度数
$1500 \sim 2000$	1750	1	0.023	1	0.023
$2000 \sim 2500$	2250	4	0.091	5	0.114
$2500 \sim 3000$	2750	4	0.091	9	0.205
$3000 \sim 3500$	3250	18	0.409	27	0.614
$3500 \sim 4000$	3750	16	0.369	43	0.977
$4000 \sim 4500$	4250	1	0.023	44	1.000

◆問 5.2　略

◆問 5.3　3276.0

◆問 5.4　算術平均 $= 4.75$, 幾何平均 $= 3.50$, 調和平均 $= 2.45$ となるので, 算術平均 $>$ 幾何平均 $>$ 調和平均 が成り立つ.

◆問 5.5　体温の中央値と最頻値はともに 36.7 であり, 心拍数の中央値は 73, 最頻値は 78 である.

◆問 5.6　272480

B. 問 の 解 答   197

◆問 5.7 $\sum_{i=1}^n (x_i - \bar{x}) = \sum_{i=1}^n x_i - n\bar{x} = n\bar{x} - n\bar{x} = 0$

◆問 5.8 4.74

◆問 5.9 15.9

◆問 5.10 430.25

◆問 5.11 略

◆問 5.12 歪度 $= -1.12$, 尖度 $= 3.81$

◆問 5.13 平均 $= 3.3$, 分散 $= 0.27$, 標準偏差 $= 0.52$

◆問 5.14 4

◆問 5.15 平均 $= 73.8$, 分散 $= 36.4$

◆問 5.16 平均は $\frac{1}{n}\sum_{i=1}^n SS_i = \frac{1}{n}\sum_{i=1}^n (50 + 10z_i) = 50 + 10\bar{z} = 50$ となる. 分散は $\frac{1}{n}\sum_{i=1}^n (SS_i - 50)^2 = \frac{1}{n}\sum_{i=1}^n 100z_i^2 = 100$ となるので, 標準偏差は 10 となる.

◆問 5.17 略

◆問 5.18 0.423

◆問 5.19 0.188

第6章

◆問 6.1 略

◆問 6.2 $T(X_1, \cdots, X_n) = \min\{X_1, \cdots, X_n\}$ の分布関数を $F(t)$ と表すと, 式 (2.44) より, $F(t) = 1 - e^{-n\lambda t}$ $(t \geq 0)$ で与えられる. 分布関数 $F(t)$ を t に関して微分すると, 確率密度関数 $f(t) = F'(t) = n\lambda e^{-n\lambda t}$ $(t \geq 0)$ を得る.

第7章

◆問 7.1 $E[X_i] = p$ より, $E[\bar{X}] = \frac{1}{n}\sum_{i=1}^n E[X_i] = p$ となるので, $\bar{X}$ は p の不偏推定量である.

◆問 7.2 $E[X_i] = \theta/2$ より, $E[\hat{\theta}_1] = 2E[\bar{X}] = \frac{2}{n}\sum_{i=1}^n E[X_i] = \theta$ となるので, $\hat{\theta}_1$ は θ の不偏推定量である. $X_{(n)}$ の確率密度関数 $f_n(x)$ は, 式 (2.23), (2.44) より, $f_n(x) = nx^{n-1}/\theta^n$ $(0 \leq x \leq \theta)$ で与えられる. $E[\hat{\theta}_2] = \frac{n+1}{n}E[X_{(n)}] = \frac{n+1}{n}\int_{-\infty}^{\infty} xf_n(x)dx = \frac{n+1}{n}\int_0^\theta nx^n dx/\theta^n = \frac{n+1}{n}\frac{n}{n+1}\theta = \theta$ となるので, $\hat{\theta}_2$ は θ の不偏推定量である.

◆問 7.3 $E[S_0^2] = \frac{1}{n}\sum_{i=1}^n E[(X_i-10)^2] = \frac{1}{n}\sum_{i=1}^n \sigma^2 = \sigma^2$ となるので，S_0^2 は σ^2 の不偏推定量である．$nS_0^2/\sigma^2 = \sum_{i=1}^n\{(X_i-10)/\sigma\}^2 \sim \chi_n^2$ であり，χ^2 分布の分散は自由度の 2 倍に等しいので，$V[nS_0^2/\sigma^2] = 2n$ より，$V[S_0^2] = 2\sigma^4/n$ を得る．また，$(n-1)U^2/\sigma^2 \sim \chi_{n-1}^2$ より，$V[U^2] = 2\sigma^4/(n-1)$ となる．$V[S_0^2] < V[U^2]$ であるから，推定量としては S_0^2 の方が望ましい．

◆問 7.4 $n=1$ のときは $\hat{\theta}_1 = \hat{\theta}_2$ となるので，$n \geq 2$ を仮定する．$\hat{\theta}_1$ と $\hat{\theta}_2$ はいずれも θ の不偏推定量であるから，これらの分散を比較する．$\hat{\theta}_1$ に対しては，$V[\hat{\theta}_1] = 4V[\bar{X}] = \theta^2/3n$ で与えられる．$\hat{\theta}_2$ に対しては，問 7.2 の解答で与えられた $X_{(n)}$ の確率密度関数 $f_n(x)$ を用いて，$V[X_{(n)}] = E[X_{(n)}^2] - (E[X_{(n)}])^2 = \int_0^\theta x^2 nx^{n-1}/\theta^n dx - n^2\theta^2/(n+1)^2 = n\theta^2/(n+2) - n^2\theta^2/(n+1)^2 = n\theta^2/\{(n+2)(n+1)^2\}$ より，$V[\hat{\theta}_2] = \frac{(n+1)^2}{n^2}V[X_{(n)}] = \theta^2/n(n+2)$ を得る．比 $V[\hat{\theta}_2]/V[\hat{\theta}_1] = 3/(n+2)$ より，$n \geq 2$ のときは $3/(n+2) < 1$ であるから，推定量としては $\hat{\theta}_2$ の方が望ましい．

◆問 7.5 問 7.1 より，$\bar{X}$ は母数 p の不偏推定量である．$f(x;p) = p^x(1-p)^{1-x}$ より，$\partial^2 \log f(x;p)/\partial p^2 = -xp^{-2} - (1-x)(1-p)^{-2}$ となるので，フィッシャー情報量は $I(p) = E[p^{-2}X_i + (1-p)^{-2}(1-X_i)] = \{p(1-p)\}^{-1}$ で与えられる．$V[\bar{X}] = p(1-p)/n = \{nI(p)\}^{-1}$ より，$\bar{X}$ の分散はクラメル・ラオの不等式の下限と一致するので，$\bar{X}$ は p の有効推定量である．

◆問 7.6 簡単のため $\tau \equiv \sigma^2$ とおくと，母集団分布の確率密度関数は $f(x;\tau) = (2\pi)^{-\frac{1}{2}}\tau^{-\frac{1}{2}}\exp\{-(x-10)^2/(2\tau)\}$ と表せるので，$\partial^2 \log f(x;\tau)/\partial\tau^2 = (x-10)^2\tau^{-3} - (2\tau^2)^{-1}$ より，フィッシャー情報量は $I(\sigma^2) = (2\tau^2)^{-1} = (2\sigma^4)^{-1}$ で与えられる．S_0^2 の分散 $V[S_0^2] = 2\sigma^4/n$ (問 7.3 の解答参照) はクラメル・ラオの不等式の下限と一致するので，S_0^2 は σ^2 の有効推定量である．

◆問 7.7 U^2 は σ^2 の不偏推定量であり，$V[U^2] = 2\sigma^4/(n-1)$ が成り立つ (問 7.3 の解答参照)．$\lim_{n\to\infty}V[U^2] = 0$ であるから，系 7.3 より，U^2 は σ^2 の一致推定量である．

◆問 7.8 問 7.2 より，$\hat{\theta}_1$ と $\hat{\theta}_2$ はいずれも θ の不偏推定量である．$V[\hat{\theta}_1] = \theta^2/3n$, $V[\hat{\theta}_2] = \theta^2/n(n+2)$ (問 7.4 の解答参照) より，$\lim_{n\to\infty}V[\hat{\theta}_1] = 0, \lim_{n\to\infty}V[\hat{\theta}_2] = 0$ となるので，系 7.3 より，$\hat{\theta}_1$ と $\hat{\theta}_2$ いずれも θ の一致推定量である．

◆問 7.9 母分散 σ^2 に関する対数尤度関数は $L(\sigma^2;x_1,\cdots,x_n) = -\frac{n}{2}\log(2\pi) - \frac{n}{2}\log\sigma^2 - \frac{1}{2\sigma^2}\sum_{i=1}^n x_i^2$ で与えられる．$\partial L/\partial\sigma^2 = 0$ より，$\sigma^2 = \frac{1}{n}\sum_{i=1}^n x_i^2$ のとき L は最大となるので，σ^2 の最尤推定量は $\hat{\sigma}^2 = \frac{1}{n}\sum_{i=1}^n X_i^2$ で与えられる．

◆問 7.10 母平均 μ と母分散 σ^2 に関する対数尤度関数は $L(\mu,\sigma^2;x_1,\cdots,x_n) = -\frac{n}{2}\log(2\pi) - \frac{n}{2}\log\sigma^2 - \frac{1}{2\sigma^2}\sum_{i=1}^n(x_i-\mu)^2$ で与えられる．$\partial L/\partial\mu = 0$ より $\mu = \bar{x}$

を，$\partial L/\partial \sigma^2 = 0$ より $\sigma^2 = \frac{1}{n}\sum_{i=1}^{n}(x_i - \mu)^2 = \frac{1}{n}\sum_{i=1}^{n}(x_i - \bar{x})^2$ を得る．したがって，μ と σ^2 の最尤推定量は，それぞれ $\bar{X}$ と S^2 で与えられる．

◆問 **7.11** 母数 λ に関する対数尤度関数は $L(\lambda; x_1, \cdots, x_n) = (\sum_{i=1}^{n} x_i)\log \lambda - \sum_{i=1}^{n}\log(x_i!) - n\lambda$ で与えられる．$\partial L/\partial \lambda = 0$ より $\lambda = \bar{x}$ を得る．したがって，λ の最尤推定量は $\hat{\lambda} = \bar{X}$ で与えられる．

◆問 **7.12**
(1) $Exp(\lambda)$ はガンマ分布 $G(1, \lambda)$ であるので，ガンマ分布の再生性より，$S_n \equiv \sum_{i=1}^{n} X_i \sim G(n, \lambda)$ を得る．式 (2.25) とガンマ関数の性質を用いて，$E[\hat{\lambda}] = nE[S_n^{-1}] = n\lambda^n \Gamma(n)^{-1} \int_0^{\infty} x^{n-2}e^{-\lambda x}dx = n\lambda^n \Gamma(n)^{-1} \lambda^{1-n}\Gamma(n-1) = n\lambda/(n-1)$ を得る．同様にして，2 次モーメントは $E[\hat{\lambda}^2] = n^2 E[S_n^{-2}] = n^2\lambda^2/(n-1)(n-2)$ となるので，$V[\hat{\lambda}] = E[\hat{\lambda}^2] - (E[\hat{\lambda}])^2 = n^2\lambda^2/(n-1)^2(n-2)$ を得る．
(2) (1) の結果より，$\lim_{n\to\infty} E[\hat{\lambda}] = \lambda, \lim_{n\to\infty} V[\hat{\lambda}] = 0$ となるので，命題 7.2 より，$\hat{\lambda}$ は λ の一致推定量である．
(3) $f(x; \lambda) = \lambda e^{-\lambda x}$ より，$\partial^2 \log f(x; \lambda)/\partial \lambda^2 = -\lambda^{-2}$ となるので，フィッシャー情報量は $I(\lambda) = \lambda^{-2}$ で与えられる．
(4) $\lim_{n\to\infty}\{nI(\lambda)\}^{-1}/V[\hat{\lambda}] = \lim_{n\to\infty}\{(n-1)^2(n-2)\}/n^3 = 1$

◆問 **7.13** 問 7.10 より，σ^2 の最尤推定量は標本分散 S^2 である．最尤推定量の母数の変換に関する不変性より，$\sigma = \sqrt{\sigma^2}$ の最尤推定量は $S = \sqrt{S^2}$ である．

◆問 **7.14** $\bar{X} = 170.4, U^2 = 40$ となるので，$\alpha = 0.05$ を用いて，式 (7.19) より信頼区間 $[165.9, 174.9]$ を得る．

◆問 **7.15** $U = \sqrt{n}S/\sqrt{n-1}$ を式 (7.19) に代入すればよい．

◆問 **7.16**
(1) 式 (7.21) において $S_0^2 = 36.16$ を用いると，$[17.65, 111.37]$ を得る．
(2) 式 (7.22) において $S^2 = 36.0$ を用いると，$[18.92, 133.31]$ を得る．

◆問 **7.17** 近似信頼区間 (7.23) を用いると，$[0.331, 0.390]$ を得る．簡便な近似信頼区間 (7.24) を用いると，$[0.330, 0.390]$ を得る．

◆問 **7.18** 信頼区間幅を L とすると，$\hat{p}(1-\hat{p}) \leq 1/4$ より

$$L = 2z(\tfrac{\alpha}{2})\sqrt{\frac{\hat{p}(1-\hat{p})}{n}} \leq 2z(\tfrac{\alpha}{2})\sqrt{\frac{1}{4n}} = \frac{z(\tfrac{\alpha}{2})}{\sqrt{n}} \leq l$$

◆問 **7.19** 問 7.5 の解答参照．

◆問 **7.20** 式 (2.79) より，X の積率母関数は $m_X(t) = (1 - \xi t)^{-n}$ $(t < \xi^{-1})$ で与えられる．$Y = 2X/\xi$ の積率母関数を $m_Y(t)$ とすると，$m_Y(t) = E[e^{tY}] = E[e^{2\xi^{-1}tX}] =$

$m_X(2\xi^{-1}t) = (1-2t)^{-n}$ $(t < 1/2)$ となり,χ_{2n}^2 の積率母関数と一致する.したがって,$Y \sim \chi_{2n}^2$ となる.

◆問 7.21 フィッシャー情報量は $I(\lambda) = \lambda^{-1}$ で与えられる (確かめよ).最尤推定量の漸近正規性 (7.25) により,$Z = \sqrt{nI(\lambda)}(\hat{\lambda} - \lambda) = \sqrt{n}(\hat{\lambda} - \lambda)/\sqrt{\lambda}$ は近似的に標準正規分布に従う.$|Z| \leq z(\frac{\alpha}{2})$ を λ について解くことにより,λ に対する信頼係数 $1 - \alpha$ の近似信頼区間は

$$\left[\hat{\lambda} + \frac{a}{2n} - \sqrt{\frac{a\hat{\lambda}}{n} + \frac{a^2}{4n^2}},\ \hat{\lambda} + \frac{a}{2n} + \sqrt{\frac{a\hat{\lambda}}{n} + \frac{a^2}{4n^2}}\right]$$

で与えられる.ここで,$a = z(\frac{\alpha}{2})^2$ とする.また,式 (7.26) より,簡便な近似信頼区間は

$$\left[\hat{\lambda} - \frac{z(\frac{\alpha}{2})}{\sqrt{nI(\hat{\lambda})}},\ \hat{\lambda} + \frac{z(\frac{\alpha}{2})}{\sqrt{nI(\hat{\lambda})}}\right] = \left[\hat{\lambda} - z(\frac{\alpha}{2})\sqrt{\frac{\hat{\lambda}}{n}},\ \hat{\lambda} + z(\frac{\alpha}{2})\sqrt{\frac{\hat{\lambda}}{n}}\right]$$

で与えられる.この信頼区間は,上の近似信頼区間における $a/2n$ と $a^2/4n^2$ の項を無視することでも得られる.

◆問 7.22
(1) 母数 θ に関する対数尤度関数は $L(\theta; x_1, \cdots, x_n) = n\log 2 + n\log\theta + \sum_{i=1}^n \log x_i - \theta \sum_{i=1}^n x_i^2$ で与えられる.$\partial L/\partial \theta = 0$ より $\theta = n/(\sum_{i=1}^n x_i^2)$ を得る.したがって,θ の最尤推定量は $\hat{\theta} = n/(\sum_{i=1}^n X_i^2)$ で与えられる.
(2) $\partial^2 \log f(x;\theta)/\partial \theta^2 = -\theta^{-2}$ より,$I(\theta) = \theta^{-2}$ を得る.
(3) 最尤推定量の漸近正規性 (7.25) により,$Z = \sqrt{nI(\theta)}(\hat{\theta} - \theta) = \sqrt{n}(\hat{\theta} - \theta)/\theta$ は近似的に標準正規分布に従う.$|Z| \leq z(\frac{\alpha}{2})$ を θ について解くことにより,θ に対する信頼係数 $1 - \alpha$ の近似信頼区間は

$$\left[\frac{n\hat{\theta} - z(\frac{\alpha}{2})\hat{\theta}\sqrt{n}}{n - z(\frac{\alpha}{2})^2},\ \frac{n\hat{\theta} + z(\frac{\alpha}{2})\hat{\theta}\sqrt{n}}{n - z(\frac{\alpha}{2})^2}\right]$$

で与えられる.また,式 (7.26) より,簡便な近似信頼区間は

$$\left[\hat{\theta} - \frac{z(\frac{\alpha}{2})}{\sqrt{nI(\hat{\theta})}},\ \hat{\theta} + \frac{z(\frac{\alpha}{2})}{\sqrt{nI(\hat{\theta})}}\right] = \left[\hat{\theta} - z(\frac{\alpha}{2})\frac{\hat{\theta}}{\sqrt{n}},\ \hat{\theta} + z(\frac{\alpha}{2})\frac{\hat{\theta}}{\sqrt{n}}\right]$$

で与えられる.

第 8 章

- ◆問 8.1　$P\{X \in C_2' \mid H_0\} < 0.05$ であるから，C_2' も有意水準 5％の検定の棄却域を定める．しかし，$P\{X \notin C_2' \mid H_1\} > P\{X \notin C_2 \mid H_1\}$ であるから，第 2 種の誤り確率は C_2 よりも C_2' の方が大きい．したがって，C_2 の方が望ましい．

- ◆問 8.2　$\beta_1(p) = (1-p)^2$, $\beta_2(p) = (1-p)^2 + p^2$ で与えられる (グラフは省略)．第 1 種の誤り確率は $\beta_1(1/2) = 1/4$, $\beta_2(1/2) = 1/2$ となる．

- ◆問 8.3　$Z^* = Z - \sqrt{n}(\mu - \mu_0)/\sigma$ とおくと，$Z^* \sim N(0,1)$ である．

$$\begin{aligned}
\beta_1(\mu) &= P\{|Z| > c_1\} \\
&= P\left\{Z^* < -\frac{\sqrt{n}(\mu - \mu_0)}{\sigma} - c_1 \quad \text{または} \quad Z^* > -\frac{\sqrt{n}(\mu - \mu_0)}{\sigma} + c_1\right\} \\
&= \Phi\left(-\frac{\sqrt{n}(\mu - \mu_0)}{\sigma} - c_1\right) + 1 - \Phi\left(-\frac{\sqrt{n}(\mu - \mu_0)}{\sigma} + c_1\right) \\
\beta_2(\mu) &= P\{Z > c_2\} = P\left\{Z^* > -\frac{\sqrt{n}(\mu - \mu_0)}{\sigma} + c_2\right\} \\
&= 1 - \Phi\left(-\frac{\sqrt{n}(\mu - \mu_0)}{\sigma} + c_2\right)
\end{aligned}$$

- ◆問 8.4　この高校における母平均を μ として，$H_0 : \mu = 60$ vs. $H_1 : \mu \neq 60$ を棄却域 (8.7) を用いて検定すればよい．$|Z| = 2.12 > z(0.025) = 1.96$ より H_0 は棄却され，この高校の生徒の学力は全国水準と異なるといえる．

- ◆問 8.5　$H_0 : \mu = 168.8$ vs. $H_1 : \mu > 168.8$ を棄却域 (8.9) を用いて検定すればよい．$Z = 1.50 < z(0.05) = 1.64$ より H_0 は受容され，17 歳から 18 歳で身長が伸びているとはいえない．

- ◆問 8.6　この地方における 20 歳男性の握力の母平均を μ として，$H_0 : \mu = 46.0$ vs. $H_1 : \mu \neq 46.0$ を棄却域 (8.11) を用いて検定すればよい．$\bar{X} = 49.38$, $U = 10.35$ であるから，$|T| = 1.03 < t_9(0.025) = 2.262$ より H_0 は受容され，この地方と全国で違いがあるとはいえない．

- ◆問 8.7　$H_0 : \mu = 2.29$ vs. $H_1 : \mu > 2.29$ を棄却域 (8.12) を用いて検定すればよい．$T = 2.236 < t_{19}(0.01) = 2.539$ より H_0 は受容され，新薬 A が旧薬 B より有効であるとはいえない．

- ◆問 8.8　$Y^\circ = \sigma_0^2 Y/\sigma^2$ とおくと，$Y^\circ \sim \chi_{n-1}^2$ である．

$$\beta_1(\sigma^2) = P\left\{Y < \chi_{n-1}^2(1 - \tfrac{\alpha}{2}) \text{ または } Y > \chi_{n-1}^2(\tfrac{\alpha}{2})\right\}$$

$$= P\left\{Y° < \frac{\sigma_0^2}{\sigma^2}\chi_{n-1}^2(1-\frac{\alpha}{2}) \text{ または } Y° > \frac{\sigma_0^2}{\sigma^2}\chi_{n-1}^2(\frac{\alpha}{2})\right\}$$

$$= G_{n-1}\left(\frac{\sigma_0^2}{\sigma^2}\chi_{n-1}^2(1-\frac{\alpha}{2})\right) + 1 - G_{n-1}\left(\frac{\sigma_0^2}{\sigma^2}\chi_{n-1}^2(\frac{\alpha}{2})\right)$$

$$\beta_2(\sigma^2) = P\left\{Y > \chi_{n-1}^2(\alpha)\right\} = P\left\{Y° > \frac{\sigma_0^2}{\sigma^2}\chi_{n-1}^2(\alpha)\right\}$$

$$= 1 - G_{n-1}\left(\frac{\sigma_0^2}{\sigma^2}\chi_{n-1}^2(\alpha)\right)$$

$$\beta_3(\sigma^2) = P\left\{Y < \chi_{n-1}^2(1-\alpha)\right\} = P\left\{Y° < \frac{\sigma_0^2}{\sigma^2}\chi_{n-1}^2(1-\alpha)\right\}$$

$$= G_{n-1}\left(\frac{\sigma_0^2}{\sigma^2}\chi_{n-1}^2(1-\alpha)\right)$$

◆問 8.9　エサBを与えたときの母分散を σ^2 として，$H_0: \sigma^2 = (2.51)^2$ vs. $H_1: \sigma^2 \neq (2.51)^2$ を棄却域 (8.16) を用いて検定すればよい．標本分散 $U^2 = 16.4$ である．$Y = 23.44 > \chi_9^2(0.025) = 19.02$ より H_0 は棄却され，エサAとBで体重のばらつきに違いがあるといえる．

◆問 8.10　A社とB社の収穫量の母平均をそれぞれ μ_1, μ_2 として，$H_0: \mu_1 = \mu_2$ vs. $H_1: \mu_1 > \mu_2$ を棄却域 (8.24) を用いて検定すればよい．$\bar{X}_1 = 9.64, \bar{X}_2 = 8.04$, $\hat{\sigma} = 1.356$ であるから，$T = 2.639 > t_{18}(0.05) = 1.734$ より H_0 は棄却され，A社の主張は正しいといえる．

◆問 8.11　$n_1 \leq n_2$ を仮定すると

$$\nu = \frac{(U_1^2/n_1 + U_2^2/n_2)^2}{\dfrac{U_1^4}{n_1^2(n_1-1)} + \dfrac{U_2^4}{n_2^2(n_2-1)}} \geq \frac{(U_1^2/n_1 + U_2^2/n_2)^2}{\dfrac{U_1^4}{n_1^2} + \dfrac{U_2^4}{n_2^2}} \geq n_1 - 1$$

同様に，$n_1 \geq n_2$ のとき $\nu \geq n_2 - 1$ となるので，$\nu \geq \min(n_1, n_2) - 1$ を得る．また，$F = U_1^2/U_2^2$ とおくと，$\nu = (F/n_1 + 1/n_2)^2 \Big/ \left\{\dfrac{F^2}{n_1^2(n_1-1)} + \dfrac{1}{n_2^2(n_2-1)}\right\}$ と表されるので，$F = \dfrac{n_1(n_1-1)}{n_2(n_2-1)}$ のとき最大値 $n_1 + n_2 - 2$ を取る．

◆問 8.12　地域AとBの母平均をそれぞれ μ_1, μ_2 として，$H_0: \mu_1 = \mu_2$ vs. $H_1: \mu_1 \neq \mu_2$ を検定すればよい．等分散性を仮定できないので，式 (8.27) の棄却域 $|\tilde{T}| > t_\nu(\frac{\alpha}{2})$ を用いてウェルチの検定を行う．$\nu = 23.03$ となるから，$\nu = 23$ で近似する．$|\tilde{T}| = 3.60 > t_{23}(0.025) = 2.069$ より H_0 は棄却され，地域AとBで小遣い額に格差があるといえる．

◆問 8.13　$F = 3.444 > f_{15,15}(0.025) = 2.86$ より等分散性は棄却される．

◆問 8.14
$$\beta_2(p) = P\left\{\frac{\sqrt{n}(\hat{p}-p_0)}{\sqrt{p_0(1-p_0)}} > z(\alpha)\right\} = P\left\{\frac{\sqrt{n}(\hat{p}-p_0)}{\sqrt{p(1-p)}} > \xi z(\alpha) - \delta\right\}$$
$$= 1 - \Phi(\xi z(\alpha) - \delta)$$
$$\beta_3(p) = P\left\{\frac{\sqrt{n}(\hat{p}-p_0)}{\sqrt{p_0(1-p_0)}} < -z(\alpha)\right\} = P\left\{\frac{\sqrt{n}(\hat{p}-p_0)}{\sqrt{p(1-p)}} < -\xi z(\alpha) - \delta\right\}$$
$$= \Phi(-\xi z(\alpha) - \delta)$$

◆問 8.15 表の出る確率を p として，$p_0 = 1/2$ に対して式 (8.32) を棄却域 (8.35) を用いて検定すればよい．$\sqrt{n}|\hat{p}-p_0|/\sqrt{p_0(1-p_0)} = 1.6 < z(\frac{\alpha}{2}) = 1.96$ より $H_0 : p = 1/2$ は受容され，このコインに歪みがあるとはいえない．

◆問 8.16 母視聴率を p として，$p_0 = 0.1$ に対して式 (8.34) を棄却域 (8.37) を用いて検定すればよい．$\sqrt{n}(\hat{p}-p_0)/\sqrt{p_0(1-p_0)} = -0.738 > -z(\alpha) = -1.645$ より $H_0 : p = 0.1$ は受容され，母視聴率が 10％ を割り込んだとはいえない．

◆問 8.17 非接種者と接種者の罹患率をそれぞれ p_1, p_2 として，$H_0 : p_1 = p_2$ vs. $H_1 : p_1 > p_2$ を検定すればよい．$\tilde{p} = 0.157, Z = -2.905 < -z(0.01) = -2.326$ より H_0 は棄却され，ワクチンの効果があるといえる．

◆問 8.18 算数と国語の母相関係数を ρ として，式 (8.42) を検定すればよい．標本相関係数 $R = -0.025$ であるから，$|T| = 0.079 < t_8(0.025) = 2.306$ より無相関仮説 $H_0 : \rho = 0$ は受容され，算数と国語の学力に相関があるとはいえない．

◆問 8.19 高校野球における母相関係数を ρ として，$H_0 : \rho = 0.7$ vs. $H_1 : \rho \neq 0.7$ を検定すればよい．$R = 0.57$ であるから，$|W_Z| = 2.20 > z(0.025) = 1.96$ より H_0 は棄却され，プロ野球と高校野球では相関が異なるといえる．

◆問 8.20 式 (8.11) より，受容域は
$$A = \left\{(X_1, \cdots, X_n) \,\Big|\, \frac{\sqrt{n}|\bar{X}-\mu_0|}{U} \leq t_{n-1}(\tfrac{\alpha}{2})\right\}$$
で与えられる．これを μ_0 について解くと，$\bar{X} - t_{n-1}(\tfrac{\alpha}{2})U/\sqrt{n} \leq \mu_0 \leq \bar{X} + t_{n-1}(\tfrac{\alpha}{2})U/\sqrt{n}$ を得る．

◆問 8.21 $n = 15, \hat{\xi} = 3450$ であるから，式 (7.29) より，ξ に対する 95％信頼区間は $[2203, 6164]$ となる．2000 はこの信頼区間に含まれないので，H_0 は有意水準 5％ で棄却される．

◆問 8.22 式 (8.66) より，近似信頼区間は $[0.421, 0.689]$ となる．

◆問 8.23 母平均 μ に関する尤度関数は,
$$l(\mu; x_1, \cdots, x_n) = \frac{1}{(\sqrt{2\pi}\sigma)^n} \exp\left\{-\frac{1}{2\sigma^2}\sum_{i=1}^n (x_i - \mu)^2\right\}$$

と表される.帰無仮説の下での最大尤度は $l(\mu_0; x_1, \cdots, x_n)$,全母数空間における最大尤度は $l(\bar{x}; x_1, \cdots, x_n)$ で与えられるから,これらの比を取ることにより,尤度比 $\lambda = \exp\{-n(\bar{x}-\mu_0)^2/(2\sigma^2)\}$ を得る.λ は $\sqrt{n}|\bar{x}-\mu_0|/\sigma$ の単調減少関数であるから,$\sqrt{n}|\bar{x}-\mu_0|/\sigma$ が極端に大きいときに帰無仮説を棄却すればよい.$Z = \sqrt{n}|\bar{X}-\mu_0|/\sigma$ とおくと,帰無仮説の下で $Z \sim N(0,1)$ となるから,$|Z| > z(\frac{\alpha}{2})$ を棄却域とすればよい.

◆問 8.24 帰無仮説の下で $Z \sim N(0,1)$ であるから,$-2\log\Lambda = n(\bar{X}-\mu_0)^2/\sigma^2 = Z^2 \sim \chi_1^2$ が成り立つ.

第9章

◆問 9.1 $E[y_i] = E[\mu + \beta x_i + u_i] = \mu + \beta x_i + E[u_i] = \mu + \beta x_i,\ V[y_i] = E[u_i^2] = \sigma^2$

◆問 9.2 $\sum_{i=1}^n e_i \hat{y}_i = \sum_{i=1}^n e_i(\hat{\mu} + \hat{\beta}x_i) = \hat{\mu}\sum_{i=1}^n e_i + \hat{\beta}\sum_{i=1}^n e_i x_i = 0$

◆問 9.3 $C[\hat{\mu}, \hat{\beta}] = E\left[(\hat{\mu}-\mu)(\hat{\beta}-\beta)\right] = E\left[\{-(\hat{\beta}-\beta)\bar{x} + \bar{u}\}(\hat{\beta}-\beta)\right]$
$= -\bar{x}E\left[(\hat{\beta}-\beta)^2\right] + E\left[\bar{u}(\hat{\beta}-\beta)\right] = -\bar{x}E\left[(\hat{\beta}-\beta)^2\right] = -\sigma^2\bar{x}/\sum_{i=1}^n(x_i-\bar{x})^2$

◆問 9.4 $\sum_{i=1}^n(\hat{y}_i-\bar{y})^2 = \sum_{i=1}^n(\hat{y}_i-\bar{y})(y_i - e_i - \bar{y}) = \sum_{i=1}^n(\hat{y}_i-\bar{y})(y_i-\bar{y}) - \sum_{i=1}^n(\hat{y}_i-\bar{y})e_i = \sum_{i=1}^n(\hat{y}_i-\bar{y})(y_i-\bar{y})$ より
$$R^2 = \frac{\sum_{i=1}^n(\hat{y}_i-\bar{y})^2 \sum_{i=1}^n(\hat{y}_i-\bar{y})^2}{\sum_{i=1}^n(y_i-\bar{y})^2 \sum_{i=1}^n(\hat{y}_i-\bar{y})^2} = \left(\frac{\sum_{i=1}^n(\hat{y}_i-\bar{y})(y_i-\bar{y})}{\sqrt{\sum_{i=1}^n(y_i-\bar{y})^2 \sum_{i=1}^n(\hat{y}_i-\bar{y})^2}}\right)^2$$

◆問 9.5 多項定理を用いて,式 (9.25) の左辺 $= (p_1 + \cdots + p_k)^n = 1^n = 1$ を得る.

◆問 9.6 式 (2.52), (2.90) より,$E[X_i] = np_i, V[X_i] = np_i(1-p_i)$ を得る.$i \neq j$ のとき,$X_i + X_j \sim B(n, p_i + p_j)$ となるので (確かめよ),$V[X_i + X_j] = n(p_i+p_j)(1-p_i-p_j)$ が成り立つ.式 (2.101) より,$i \neq j$ に対して
$$C[X_i, X_j] = \frac{1}{2}\bigl(V[X_i+X_j] - V[X_i] - V[X_j]\bigr)$$
$$= \frac{1}{2}\bigl(n(p_i+p_j)(1-p_i-p_j) - np_i(1-p_i) - np_j(1-p_j)\bigr) = -np_ip_j$$

を得る.

◆問 9.7 まる形黄色,まる形緑色,しわ形黄色,しわ形緑色が現れる確率をそれぞれ

p_1, p_2, p_3, p_4 として,帰無仮説 $H_0 : p_1 = 9/16, p_2 = 3/16, p_3 = 3/16, p_4 = 1/16$ を棄却域 (9.30) を用いて検定すればよい. $Q = 2.489 < \chi_3^2(0.05) = 7.81$ より H_0 は受容され,実験結果はメンデルの理論に適合しているといえる.

◆**問 9.8** 各階級を C_i で表す.正規分布 $N(\mu, \sigma^2)$ を仮定したとき,標本が階級 C_i に入る確率を $p_{0i}(\mu, \sigma^2)$ とする.正規母集団において母平均と母分散の最尤推定量はそれぞれ標本平均と標本分散で与えられるので,μ と σ^2 の最尤推定値はそれぞれ $10, 4^2$ である.

階級	C_1	C_2	C_3	C_4	C_5	C_6	C_7	C_8	計
観測度数	7	20	64	75	62	37	24	11	300
$p_{0i}(10, 4^2)$	0.03	0.08	0.16	0.23	0.23	0.16	0.08	0.03	1
期待度数	9.1	22.6	48.1	70.2	70.2	48.1	22.6	9.12	300

この表を用いて $Q = 10.37$ を得る.階級数 $k = 8$,正規分布の母数の個数 $s = 2$ であるから,自由度 $k - 1 - s = 5$ の χ^2 分布を用いると,$\chi_5^2(0.05) = 11.07$ より帰無仮説は受容される.

◆**問 9.9** 式 (9.34) の第 1 項はパラメータに依存しないので,制約条件 $\sum_{i=1}^r p_{i\cdot} = 1$, $\sum_{j=1}^s p_{\cdot j} = 1$ の下で,$\sum_{i=1}^r x_{i\cdot} \log p_{i\cdot} + \sum_{j=1}^s x_{\cdot j} \log p_{\cdot j}$ を最大化すればよい.ラグランジュ未定乗数を η, ξ として,ラグランジュ関数

$$\sum_{i=1}^r x_{i\cdot} \log p_{i\cdot} + \sum_{j=1}^s x_{\cdot j} \log p_{\cdot j} - \eta \left(\sum_{i=1}^r p_{i\cdot} - 1 \right) - \xi \left(\sum_{j=1}^s p_{\cdot j} - 1 \right)$$

を $p_{i\cdot}, p_{\cdot j}, \eta, \xi$ について微分し 0 とおいて解くと,$p_{i\cdot} = x_{i\cdot}/n, p_{\cdot j} = x_{\cdot j}/n$ を得る.

◆**問 9.10** $Q = 31.65, \chi_6^2(0.01) = 16.81$ より,成績と出席回数は独立ではない.

参考文献

1) 青木利夫, 吉原健一：統計学要論 (改訂版), 培風館 (1985)
2) 稲垣宣生：数理統計, 裳華房 (1990)
3) 岩田暁一：経済分析のための統計的方法 (第 2 版), 東洋経済新報社 (1983)
4) 尾崎俊治：確率モデル入門, 朝倉書店 (1996)
5) 河田竜夫：確率と統計, 朝倉書店 (1961)
6) 木村俊一：金融工学入門, 実教出版 (2002)
7) 国沢清典 (編)：確率統計演習, 培風館 (1966)
8) 児玉正憲：基本数理統計学, 牧野書店 (1992)
9) 小林道正：*Mathematica*: 確率・統計入門, トッパン (1994)
10) 小山昭雄：確率論 (経済数学教室・別巻), 岩波書店 (1999)
11) 柴田義貞：正規分布 — 特性と応用, 東京大学出版会 (1981)
12) 竹内啓：数理統計学, 東洋経済新報社 (1963)
13) 竹内啓 (編)：統計学辞典, 東洋経済新報社 (1989)
14) 竹村彰通：現代数理統計学, 創文社 (1991)
15) 田中勝人：統計学, 新世社 (1998)
16) 丹後俊郎：新版 医学への統計学, 朝倉書店 (1993)
17) 東京大学教養学部統計学教室 (編)：統計学入門, 東京大学出版会 (1991)
18) 東京大学教養学部統計学教室 (編)：自然科学の統計学, 東京大学出版会 (1992)
19) 野田一雄, 宮岡悦良：入門・演習 数理統計, 共立出版 (1990)
20) 馬場裕：初歩からの統計学, 牧野書店 (1994)
21) 伏見正則：確率と確率過程, 講談社 (1987)
22) 三根久, 河合一：信頼性・保全性の数理, 朝倉書店 (1982)
23) 宮沢政清：確率と確率過程, 近代科学社 (1993)
24) 森村英典：確率, 共立出版 (1984)
25) 湯前祥二, 鈴木輝好：モンテカルロ法の金融工学への応用, 朝倉書店 (2000)
26) Barlow, R.E. and Proschan, F.：*Mathematical Theory of Reliability*, Wiley (1965)
27) Feller, W.：*An Introduction to Probability Theory and Its Applications*, Vol. I, 3rd Edition, Wiley (1968)
28) Jacod, J. and Protter, P.：*Probability Essentials*, Springer (2000)
29) Johnson, N., Kotz, S. and Balakrishnan, N.：*Continuous Univariate Distributions*, Vol. 1, 2nd Edition, Wiley (1994)

30) Lehmann, E.L. : *Theory of Point Estimation*, Wiley (1983)
31) Lehmann, E.L. : *Testing Statistical Hypotheses*, 2nd Edition, Wiley (1986)
32) Lehmann, E.L. : *Elements of Large-Sample Theory*, Springer (1998)
33) Rao, C.R. : *Linear Statistical Inferences and Its Applications*, 2nd Edition, Wiley (1973)
34) Robert, C.P. and Casella, G. : *Monte Carlo Statistical Methods*, Springer (1999)
35) Rudin, W. : *Principles of Mathematical Analysis*, 3rd Edition, McGraw-Hill (1976)
36) Trivedi, K.S. : *Probability and Statistics with Reliability, Queuing and Computer Science Applications*, 2nd Edition, Wiley (2002)

索引

記号／数字

100α パーセント点 16
2×2 分割表 184
a.s. $\Rightarrow$ ほとんど確実に 36
$Beta(\alpha, \beta)$ 24
BLUE $\Rightarrow$ 最良線形不偏推定量 174
$B(n, p)$ 19
$C(\mu, \alpha)$ 32
CFR 72
DFR 72
$Exp(\lambda)$ 23
F_{n_1, n_2} 59
$f_{n_1, n_2}(\alpha)$ 61
F 分布 59–61
——の期待値,分散 59
——表 190
$G(\alpha, \lambda)$ 23
$Ge(p)$ 19
IFR 72, 74
k-out-of-n システム 73
$LN(\mu, \sigma^2)$ 56
MLE 121
MSE 113
MTTF 73
N 19
$N(\mu, \sigma^2)$ 50
$N_n(\mu, \Sigma)$ 54
n 次元正規分布 54
n 次元標準正規分布 55
n 次元分布関数 26
n 次積率 $\Rightarrow n$ 次モーメント 39
n 次モーメント 39
p_α $\Rightarrow 100\alpha$ パーセント点 16
$Po(\lambda)$ 20
$\mathbb{R}$ 5
$\mathbb{R}_+$ 5
$r \times s$ 分割表 185
t_n 57

$t_n(\alpha)$ 58
t 値 177
t 分布 57–59
——の期待値,分散 58
——表 188
$U(a, b)$ 22
w.p.1 $\Rightarrow$ 確率 1 で 36
$z(\alpha)$ 52
σ-加法性 7, 9
σ-集合体 4
χ_n^2 24
$\chi_n^2(\alpha)$ 57
χ^2 適合度検定 181
χ^2 分布 23, 57
——の逆再生性 109
——の積率母関数,平均,分散 57
——表 189

あ

アーラン分布 23
異常値 87
一様擬似乱数 65
一様収束 64
一様分布 22
——の期待値 31
——の積率母関数 40
——の分散 43
一致推定量 118
上側 100α パーセント点 16
ウェルチの検定 152
オイラーの定数 73

か

回帰関数 37
回帰曲線 37
回帰係数 168

——の仮説検定 177
——の区間推定 176
——の推定値 169
回帰直線 47–48, 55, 169
回帰の標準誤差 175
回帰分析 167
回帰モデル $\Rightarrow$ 線形回帰モデル 168
階級 81
概収束 62
ガウス・マルコフの定理 174
各点収束 64
確率 7
——の組合せ的定義 2
——の公理論的定義 6
——の統計的定義 3, 8, 64
確率 1 で 36
確率関数 16
確率空間 7
確率収束 62, 118
確率測度 7
確率変数 13
——の独立性 27
確率密度関数 21
仮説 137
可測空間 6
片側検定 143
偏り $\Rightarrow$ バイアス 111
ガンマ関数 23
ガンマ分布 22, 73
——の期待値 31
——の再生性 41, 57, 135
——の積率母関数 40
——の分散 194
幾何分布 19
——の期待値 30
——の積率母関数 194
——の分散 194
幾何平均 85

索引

棄却 138
　——域 139
記述統計 80
擬似乱数 3, 103
期待値 29-36
　——の一致性 34, 35, 37
　——の線形性 35, 36, 42, 46, 52, 75
　——の単調性 36, 42, 43
　——のまわりのモーメント 39, 42
帰無仮説 138
共分散 45, 96
　——行列 48, 54, 55, 75, 76
金融工学 74-78

空事象 4
偶発故障期 72
区間推定 110, 124-133
クラメル・ラオの不等式 115

経験分布関数 64, 69
決定係数 178
検出力 141
　——関数 141
検定統計量 138
検定方式 139

効率的 78
効率的フロンティア 78
誤差 101
誤差項 168
コーシー分布 32
　——の標準形 32
故障 70
　——率 71

さ

最小二乗推定値 171
最小二乗推定量 171
最小二乗法 169
最小分散フロンティア 77
再生性 41
最頻値 87
債務不履行 70
最尤推定量 121
最尤法 120

最良線形不偏推定量 174
残差 169
算術平均 65, 85
散布図 95

事象 2, 4, 13
　——の差 5
　——の積 5
　——の独立性 11
　——の和 5
指数分布 23, 73, 121, 124, 135
　——の無記憶性 71
システム 70
事前確率 10
指標関数 13, 14, 17, 30, 64, 67, 69, 98
四分位範囲 89
四分位偏差 16, 89
シミュレーション ⇒ モンテカルロ・シミュレーション 65
周辺確率密度関数 27
周辺分布関数 26
寿命時間 70
寿命試験 5
受容 138
　——域 139
瞬間故障率 ⇒ 故障率 71
順序統計量 27, 73
条件付き確率 8
条件付き確率関数 29
条件付き確率密度関数 28
条件付き期待値 36-39
条件付き信頼度関数 71
少数の法則 20
初期故障期 72
死力 71
信用リスク評価 70
信頼区間 125
　——の幅 126
信頼係数 125
信頼性工学 70-74
信頼度 ⇒ 信頼度関数 70
信頼度関数 70, 73

推定回帰直線 169
推定値 111

推定量 111
スタージェスの公式 82
スターリングの公式 195

正規近似 68
正規分布 50-56
　——の期待値, 分散 52
　——の再生性 53
　——の積率母関数 53
正規方程式 170
正規母集団 102
　——における区間推定 127
　——における検定 142, 149
　——における標本分布 106
生存解析 70
生存確率 70
正定値 49
積率母関数 39-41
　——の一意性 40, 67
説明変数 168
全確率の公式 9
漸近正規性 133
漸近有効性 123
線形回帰モデル 168
線形推定量 173
線形不偏推定量 173
全事象 4
全数調査 100
尖度 45, 91

相関 46
相関係数 46, 96
　——の検定 156
　——の最尤推定量 157-158
相対度数 82
相対頻度 3, 8, 64
相対累積度数 82

た

大域的最小分散ポートフォリオ 78
第1四分位点 16, 89
第1種の誤り 139
第3四分位点 16, 89
対数正規分布 56
　——の n 次モーメント 56
大数の強法則 64, 65

索引

大数の弱法則 63
大数の法則 63–66
対数尤度関数 121
第2種の誤り 139
代表値 84
対立仮説 138
多項分布 179

チェビシェフの不等式 43–44, 63
中央値 16, 87
抽出比 104
中心極限定理 66–69, 106
調和平均 86
直列システム 73

データ 80
デフォルト 70
点推定 110

統計的
　——記述 81
　——検定 110, 137
　——推測 100
　——推定 110
統計データ ⇒ データ 80
統計量 105
同時確率密度関数 26, 54
投資収益率 75
同時分布関数 26
等分散性 150
独立 11, 27
度数 81
　——分布表 81
ドモアブル・ラプラスの定理 67

な

二項係数 3
二項分布 18, 192
　——の期待値 30
　——の正規近似 68, 134, 154
　——の積率母関数 40
　——の分散 43
二項母集団 ⇒ ベルヌーイ母集団 102
二次計画問題 76
二点分布 18

は

バイアス 111
排反 6
箱ひげ図 90
ハザード率 71
派生資産価格評価 75
パーセント点 86
範囲 89
半正定値 49

非効率的 78
ヒストグラム 83
被説明変数 168
左片側検定 143
非復元抽出 104
ピボット 125
標準化 44, 94
　——確率変数 44–47, 51, 66
　——変量 94
標準誤差 175
標準正規分布 50
　——の n 次モーメント 51
　——の尖度 51
　——の歪度 51
　——表 52, 187
標準偏差 42, 88
標本 102
　——抽出 102
　——調査 100
　——の大きさ 103
　——標準偏差 105
　——分布 105
　——平均 105
標本加重平均 111
　——の重み 112
標本空間 4
標本点 4

フィッシャー情報量 117
フィッシャーの Z 変換 160
復元抽出 103
不偏推定量 111
不偏標本分散 105, 112
分散 42, 87
　——に関する検定 147
　——比に関する検定 152

分布関数 15
分布収束 62

平均 ⇒ 期待値 29
　——に関する検定 142
　——の差に関する検定 149
平均故障時間 73
平均二乗誤差 113
平均絶対偏差 88
平均・分散分析 75
平均ベクトル 48
ベイズの公式 10
並列システム 73
ベキ集合 4
ベータ関数 24
ベータ分布 24
　——の期待値 31
　——の分散 195
ベルヌーイ試行 18
ベルヌーイ分布 18, 64, 119, 131
　——の期待値 30
　——の分散 42
ベルヌーイ母集団 102, 105, 153, 155
偏差 87
偏差値 94
変動係数 89
変量 80

ポアソン分布 20
　——の期待値 31
　——の再生性 41
　——の正規近似 69
　——の積率母関数 40
　——の分散 43
法則収束 ⇒ 分布収束 62
保険数理 70, 71
母集団 101
　——分布 102
母数 104
　——空間 138
ポートフォリオ 74
　——選択 75
　——・フロンティア 77
ほとんど確実に 36
母標準偏差 105

母比率　105
　　——の検定　153
母分散　105
母平均　105

ま

マクローリン展開　31, 67
磨耗故障期　72

右片側検定　143

無記憶性　71
無限母集団　101
無作為
　　——抽出　103
　　——標本　103
無相関　46
無名数　91, 94

メンデルの理論　181

モンテカルロ・シミュレーション　65
モンテカルロ法　65, 67

や

ヤコビアン　59, 60

有意水準　140
有意抽出　103
有限母集団　101
有効推定量　117
尤度関数　121
尤度比　164
　　——検定　165

浴槽曲線　72
余事象　6
予測値　169

ら

ラグランジュ関数　76
ラグランジュ未定乗数法　76

離散型確率変数　16-21
離散型変量　80
両側検定　143

累積度数　81
累積ハザード関数　72
累積分布関数　⇒ 分布関数　15

連続型確率変数　21-25
連続型変量　80
連続補正　68

わ

歪度　45, 91

著者略歴

木村俊一（きむら・としかず）
1953年　神奈川県に生まれる
1981年　京都大学大学院工学研究科博士後期課程修了
現　在　北海道大学大学院経済学研究科教授
　　　　工学博士

古澄英男（こずみ・ひでお）
1967年　島根県に生まれる
1994年　神戸大学大学院経済学研究科博士後期課程中退
現　在　神戸大学大学院経営学研究科助教授
　　　　博士（経済学）

鈴川晶夫（すずかわ・あきお）
1967年　山口県に生まれる
1995年　北海道大学大学院工学研究科博士後期課程修了
現　在　北海道大学大学院経済学研究科助教授
　　　　博士（工学）

確率と統計―基礎と応用―　　　　　　　　　定価はカバーに表示

2003年9月10日　初版第1刷
2014年12月25日　　第7刷

　　　　　　　　著　者　木　村　俊　一
　　　　　　　　　　　　古　澄　英　男
　　　　　　　　　　　　鈴　川　晶　夫
　　　　　　　　発行者　朝　倉　邦　造
　　　　　　　　発行所　株式会社　朝　倉　書　店
　　　　　　　　　　　　東京都新宿区新小川町6-29
　　　　　　　　　　　　郵便番号　162-8707
　　　　　　　　　　　　電　話　03(3260)0141
　　　　　　　　　　　　FAX　03(3260)0180
　　　　　　　　　　　　http://www.asakura.co.jp

〈検印省略〉

© 2003〈無断複写・転載を禁ず〉　　　　　　東京書籍印刷・渡辺製本

ISBN 978-4-254-11102-6　C 3041　　　　　　Printed in Japan

JCOPY　〈(社)出版者著作権管理機構　委託出版物〉
本書の無断複写は著作権法上での例外を除き禁じられています．複写される場合は，そのつど事前に，(社)出版者著作権管理機構（電話03-3513-6969，FAX 03-3513-6979，e-mail: info@jcopy.or.jp）の許諾を得てください．

好評の事典・辞典・ハンドブック

数学オリンピック事典	野口 廣 監修	B5判 864頁
コンピュータ代数ハンドブック	山本 慎ほか 訳	A5判 1040頁
和算の事典	山司勝則ほか 編	A5判 544頁
朝倉 数学ハンドブック［基礎編］	飯高 茂ほか 編	A5判 816頁
数学定数事典	一松 信 監訳	A5判 608頁
素数全書	和田秀男 監訳	A5判 640頁
数論＜未解決問題＞の事典	金光 滋 訳	A5判 448頁
数理統計学ハンドブック	豊田秀樹 監訳	A5判 784頁
統計データ科学事典	杉山高一ほか 編	B5判 788頁
統計分布ハンドブック（増補版）	蓑谷千凰彦 著	A5判 864頁
複雑系の事典	複雑系の事典編集委員会 編	A5判 448頁
医学統計学ハンドブック	宮原英夫ほか 編	A5判 720頁
応用数理計画ハンドブック	久保幹雄ほか 編	A5判 1376頁
医学統計学の事典	丹後俊郎ほか 編	A5判 472頁
現代物理数学ハンドブック	新井朝雄 著	A5判 736頁
図説ウェーブレット変換ハンドブック	新 誠一ほか 監訳	A5判 408頁
生産管理の事典	圓川隆夫ほか 編	B5判 752頁
サプライ・チェイン最適化ハンドブック	久保幹雄 著	B5判 520頁
計量経済学ハンドブック	蓑谷千凰彦ほか 編	A5判 1048頁
金融工学事典	木島正明ほか 編	A5判 1028頁
応用計量経済学ハンドブック	蓑谷千凰彦ほか 編	A5判 672頁

価格・概要等は小社ホームページをご覧ください．